国家示范性高职院校优质核心课程系列教材

食品发酵酿造

■ 徐 凌 主编

U0276361

SHIPIN
FAJIAO
NIANGZAO

化学工业出版社

·北京·

本书是国家示范性高职院校优质核心课程系列教材之一。教材按照以"职业能力为主线,以典型工作任务为载体,以实际工作环境为依托,以食品发酵酿造生产过程为行动体系"的原则,设计了啤酒生产、葡萄酒生产、白酒生产、醋类生产和酱类生产5个项目12个工作任务,并将相应工作任务的实施报告单汇集成《学生实践技能训练工作手册》,方便"教、学、做"一体化教学实施,有助于培养学生的职业能力。

本教材可供高职高专院校食品类专业学生使用,也可以作为相关行业的培训用书。

图书在版编目(CIP)数据

食品发酵酿造/徐凌主编. —北京:化学工业出版社,
2011.6(2024.8重印)
国家示范性高职院校优质核心课程系列教材
ISBN 978-7-122-11290-3

Ⅰ. 食… Ⅱ. 徐… Ⅲ. 发酵食品-酿造-高等职业
教育-教材 Ⅳ. TS26

中国版本图书馆CIP数据核字(2011)第089590号

责任编辑:李植峰 文字编辑:焦欣渝
责任校对:宋 夏 装帧设计:史利平

出版发行:化学工业出版社(北京市东城区青年湖南街13号 邮政编码100011)
印 装:涿州市般润文化传播有限公司
787mm×1092mm 1/16 印张16¾ 字数438千字 2024年8月北京第1版第6次印刷

购书咨询:010-64518888 售后服务:010-64518899
网 址:http://www.cip.com.cn
凡购买本书,如有缺损质量问题,本社销售中心负责调换。

定 价:45.00元

《食品发酵酿造》编写人员

主　　编　徐　凌

副 主 编　路红波　崔东波　张海涛　吴佳丽

编写人员　（按姓名汉语拼音排列）

　　　　　崔东波（辽宁农业职业技术学院）

　　　　　富新华（辽宁农业职业技术学院）

　　　　　黄克强（辽宁农业职业技术学院）

　　　　　路红波（辽宁农业职业技术学院）

　　　　　荣士壮（辽宁农业职业技术学院）

　　　　　王静华（辽宁农业职业技术学院）

　　　　　吴佳丽（辽宁农业职业技术学院）

　　　　　徐　凌（辽宁农业职业技术学院）

　　　　　张广燕（辽宁农业职业技术学院）

　　　　　张海涛（辽宁农业职业技术学院）

主　　审　周广麒（大连工业大学）

　　　　　张卫强（辽宁张裕冰酒酒庄有限公司）

"国家示范性高职院校优质核心课程系列教材"
建设委员会成员名单

主 任 委 员 蒋锦标

副主任委员 荆　宇　宋连喜

委　　　员（按姓名汉语拼音排序）

蔡智军　曹　军　陈杏禹　崔春兰　崔颂英　丁国志

董炳友　鄂禄祥　冯云选　郝生宏　何明明　胡克伟

贾冬艳　姜凤丽　姜　君　蒋锦标　荆　宇　李继红

梁文珍　钱庆华　乔　军　曲　强　宋连喜　田长永

田晓玲　王国东　王润珍　王艳立　王振龙　相成久

徐　凌　肖彦春　薛全义　姚卫东　邹良栋

我国高等职业教育在经济社会发展需求推动下，不断地从传统教育教学模式蜕变出新，特别是近十几年来在教育部的重视下，高等职业教育从示范专业建设到校企合作培养模式改革，从精品课程遴选到双师队伍构建，从质量工程的开展到示范院校建设项目的推出，经历了从局部改革到全面建设的历程。教育部《关于全面提高高等职业教育教学质量的若干意见》（教高〔2006〕16号）和《教育部、财政部关于实施国家示范性高等职业院校建设计划，加快高等职业教育改革与发展的意见》（教高〔2006〕14号）文件的正式出台，标志着我国高等职业教育进入了全面提高质量阶段，切实提高教学质量已成为当前我国高等职业教育的一项核心任务，以课程为核心的改革与建设成为高等职业院校当务之急。目前，教材作为课程建设的载体、教师教学的资料和学生的学习依据，存在着与当前人才培养需要的诸多不适应。一是传统课程体系与职业岗位能力培养之间的矛盾；二是教材内容的更新速度与现代岗位技能的变化之间的矛盾；三是传统教材的学科体系与职业能力成长过程之间的矛盾。因此，加强课程改革、加快教材建设已成为目前教学改革的重中之重。

辽宁农业职业技术学院经过十年的改革探索和三年的示范性建设，在课程改革和教材建设上取得了一些成就，特别是示范院校建设中的 32 门优质核心课程的物化成果之一——教材，现均已结稿付梓，即将与同行和同学们见面交流。

本系列教材力求以职业能力培养为主线，以工作过程为导向，以典型工作任务和生产项目为载体，立足行业岗位要求，参照相关的职业资格标准和行业企业技术标准，遵循高职学生成长规律、高职教育规律和行业生产规律进行开发建设。教材建设过程中广泛吸纳了行业、企业专家的智慧，按照任务驱动、项目导向教学模式的要求，构建情境化学习任务单元，在内容选取上注重了学生可持续发展能力和创新能力培养，具有典型的工学结合特征。

本套以工学结合为主要特征的系列化教材的正式出版，是学院不断深化教学改革，持续开展工作过程系统化课程开发的结果，更是国家示范院校建设的

Preface

一项重要成果。本套教材是我们多年来按农时季节工艺流程工作程序开展教学活动的一次理性升华，也是借鉴国外职教经验的一次探索尝试，这里面凝聚了各位编审人员的大量心血与智慧。希望该系列教材的出版能为推动基于工作过程系统化课程体系建设和促进人才培养质量提高提供更多的方法及路径，能为全国农业高职院校的教材建设起到积极的引领和示范作用。当然，系列教材涉及的专业较多，编者对现代教育理念的理解不一，难免存在各种各样的问题，希望得到专家的斧正和同行的指点，以便我们改进。

该系列教材的正式出版得到了姜大源、徐涵等职教专家的悉心指导，同时，也得到了化学工业出版社、中国农业大学出版社、相关行业企业专家和有关兄弟院校的大力支持，在此一并表示感谢！

蒋锦标

2010 年 12 月

根据教高［2006］16 号文件《关于全面提高高等职业教育教学质量的若干意见》的精神，编者深入食品发酵酿造行业企业充分调研，紧密结合企业生产实际，以岗位需求为导向，以职业能力培养为中心，以产品为主线，以生产项目（典型的工作任务）为载体，以真实的工作环境为依托，充分考虑学生的可持续发展能力，编写了这本工学结合、理实一体的《食品发酵酿造》教材。本书适合作为高职高专食品类的专业教材，亦可作为相关行业的培训用书。

本教材包括酿酒和酿造调味品两部分。教材以产品为导向，归纳出典型工作任务，通过对典型工作任务的分析，设计了 5 个学习项目、12 个工作任务。教材从工作岗位需求出发，注重学生专业能力、方法能力和社会能力的养成，以适应将来从事啤酒、葡萄酒、白酒、醋类和酱类等酿造食品生产和品质管理一线工作的高技术技能型岗位能力需求。

本教材由徐凌主编。编写分工是路红波、吴佳丽、黄克强编写项目 1 啤酒生产，崔东波、王静华编写项目 2 葡萄酒生产，徐凌、富新华编写项目 3 白酒生产，张海涛、张广燕、荣士壮编写项目 4 醋类生产、项目 5 酱类生产。

大连工业大学生物与食品工程学院周广麒教授和辽宁张裕冰酒酒庄有限公司张卫强总工程师审阅了书稿，在此深表感谢！

由于编者水平有限，编写时间短促，疏漏之处在所难免，希望使用本教材的师生和读者批评指正。

编者
2011 年 2 月

目录

项目1

啤酒生产

概　述

一、酒和酒度

1. 酒

凡含有酒精（乙醇）的饮料和饮品，均称作酒。

2. 酒度

酒饮料中酒精的百分含量称作"酒度"。酒度有3种表示法：

（1）以体积分数表示酒度，即每100mL酒中含纯酒精的量（mL）。白酒、黄酒、葡萄酒均以此法表示。

（2）以质量分数表示，即100g酒中含有纯酒精的量（g）。啤酒以此法表示。

（3）标准酒度，体积分数50％为标准酒度100°，即体积分数乘以2，就是标准酒度的度数。

二、啤酒的概念和类型

1. 啤酒的定义

（1）传统说法　啤酒是以麦芽（包括特种麦芽）为主要原料，以大米或其他谷物为辅助原料，经麦汁的制备、加酒花煮沸并经酵母发酵酿制而成的，含有二氧化碳、起泡、低酒精度（2.5％～7.5％）的各类熟鲜啤酒。

但在德国则禁止使用辅料，所以典型的德国啤酒，只利用大麦芽、啤酒花、酵母和水酿制而成。小麦啤酒则是以小麦为主要原料酿制而成的。

（2）广义说法　啤酒是以发芽的大麦或小麦，有时添加生大麦或其他谷物，利用酶工程制取谷物提取液，加入啤酒花进行煮沸，并添加酵母发酵而制成的一种含有二氧化碳、低酒精度的饮料。

2. 啤酒种类

啤酒是世界上生产和消费量最大的酒种，全世界约有150多个国家和地区生产啤酒。啤酒的类型很多，分类的方法也有多种，现介绍几种主要的分类方法。

（1）根据啤酒酵母性质分类　根据啤酒酵母的性质，人们将啤酒分为上面发酵啤酒和下面发酵啤酒。

上面发酵啤酒经上面酵母发酵而制成。目前仅少数国家生产此类啤酒，且产量逐步下降。国际上有名的上面发酵啤酒有淡色爱尔啤酒（Pale Ale）、浓色爱尔啤酒（Dark Ale）、司陶特（Stout）黑啤酒、波特（Porter）黑啤酒等。

传统的下面发酵啤酒，经下面酵母发酵而制成。世界上多数国家采用下面发酵酿制啤酒，就是一直采用上面发酵的国家，也都逐年增加下面发酵啤酒的比例。国际上著名的下面发酵啤酒有比尔森（Pilsener）、多特蒙德（Dortmunder）、慕尼黑（Munich）、博克（Bock）等。我国啤酒厂均生产下面发酵啤酒。

（2）根据啤酒色泽分类　啤酒色泽是啤酒质量的一项重要指标，按色度的深浅可将啤酒分为三类。

① 淡色啤酒　色度为5～14EBC单位，色泽较浅，是啤酒中产量最大的一种，约占98%。淡色啤酒又分为淡黄色啤酒、金黄色啤酒和棕黄色啤酒三种类型。

② 浓色啤酒　色度为15～40EBC单位，呈红棕色或红褐色，麦芽香味突出，口味醇厚，苦味较轻，国内尚缺乏这类啤酒。

③ 黑色啤酒　色度一般为50～130EBC单位，多呈红褐色乃至黑褐色，其特点一般是原麦汁浓度较高，麦芽香味突出，口味醇厚，泡沫细腻，酒花苦味较轻。

（3）根据啤酒是否杀菌分类

① 熟啤酒　啤酒包装后，经过巴氏灭菌或瞬时高温灭菌，即为熟啤酒，或称为杀菌啤酒。保质期可为180d，多为瓶装或罐装，间或有桶装杀菌啤酒。

② 生啤酒　啤酒包装后，不经巴氏灭菌或瞬时高温灭菌，而采用物理方法进行无菌过滤（微孔薄膜过滤）及无菌灌装，从而达到一定生物、非生物和风味稳定性的啤酒。

③ 鲜啤酒　啤酒包装后，不经过巴氏灭菌或瞬时高温灭菌的新鲜啤酒，称为鲜啤酒。因其未经灭菌，保质期较短。其存放时间与酒的过滤质量、无菌条件和贮存温度关系较大，在低温下一般可存放7d左右。包装形式多为桶装，也有瓶装的。

（4）按原麦汁浓度分类

① 低浓度啤酒　低浓度啤酒的原麦汁浓度2.5～8°P，乙醇含量也较低，为0.8%～2.2%，近十年来产量日增，以满足低酒精度以及消费者对健康的需求。

② 中浓度啤酒　中浓度啤酒的原麦汁浓度为9～12°P，乙醇含量为2.5%～3.5%，几乎都是淡色啤酒，我国多为此类型。

③ 高浓度啤酒　高浓度啤酒的原麦汁浓度13～22°P，乙醇含量为3.6%～5.5%，多为浓色啤酒。

（5）根据生产方法分类

① 干啤酒　是指酒的发酵度极高，酒中残糖含量极低，口味清淡爽口，后味干净，无杂味的一类啤酒。1987年首先由日本推出，之后风靡世界。一般来说，干啤酒的真正发酵度应达72%以上，有的高达80%以上，以区别于普通的淡爽型啤酒，而酒精含量则与普通啤酒差别不大。

② 淡爽啤酒　淡爽啤酒没有准确的定义。这种啤酒适应了消费者追求健康食品的趋势，其特点是相对于其他常见啤酒酒精含量少，热量也较小。在上面发酵、下面发酵以及浅色、深色等各个类型的啤酒中都可以有相应的淡爽型啤酒。大概来讲，淡爽型啤酒应达到以下的

要求：原麦汁浓度一般在 7.4～8.0°P，未经过专门除醇处理，酒精含量在 3.0%～3.4%（体积分数），经过除醇的淡爽啤酒的酒精含量可达到 1.5%～2%；其发酵度大多在 68%～82%；淡爽啤酒的热量为 1100～1200kJ/kg，相当于普通啤酒热量的 49%。

③ 纯生啤酒　纯生啤酒即生啤酒。"纯"字完全出于商业原因人为加上去的。由于在生产过程中没有经过巴氏灭菌或瞬时灭菌，避免了加热造成的风味物质和营养成分的破坏，保持了啤酒的新鲜口味和营养成分，且保质期相对较长，一般为 2～3 个月，兼顾了鲜啤酒和熟啤酒各自的优点。因此纯生啤酒比熟啤酒更纯正、更新鲜、更富有营养，目前已成为国际市场上最有竞争力、最受欢迎的啤酒品种。

④ 无醇（低醇）啤酒　现在国际上命名的"无醇啤酒"，概念非常模糊。一般认为，酒精含量为 0.5% 以下者，可以称为无醇啤酒；酒精含量在 2.5% 以下者，可以称为低醇啤酒。无醇啤酒越来越受到消费者的欢迎，主要原因是：更多的人追求健康的生活方式，尽量不摄入酒精；无醇啤酒可随时享用，啤酒饮用者不必改变已经习惯的口味；司机可以饮用无醇啤酒而不用担心不利的影响。

⑤ 低热量啤酒　低热量啤酒适用于那些必须或希望摄取低营养物质的消费者。低热量啤酒的原麦汁浓度没有限制，但脂肪和酒精的含量不得高于同类普通食品，可利用的碳水化合物含量不得高于 0.75g/100L。

工作任务 1-1　麦芽生产

◆【知识前导】

一、生产啤酒所需要的原料

大麦与麦芽是啤酒生产的主要原料，其化学成分与质量直接影响啤酒的质量。因此，在学习啤酒酿造技术时，首先必须对大麦及麦芽的化学成分及其在酿造中的作用有所了解，便于在生产实际中有目的地控制工艺条件，以利于啤酒质量的提高。啤酒生产时添加一定比例的辅助原料，可在降低生产成本的同时，改善麦汁组成及增强啤酒的泡持性。啤酒花作为啤酒的香料，能赋予啤酒特有的酒花香味、爽口的苦味，提高啤酒的防腐能力，同时也增强了泡持性。

1. 大麦

大麦可以食用，用作饲料和作为啤酒酿造的原料。

（1）大麦适于酿造啤酒的原因　大麦之所以适于酿造啤酒是由于：①大麦便于发芽，并产生大量的水解酶类；②大麦种植遍及全球；③大麦的化学成分适合酿造啤酒，其谷皮是很好的麦汁过滤介质；④大麦不是人类食用主粮。

（2）大麦的分类

① 按用途，大麦可分为使用、饲料及酿造用三类。

② 按大麦籽粒在麦穗上断面分配形态，可分为六棱大麦、四棱大麦和二棱大麦。其形态见图 1-1。

六棱大麦的麦穗断面呈六角形，即麦穗上有六行麦粒围绕着一根穗轴，中间对称的两行发育正常，其他四行发育迟缓，因此，六棱大麦籽粒欠整齐，粒子较小。六棱大麦蛋白质含量稍高，

图 1-1　不同品种大麦的横断面
1—六棱大麦；2—四棱大麦；3—二棱大麦

适合于制高糖化力麦芽，它的淀粉含量相对较低，浸出物稍低。美国较流行用六棱大麦。

四棱大麦的麦穗不像六棱大麦那么对称，有两对籽粒互相交错，麦穗断面呈四角形，故而得名。

二棱大麦是六棱大麦的变种，麦穗上只有两行籽粒，粒子均匀饱满且整齐。二棱大麦的淀粉含量较高，蛋白质的含量相对较低，浸出物收得率亦高于六棱大麦，所以，一般都用二棱大麦。

我国华北地区种植六棱大麦，南方种植二棱大麦。

③ 根据大麦的播种时间，可将大麦分为春大麦和冬大麦两类。我国春大麦多在春季惊蛰后清明节前播种，生长期短，只有 3～4 个月。春大麦成熟度欠整齐，一般休眠期较长。冬大麦是秋后播种，生长期长达 200 天左右，成熟较整齐，休眠期较短。

（3）大麦形态　大麦麦粒主要由胚、胚乳、皮层 3 大部分组成，见图 1-2。

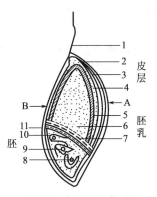

图 1-2　大麦粒的构造
1—麦芒；2—谷皮；3—果皮和种皮；
4—腹沟；5—糊粉层；6—胚乳；
7—细胞层；8—胚根；9—胚芽；
10—盾状体；11—上皮层；
A—腹部；B—背部

① 胚　胚是大麦子粒最重要的部分，位于麦粒背部的下端，由胚根、胚芽、盾状体和上皮层组成，约占麦粒干物质的 2%～5%。胚是大麦子粒有生命的部分，胚组织一旦被破坏，大麦就失去了发芽能力。

② 胚乳　胚乳是大麦子粒最主要的部分，由淀粉细胞和蛋白质-脂肪细胞组成，约占大麦干物质的 80%～85%。大麦发芽时，胚乳物质不断分解，部分供给胚呼吸或合成新的物质，大部分存在于麦粒中。糊粉层主要由蛋白质和脂肪构成，发芽过程中大部分水解酶由糊粉层产生。

③ 皮层　由腹部的内皮和背部的外皮组成，外皮的延长部分即称麦芒，其质量为大麦干物质的 7%～13%。在皮壳的里面是果皮，再里面是种皮。果皮的外表有一层蜡质层，它对赤霉素和氧是不透性的，与大麦的休眠性质有关。种皮是一种半透性的薄膜，可渗透水却不能渗透高分子物质，但某些离子能同水一道渗入，这对浸渍过程有一定意义。

皮壳的组成物大都是非水溶性的，硅酸、单宁和苦味物质等，这些物质对酿造有害。但皮壳在麦汁制造时，则作为麦汁过滤层而被利用。

（4）大麦的化学成分　大麦的主要化学成分是淀粉，其次是蛋白质、纤维素、半纤维素和脂肪等。

① 淀粉　它是以淀粉粒的形式存在于胚乳细胞的细胞质中。淀粉粒中 97% 以上是淀粉，0.2%～0.7% 是无机盐，0.6% 是脂肪酸，含氮化合物占 0.5%～1.5%。在淀粉粒中，支链淀粉占 76%～83%，直链淀粉占 17%～24%。淀粉占大麦干重的 65% 左右。

② 纤维素　纤维素主要存在于大麦皮壳中，占大麦干重的 4%～9%。纤维素是与木质素、无机盐结合在一起的，它不溶于水，吸水会膨胀。

③ 半纤维素　半纤维素是细胞壁的主要组成部分，占麦粒干重的 4%～10%。半纤维素不溶于水，但易被热的稀酸或稀碱水解成五碳糖和六碳糖。

④ 蔗糖　蔗糖集中存在于大麦的胚里，占麦粒干重的 1%～2%，是麦粒发芽时的养料。

⑤ 蛋白质　大麦含蛋白质 9%～12%，主要存在于胚乳、糊粉层和胚中。按蛋白质在不同溶液中的溶解度，可将大麦蛋白质分成 4 类：清蛋白；球蛋白；醇溶蛋白；谷蛋白。大麦蛋白质含量和种类，与大麦的发芽能力、酵母菌的生长、啤酒的适口性、泡沫持久性以及非生物稳定性等有密切关系。如果不使用辅助原料，一般选用淀粉含量较高而蛋白质含量稍低的二棱大麦为发酵用原料；使用辅助原料较多时，就以蛋白质含量较高的六棱大麦作发酵原

料。含蛋白质多的大麦，因为发芽力强，发芽旺盛，所以制麦芽时损失较大，糖化时浸出率低。蛋白质中的球蛋白部分是造成啤酒冷混浊的主要成分，而醇蛋白和谷蛋白则大部分进入麦糟中。

⑥ 脂肪　大麦含 2%～3% 左右的脂肪，主要聚集在麦粒的糊粉层中。麦芽在干燥处理时，麦芽中的脂肪酶遭破坏，因此麦芽脂肪大部分留在麦糟中或很少部分进入麦汁中。脂类物质含量虽低，但它对啤酒的风味稳定性和泡沫稳定性产生不利的影响。

⑦ 无机盐　大麦中的无机盐约占大麦干重的 3%，主要是磷酸钾、磷酸镁和磷酸钙。

⑧ 多酚物质　大麦含多酚物质 0.1%～0.2%，主要集中存在于胚乳、糊粉层和种皮中。多酚物质与蛋白质共同加热，会生成不溶性沉淀物。

（5）酿造用大麦的质量要求　酿造用大麦的质量要求为以下几个方面：

① 感官特征

a. 纯度　大麦应很少含有杂谷、草屑、泥沙等夹杂物；应尽可能选择属于同一产地、同一品种的大麦。因为同一产地、同一品种、同年收割的大麦其品质较一致，在制麦时能做到均匀发芽。

b. 外观和色泽　新鲜、干燥、皮壳薄而有皱纹者，色泽淡黄而有光泽，籽粒饱满，这是成熟大麦的标志。如带青绿色，则是未完全成熟；如暗灰色或微蓝色泽的则是长了霉或受过热的大麦。色泽过浅的大麦，多数是玻璃质粒或熏硫所致，不宜酿造啤酒。

c. 香和味　具有新鲜的麦秆香味，放在嘴里咬尝时有淀粉味，并略带甜味者为佳。

d. 皮壳特征　制麦芽用大麦皮壳的粗细度对制麦特别重要。皮薄的大麦有细密的痕纹，适于制麦芽；皮厚的大麦纹道粗糙、不明显、间隔不密，大麦浸出率较低，同时还可能存在较多的有害物质（如鞣质和苦味物质）。

e. 麦粒形态　粒型肥短的麦粒一般谷皮含量低，瘦长的麦粒谷皮含量高。粒型肥短的麦粒浸出物高，蛋白质含量低，发芽较快，易溶解，因此较适合制作麦芽。

② 物理检验

a. 千粒质量　即 1000 颗大麦籽粒的质量。千粒质量高，则浸出物含量高；千粒质量低，则浸出物含量低。我国二棱大麦的千粒质量在 36～48g 之间，四棱、六棱大麦在 28～40g 之间。加拿大二棱大麦的千粒质量在 40～44g 之间，澳大利亚二棱大麦的千粒质量在 40～45g 之间。

b. 百升质量　百升质量是表示 100L 大麦的质量。百升质量重的大麦籽粒比较饱满，浸出物含量也高。可根据百升质量确定大麦贮藏时仓库容积。

二棱大麦的百升质量，最轻在 63kg 以上；轻的在 63～65kg；中等的在 65～68kg；重的在 68～72kg 以上。我国产的二棱大麦的百升质量在 68～71kg，四棱和六棱大麦在 60kg 以上。

c. 形态大小和均匀度　麦粒的大小一般以腹径表示，大麦的大小和均匀度对大麦的质量有很大影响，并直接影响麦芽的整个制造过程。大麦的大小和均匀度，可用分级筛测量，其筛孔孔距分别为 2.8mm、2.5mm、2.2mm。2.5mm 以上的麦粒占 80% 以上者为佳，称优级大麦；占 75% 以上者，质量次之，称一级大麦；70% 以上者，称为二级大麦；2.2mm 以下的大麦，蛋白质含量高，浸出物含量低，适于用作饲料。

d. 胚乳的状态　麦粒的胚乳状态可分为粉质粒、玻璃质粒、半玻璃质粒。

粉质粒麦粒的胚乳状态（断面）呈软质白色；玻璃质粒断面呈透明有光泽；部分透明、部分白色粉质的称半玻璃质粒。玻璃粒又分成暂时和永久两种：暂时玻璃粒，在大麦浸渍 24h 后缓慢干燥，玻璃粒就消失，变成粉质粒，并不影响大麦品质；永久性玻璃粒在发芽时难以溶解，麦汁滤清困难，糖化时收得率低，而且一般永久性玻璃粒蛋白质含量也高于粉质粒，溶解困难，只能制成一种坚硬的浸出率低的麦芽，导致麦汁过滤困难，故不适合制作麦芽。粉状粒在80%以上的大麦是优良大麦。啤酒酿造要求大麦粉状粒应在80%以上，且越高越好。

e. 发芽力和发芽率 大麦在发芽时，其中原有的酶才能活化和生成各种酶，才能使大麦中大分子物质适度物质溶解，转变成麦芽。发芽力是大麦最重要的特性之一。

发芽力是大麦在适宜条件下发芽3天后，发芽麦粒占总麦粒的百分数。发芽力表示大麦发芽的均匀性。

发芽率是大麦在适宜条件下发芽5天后，发芽麦粒占总麦粒的百分数。发芽率表示大麦发芽的能力。

啤酒酿造中，要求大麦的发芽力不低于85%，发芽率不低于90%。但对优级大麦而言，发芽力应不低于95%，发芽率不低于97%。两者的差距由大麦的休眠期所决定，当大麦经过休眠期后，二者的数值应非常接近。

③ 化学检验

a. 水分 一般水分含量应在12%～13%内。不能高于13%，否则易霉烂，呼吸损失大。

b. 淀粉含量和浸出物含量 淀粉含量应在60%～65%以上，淀粉含量高，则浸出物含量高，蛋白质含量则少。大麦的浸出物含量按干物质计，一般为72%～80%。大麦淀粉含量与浸出物含量之间的差额平均为14.5%。因此，从浸出物含量可大致换算出大麦的淀粉含量。

c. 蛋白质 大麦中含氮物质以粗蛋白质含量表示，它是大麦成分的主要组成部分。大麦中蛋白质含量一般要求为9%～13%，以10%～12%（以干物质计）为佳。蛋白质含量丰富，会使浸出率下降；在工艺操作上，发芽过于猛烈，难溶解；在酿造中也容易引起混浊，降低了啤酒的非生物稳定性。

d. 其他 生产浅色麦芽时，还需注意大麦的色泽，不宜采用底色过深的大麦。另外，大麦的夹杂粒应小于2.0%，优级小于1.0%。破损率小于1.5%，优级小于0.5%。水敏感性在10～25%，优级应在10%以下。

2. 辅助原料

在啤酒酿造中，可根据地区的资源和价格，采用富含淀粉的谷类（大麦、大米、玉米等）、糖类或糖浆作为麦芽的辅助原料，在有利于提高啤酒质量，不影响酿造的前提下，应尽量多采用辅助原料。

使用辅助原料的目的如下：

① 采用价廉而富含淀粉质的谷类作为麦芽的辅助原料，以提高麦汁收得率，制取廉价麦汁，降低成本并节约粮食。

② 使用糖类或糖浆为辅助原料，可以节省糖化设备容量，调节麦汁中糖与非糖的比例，以提高啤酒发酵度。

③ 使用辅助原料，可以降低麦汁中蛋白质和易氧化的多酚物质的含量，从而降低啤酒色度，改善啤酒风味和啤酒的非生物稳定性。

④ 使用部分谷类原料，可以增加啤酒中糖蛋白的含量，从而改进啤酒的泡沫性能。

谷类辅助原料的使用量在10%～50%之间，常用的比例为20%～30%，糖类辅助原料一般为10%～20%。

我国啤酒酿造一般都使用辅助原料，多数用大米，有的厂用脱胚玉米，其最低量为10%～15%，最高量为40%～50%，多数为30%左右。

国际上使用辅助原料的情况也极不一致，如美国使用谷类辅助原料，一般为50%左右，多用玉米或大米，少数用高粱；在德国，除制造出口啤酒外，其内销啤酒一般不允许使用辅助原料；在英国，由于其糖化方法采用浸出糖化法，多采用已经糊化预加工的大米片或玉米片为辅助原料；在澳大利亚，多采用蔗糖为辅助原料，添加量达 20％以上。主要谷类辅助原料的性状见表 1-1 所示。

表 1-1 主要谷类辅助原料的性状

品种	水分/％	淀粉含量/％	浸出物含量/％	蛋白质含量/％	脂肪含量/％	糊化温度(t)/℃	一般使用比例/％
碎大米	11～13	76～85	90～95	6～11	0.2～1.0	68～77	30～45
脱胚玉米	11.2～13	69～73	85～92	7.5～8	0.5～1.5	70～78	25～35
大麦	11～13	58～65	72～81	10～12.5	2～3	60～62	20～35
小麦	11.6～14.8	57～62.4	68～76	11.5～13.8	1.5～2.3	52～56	20～25

（1）大米 大米是最常用的一种麦芽辅助原料，其特点是价格较低廉，而淀粉含量高于麦芽，多酚物质和蛋白质含量低于麦芽，糖化麦汁收得率提高，成本降低，又可改善啤酒的风味和色泽，啤酒泡沫细腻，酒花香气突出，非生物稳定性比较好，特别适宜制造下面发酵的淡色啤酒。国内啤酒厂辅助原料大米用量自 25％～50％不等，一般是 25％～35％。但在大米用量过多的情况下，麦汁可溶性氮源和矿物质含量不够，将招致酵母菌繁殖衰退，发酵迟缓，因而必须经常更换强壮酵母。如果采用较高温度进行发酵，就会产生较多发酵副产物，如高级醇、酯类，对啤酒的香味和麦芽香有不好的影响。

大米种类很多，有粳米、籼米、糯米等，啤酒工业使用的大米要求比较严格，必须是精碾大米，一般都采用碎米，比较经济。

（2）玉米 欧美国家较普遍用玉米作为辅助原料，而我国一般都使用大米。玉米所含的蛋白质、纤维素比大米多，脂肪含量高出大米好几倍，而淀粉的量比大米少 10％左右。

玉米中的油脂会使啤酒产生异味，而且减弱啤酒起泡力，因此去除油脂是必要的。玉米的油脂绝大部分积存在胚芽中，除去胚芽的玉米就可使用。另外，在贮存过程中油脂被氧化，会败坏啤酒风味，因此挑选玉米时，应注意贮存时间。

（3）小麦 小麦也可作为制造啤酒的辅助原料，用其酿制的啤酒有以下特点：小麦中蛋白质的含量为 11.5％～13.8％，糖蛋白含量高，泡沫好；花色苷含量低，有利于啤酒非生物稳定性，风味也很好；麦汁中含较多的可溶性氮，发酵较快，啤酒的最终 pH 值较低；小麦和大米、玉米不同，富含 α-淀粉酶和 β-淀粉酶，有利于采用快速糖化法。

德国的白啤酒是以小麦芽为原料，比利时的蓝比克啤酒也是以小麦作辅料。一般使用比例为 15％～20％。

（4）酒花 酒花又称蛇麻花、啤酒花等，它是雌雄异株，用于啤酒发酵的是未授粉的雌花。酒花形态见图 1-3。

① 酒花在啤酒中的作用：a. 赋予啤酒香味和爽口苦味；b. 提高啤酒泡沫的持久性；c. 促进蛋白质沉淀，有利啤酒澄清；d. 酒花有抑菌作用，加入麦汁中能增强麦汁和啤酒的防腐能力。

② 酒花的化学成分 酒花的化学成分非常复杂，对啤酒酿造有特殊意义的三大部分为：苦味物质、酒花精油、多酚物质。

a. α-酸 α-酸也称葎草酮，它具有苦味和防腐能力，受热后 40％～60％的 α-酸变成了异 α-酸，苦味更加柔和，溶解度加大。啤酒的苦味主要来自于异 α-酸。α-酸被氧化时，先生成 α-软树脂，最后变成 α-硬树脂，它们也呈现苦味。优质酒花，要求其 α-酸含量在 7％以上。

7

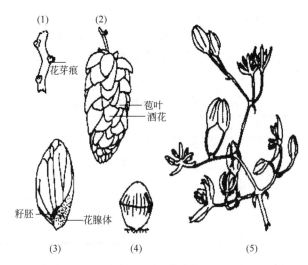

图 1-3　酒花形态

(1) 酒花小梗；(2) 酒花球果；(3) 苞叶和小腺体；(4) 腺体放大；(5) 酒花雌花

b. β-酸　β-酸也称蛇麻酮，其苦味和防腐力都不如 α-酸。β-酸受热、光、碱的作用后变成异 β-酸，苦味增强。β-酸及其异构体异 β-酸，是使啤酒具有苦味的组成成分。β-酸比 α-酸容易被氧化，先生成 β-软树脂，进而被氧化成 β-硬树脂，也具有苦味。

c. 酒花油　酒花油是酒花中挥发油的总称，具有芳香味。它易溶于无水乙醇等有机溶剂中，在水中溶解度极小，容易被氧化，氧化物会使啤酒风味变坏。

酒花油成分极其复杂，含萜烯、倍半萜、酯、酸、醇和酮等，目前了解较清楚的是牻牛儿醇、葎草烯以及香叶烯等。

d. 多酚物质　酒花含多酚物质 4%～8%。由于多酚物质会与蛋白质结合形成沉淀物，因此啤酒中如果有多酚物质存在，就会引起啤酒混浊。

③ 酒花制品　将酒花直接加入麦汁共煮时，仅有 30% 左右的有效成分进入到麦汁中，而且酒花的贮藏比较麻烦，因此有必要先把酒花中的有效成分提取出来，然后在麦汁煮沸一定时间后或在滤酒后或在成品酒中加入，这样不仅解决了酒花贮藏的困难，相应增加了煮沸锅的有效容积，而且减少了酒花有效成分因长时间受热造成的损失。目前常见的酒花制品有：酒花粉、酒花浸膏、异构酒花浸膏、酒花油等。

（5）水　啤酒生产中，不同用途的水，有不同的质量要求。以糖化用水要求最高，它直接关系到啤酒质量的好坏。

糖化用水的质量要求：

① 水的硬度

a. 碳酸盐硬度（暂时硬度）。我国青岛啤酒的水的暂时硬度为 0.749mmol/L。

b. 非碳酸盐硬度（永久硬度）。水的永久硬度，主要由硫酸钙、硫酸镁、氯化钙、氯化镁、硝酸钙和硝酸镁组成。我国青岛啤酒的水的永久硬度为 0.57mmol/L。

c. 总硬度。把暂时硬度和永久硬度相加之和称为总硬度。我国青岛啤酒的水的总硬度为 1.319mmol/L。

酿制浅色啤酒，要求水的总硬度不超过 4.28mmol/L。硬度过高会使糖化醪酸度降低，从而影响糖化和发酵，其后果是造成啤酒质量下降。

② 水的化学指标　$Fe^{2+} < 0.5mg/L$，$Cl^- < 20～60mg/L$，$Cl_2 < 0.3mg/L$，$Si_2O_3 < 30mg/L$，氨基氮 $< 0.5mg/L$。硝酸态氮、亚硝酸态氮不允许存在，硝酸盐 $< 0.2mg/L$。

③ 水的卫生指标　细菌总数不得超过 100 个/mL，不得有大肠杆菌和八叠球菌。

二、麦芽的生产工艺及操作要点

由原料大麦制成麦芽，习惯上称为制麦。麦芽制备工艺决定了麦芽品种和质量，从而决定了啤酒的类型。麦芽质量将直接影响酿造工艺和成品啤酒的质量。

1. 制麦目的

（1）通过大麦发芽，使其生成各种酶，以提供制备麦汁的催化剂。

（2）使麦粒中的淀粉和蛋白质在酶的作用下达到适度的溶解。

（3）通过干燥除去绿麦芽中多余的水分和生腥味，产生干麦芽特有的色、香、味。

2. 制麦工艺流程

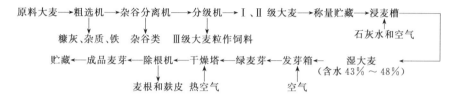

3. 大麦的清选和分级

原料大麦在收获时混有各种杂质，如石粒、尘埃、铁屑、杂谷、杂草等。入厂后，需进行一次粗选，将其中最大的杂质（木块、土块、树枝等）和部分其他杂质（尘埃、糠皮等）除去，然后贮存，以保证啤酒大麦在贮存过程中质量稳定。如果入厂大麦本身很干净，也可不进行粗选而直接入仓贮存。对麦芽制造来说，制麦前还需要进行大麦的精选，去除啤酒大麦中的半粒、非大麦谷粒等。大麦的粗选和精选统称清选。除此之外，还要按照大麦颗粒大小不同将其分成不同的等级。

（1）大麦的清选 原理是根据杂质与麦粒的形状和密度的物理特性区别而将杂质除去。清洗方法可以分为如下六种：

筛分：通过筛孔大小不同分离粗大和细碎的夹杂物。

振动：由于筛面的振动，将泥块振散，使筛面物料均匀，以提高分离效果。

风选：利用风力将灰尘以及其他轻微的杂质分离。

磁吸：用磁铁将铁屑、铁块吸出。

滚打：分离麦芒及附着在大麦颗粒表面的泥块。

洞埋：利用金属板上的孔洞分离大麦中的圆粒和不完整谷粒。

以上清选方法有的可以单独使用，有的几种方法联合使用，最常用的是振动平筛与风机等设备联用。

（2）大麦的分级 按照大麦颗粒腹径不同将其分成几个等级，称为分级。有的厂家在浸麦前进行分级，分级后的大麦直接进入浸渍槽；也有的在入厂时进行分级，然后分别贮存。分级后的大麦应分别进行加工。

① 分级的目的

a. 保证浸麦过程的均匀性 大麦颗粒大小影响吸水速度，颗粒均匀的大麦能够保证浸麦一致性。

b. 保证发芽过程的一致性 大麦颗粒大小不同，其化学组成（淀粉、蛋白质含量）也有区别，颗粒均匀的大麦能够保证发芽的整齐性。

c. 保证麦芽粉碎物粗细粉均匀 大麦颗粒整齐，成品麦芽在粉碎后能获得粗细均匀的麦芽粉。

d. 提高麦芽浸出率 大麦分级后，去除了瘪粒，使麦芽浸出率提高。

② 分级的标准（表1-2）

表 1-2　分级的标准

分级标准	筛孔规格/mm	颗粒厚度/mm	用途	分级标准	筛孔规格/mm	颗粒厚度/mm	用途
Ⅰ号大麦	25×2.5	>2.5	制麦	Ⅲ号大麦	25×2.0	>2.0	制麦
Ⅱ号大麦	25×2.2	>2.2	制麦	等外大麦	筛底	<2.0	饲料

4. 大麦的贮藏

大麦种子，具有特殊的休眠机制，致使新收大麦发芽率低，因此要经一段贮藏期，使麦料充分后熟，才能达到正常的发芽力。

（1）促进大麦后熟方法

① 贮藏于 1～5℃，能促进大麦的生理变化，缩短后熟期，提早发芽。

② 用 80～170℃ 热空气将大麦处理 30～40s，能改善种皮的透气性和透水性而促进早发芽。

③ 用高锰酸钾、甲醛、草酸及赤霉素等处理可打破种子的休眠。

（2）贮藏和管理方法

贮藏：有散装贮藏、袋装贮藏、立仓贮藏等方法。

管理：

① 进库前先将大麦用太阳晒或干燥炉干燥至水分在 13% 以下；

② 贮藏期应定期翻倒或通风降温，以排除 CO_2，防止麦堆因缺氧产生酸、醛、醇等抑制性物质而降低发芽率；

③ 贮藏温度低于 15℃，否则，大麦呼吸消耗急剧上升，损失增加。

新收获的大麦需要经过 6～8 周贮藏才能使用。

5. 大麦的浸渍

经过清洗和分级的啤酒大麦，在一定的条件下用水浸泡，使其达到适当的含水量（浸麦度）。这一过程称为浸麦。

（1）浸麦的目的

① 使大麦吸收适当的水分，达到发芽要求，并利于产酶和物质溶解。大麦贮存时含水量一般低于 14%，大麦开始发芽必须达到一定的含水量。含水分 30% 时，大麦颗粒生命现象明显；含水分 38% 时，大麦发芽最快；含水分 48% 时，被束缚的酶开始作用。

② 对大麦进行洗涤、杀菌。清选后的大麦仍混有很多杂质，如尘土、麦壳等，通过在浸麦过程中翻拌、换水等操作，将大麦清洗干净，并将漂浮在表面的麦壳捞出，以免进入后续工序。

③ 浸出有害物质。麦壳中含有发芽抑制剂，尤其抑制休眠的解除，浸麦时必须将其洗出并分离。麦壳中还含有酚类物质、苦味物质等对啤酒口味不利的物质，浸麦时应尽可能将其分离。在浸麦水中适当添加石灰乳、碳酸钠、氢氧化钠、氢氧化钾和甲醛等中任何一种化学药物，可以加速酚类等有害物质的浸出，促进发芽，有利于提高麦芽质量。

（2）浸麦度

① 定义　浸渍后的大麦含水率叫浸麦度。

② 公式

$$浸麦度(\%)=\frac{浸麦后的质量-原大麦质量+原大麦水分}{浸麦后的质量}×100\%$$

麦粒达到正常浸麦度，用手指压麦粒即张开，含水量一般在 43%～48% 范围内。

③ 浸麦度对麦芽质量的影响

a. 浸麦度高低对细粉浸出物无明显影响，但粗粉浸出物随浸麦度之上升而有增加之势，特别是 42% 和 43.5% 最为明显。粗细粉差则随浸麦度上升而降低。

b. 可溶性氮和蛋白溶解度随浸麦度上升而增加。

c. pH 值依次下降，可能是酸性磷酸盐和有机酸上升之故。

d. 黏度下降可能是 β-葡聚糖的分解效应。而 45℃时浸出物上升，应该是小分子物质增加的结果。相应的麦芽硬度亦随之下降，这些都是溶解良好的综合结果。

e. α-淀粉酶活力上升，是水解酶类上升的表现，只有水解酶类充分才能促进麦芽充分溶解。

f. 总损失上升是呼吸增强和新组织（根叶芽）形成所致。

综上所述，浸麦度对麦芽质量影响很大，生产中应当综合平衡。多数厂主张取 45%～46% 的浸麦度。

6. 浸麦操作

（1）进水、放水　投料时大麦与水混合进入浸麦槽，在浸麦过程中要几次将浸麦水放掉进行空气休止，进水和放水各过程均不能超过 1h。

（2）漂出浮麦　清选后的大麦仍含有很多轻微杂质，特别是麦壳、麦芒、瘪粒等，会漂浮在水的表面，这些杂质称为浮麦。浸麦时应尽可能快速将其捞出，以免混入后续工序。根据大麦纯度不同，浮麦量为 0.1%～1%。

（3）倒槽　由于大麦中含有粉尘等杂质，投料时飞扬到空气中，污染环境。若设置预浸槽，在预浸槽中投料、漂出浮麦、洗涤大麦，然后倒入浸麦槽中浸麦，这样洗涤效果较好。倒槽时还可使大麦充分接触空气。

（4）通风　利用压缩空气通风，通风起供氧、翻拌和排除 CO_2 的作用。若排除 CO_2 有单独的抽吸装置，则通风量为 $15m^3/(t \cdot h)$，通风时间为每小时 10～15min；若没有 CO_2 抽吸装置，通风既要满足供氧又排除 CO_2，则第 1 天的通风量 $50m^3/(t \cdot h)$，以后为 100～$200m^3/(t \cdot h)$。

（5）排除 CO_2　可以利用压缩空气，在通风的同时排除 CO_2，但啤酒生产厂家越来越广泛采用单独的 CO_2 抽吸装置。

（6）浸麦温度和时间的控制　大多数生产厂家采用自然水温，浸麦水温随季节变化波动很大（11～25℃），冬天水温低，夏天水温高，浸麦时间也随之延长或缩短。越来越多的厂家在冬季将浸麦用水加热至18℃左右，以提高颗粒吸水速度，缩短浸麦时间。采取提高水温的措施再配合降温发芽法，可以降低制麦损失。浸麦时间与浸麦温度密切相关。浸麦度一定时，浸麦温度越高，浸麦时间就越短，但水温最高不要超过 25℃。浸麦时间的长短最终由浸麦度决定。

（7）空气休止　若长时间水浸，大麦含水量不再升高或升高缓慢。但经过一段时间的空气休止，使大麦暴露在空气中后，大麦的吸水速度又重新提高。采用这种浸水断水交替操作，能提高大麦颗粒的吸水速度，缩短浸麦时间。

7. 浸麦方法

浸麦方法有湿浸法、浸水断水法、喷淋浸麦法和重浸法。

（1）湿浸法　在整个过程中大麦一直浸泡在水中，这种方法称为湿浸法。这是最早的浸麦方法，不通风，没有供氧措施，只在大麦冲洗和换水时颗粒接触微量的空气，以维持胚的生命力。这种方法颗粒吸水慢、浸麦时间长、颗粒萌发慢，因此已经被淘汰。

（2）浸水断水法（空气休止法）　用浸水、断水交替法进行空气休止，通风排除二氧化碳，能提高水敏感性啤酒大麦的发芽速度，缩短发芽时间 1 天以上，发芽率提高。

断水浸麦法是浸水与断水相间进行，常用的有浸二断六（水浸 2h，断水空气休止 6h）、浸二断四、浸三断三、浸三断六、浸四断四等操作法。啤酒大麦每浸渍一段时间后断水，使麦粒与空气接触，水浸和断水期间均需供氧。水浸期间采用压缩空气通风供氧，断水期间利用吸风排除二氧化碳。水浸和断水时间的长短由大麦的制麦特性、气候、浸麦水温等确定，应尽量延长断水时间，尤其对于具有水敏感性的大麦。第一遍浸麦水，由于杂质多，异味明显，颜色发暗，应及早更换。

注意事项：

① 断水进行空气休止并通风供氧，能促进水敏感性大麦的发芽，提高发芽率，并缩短发芽时间。

② 在浸水时也需要定时通入空气供氧，一般每小时 1～2 次，每次 15～20min，通气间隔时间过长是不利的。

③ 整个浸麦时间约需 40～72h，要求露点率（露出白色根芽麦粒占总麦粒的百分数）达 85％～95％。含水量（浸麦度）达 43％～48％。

（3）喷淋浸麦法　此法在长时间的空气休止期间采用喷淋的方式加水。长时间空气休止由于颗粒吸收表面的水分蒸发散失，如果不及时补充水分，会使颗粒表面干皱，降低吸水速度。采用喷淋方式加水，能使麦粒表面经常保持必要的水分，同时水雾可以及时带走浸麦过程中产生的热量和二氧化碳，使麦粒接触到更多的氧气，提前萌发，缩短浸麦和发芽时间。

喷淋加水也可在发芽箱中进行，首先在洗麦时使大麦的浸麦度达到 23％～25％，剩余的水分在发芽箱中通过喷淋补充，操作如下：

① 喷水 6h，水温 18℃，含水量达到 30％。

② 空气休止 18h，水温 18℃。

③ 喷水 6h，水温 18℃，含水量达到 36％～38％。

④ 空气休止 18h，水温 18℃，开始均匀发芽。

⑤ 喷水，水温 18℃，含水量达到 41％～42％。

（4）重浸法　是在发芽箱中进行的，先经过 24～28h 浸麦，使浸麦度达到 38％，停止浸麦，开始发芽。大麦含水量在 38％时发芽非常迅速、均匀，但这种较低的含水量只能生成两条虚弱的根。根据颗粒发芽强烈程度和温度不同，发芽时间控制在 36～60h 之间，一般为 48h。待所有颗粒都出芽后，立即用较高温度的水（40℃）重浸（杀胚），并使浸麦达到要求。此法的最终浸麦度较高，应在 50％～52％之间，便于在后面溶解阶段达到理想的物质转变程度。

（5）浸麦评价　评价浸麦过程的好坏从以下几点入手：

① 外观　无污物。

② 气味　浸麦结束后物料气味应该新鲜、纯正。有酸味、酯味说明采取的措施不利，如 CO_2 抽吸不好。

③ 浸麦时间　浸麦时间与大麦吸水速度、浸麦水温及浸麦方法有关，应在保证麦芽质量的前提下尽量缩短浸麦时间。现代浸麦方法正常情况下浸麦时间为 24～52h。

④ 浸麦度　浸麦是否结束，最终由浸麦度决定。浸麦度的控制范围与浸麦方法有关，最终浸麦度一般在 43％～47％之间，大多数为 45％～47％之间，最高不超过 48％，最低不低于 42％，有的是在浸麦槽中就使大麦含水量达到最终浸麦度，有的是大麦在浸麦槽中浸麦度只达到 40％左右（38％～42％），其余水分到发芽箱中补足。

8. 大麦的发芽

浸渍后的大麦达到适当的浸麦度，工艺上即进入发芽阶段。实际上从生理现象来说，发芽过程是从浸麦开始的。发芽过程必须准确控制水分和温度，适当通风供氧。

（1）发芽目的　发芽是一个生理生化变化过程。

① 激活原有的酶。原大麦中含有少量的酶，但大都被束缚住，没有活性，通过发芽使这些酶游离，将其激活。

② 生成新的酶。麦芽中绝大部分酶是在发芽过程中产生的。

③ 物质转变。随着大麦中酶的激活和生成，颗粒内含物在这些酶的作用下发生转变，如淀粉、蛋白质、半纤维素等。物质转变包括大分子物质的溶解和分解，以及胚乳结构的改变。

（2）发芽条件　在大麦发芽过程中要根据具体情况采用不同的发芽技术条件。

① 从发芽温度看，低温发芽的温度控制为 12～16℃，它适合于浅色麦芽的制造；高温发芽温度控制为 18～22℃，适于制造深色麦芽。

② 发芽水分一般应控制在 43%～48% 之间。制造深色麦芽，浸麦度宜提高到 45%～48%；而制造浅色麦芽的浸麦度一般控制在 43%～46% 之间。

③ 发芽时一般要保持空气相对湿度在 95% 以上。

④ 通入适量的饱和新鲜湿空气供麦粒呼吸作用。在发芽初期，充足的氧气有利于各种内酶的形成，此时二氧化碳浓度不宜过高；而发芽后期，应增大麦层中二氧化碳的比例。通风式发芽麦层中的二氧化碳浓度很低，后期通风应补充以回风。

⑤ 避免阳光直射，否则促进叶绿素的形成而损害啤酒风味。

⑥ 发芽时间一般控制在 6 天左右，深色麦芽为 8 天左右。

（3）发芽方法　可分为地板式发芽和通风式发芽两大类。

传统的发芽方式是地板式发芽，即将浸渍后的大麦平摊在水泥地板上，人工翻麦，如果不增加辅助设施，通风和降温基本靠翻麦操作。这种方法由于占地面积大、劳动强度大、不能机械化操作、工艺条件很难人工控制、受外界气候影响等，已不再采用，只有在啤酒博物馆中才能见到。

通风式发芽是厚层发芽，通过不断向麦层送入一定温度的新鲜饱和湿空气，使麦层降温，并保持麦粒应有的水分，同时将麦层中的二氧化碳和热量排出。当前，通风式发芽最普遍采用的是萨拉丁（Saladin）箱式发芽、麦堆移动式发芽和发芽干燥两用箱发芽，这三种发芽方法均有平面式和塔式之分。下面以萨拉丁箱（图 1-4）式发芽法为例，介绍发芽的具体操作方法。

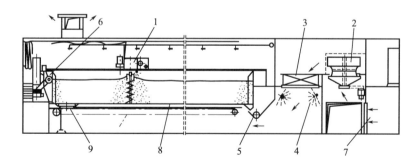

图 1-4　萨拉丁发芽箱

1—翻麦机；2—送风机；3—空气冷却器；4—调湿喷嘴；5—出料送料机；
6—卸料器；7—新空气入口；8—多孔板；9—地板清洗器

① 将浸渍完毕的大麦带水送入发芽箱，铺平后开动翻麦机以排出麦层中的水。

② 麦层的高度以 0.5～1.0m 为宜。发芽温度控制在 13～17℃，一般前期应低一些，中期较高，后期又降低。

③ 翻麦有利于通气，调节麦层温湿度，使发芽均匀。一般在发芽的第 1～2 天可每隔 8～12h 翻一次；第 3～5 天为发芽旺盛期，应每隔 6～8h 翻一次；第 6～7 天为 12h 翻一次。

④ 通风对调节发芽的温度和湿度起主要作用，一般发芽室的湿度应在 95% 以上，由于

13

水分蒸发,应不断通入湿空气进行补充;又由于大麦呼吸产热而使麦层温度升高,所以应不断通入冷空气降温,必要时进行强通风。通风方式有间歇式和连续式两种,可根据工艺要求选用。

⑤ 直射强光会影响麦芽质量,一般认为蓝色光线有利于酶的形成。发芽周期为 6～7 天。

9. 绿麦芽干燥

未干燥的麦芽称为绿麦芽,绿麦芽含水分高,不能贮存,也不能进入糖化工序,必须经过干燥,可以使麦芽水分下降至 5% 以下,利于贮藏;终止化学-生物学变化,固定物质组成;去除绿麦芽的生青味,产生麦芽特有的色、香、味;容易除去麦根。

(1) 绿麦芽的干燥目的

① 绿麦芽水分为 40%～44%,通过干燥水分降至 2.5%～4.0%,以终止酶的作用,便于贮存。

② 经过焙焦,去除绿麦芽生腥味,产生特有的色、香、味。

③ 麦根味苦且吸湿性强,经干燥除根,使麦根不良味道不致带入啤酒中。

(2) 绿麦芽的干燥过程 绿麦芽干燥过程可大体分为凋萎期、焙燥期、焙焦期三个阶段,这三个阶段控制的技术条件如下:

① 凋萎期 一般从 35～40℃ 起温,每小时升温 2℃,最高温度达 60～65℃,需时 15～24h(视设备和工艺条件而异)。此期间要求风量大,每 2～4h 翻麦一次。麦芽干燥程度为含量 10% 以下。但必须注意的是,麦芽水分还没降到 10% 以前,温度不得超过 65℃。

② 焙燥期 麦芽凋萎后,继续每小时升温 2～2.5℃,最高达 75～80℃,约需 5h,使麦芽水分降至 5% 左右。此期中每 3～4h 翻动一次。

③ 焙焦期 进一步提高温度至 85℃,使麦芽含水量降至 5% 以下。深色麦芽可增高焙焦温度到 100～105℃。整个干燥过程约 24～36h。

(3) 麦芽的干燥操作 一般都采用干燥炉。

① 淡色麦芽的干燥操作 先将绿麦芽置于干燥炉的上层金属网烘床,麦芽层厚度为 30～50cm,进行强通风以迅速排出水分,使麦芽的含水量从 42% 左右降低到 25%～30%,然后将麦芽移至干燥炉的中层金属网烘床。

在上层烘床干燥期间,操作上需要注意两点:a. 升温应缓慢,最高温不得超过 35℃,这可以通过调节通风的温度来实现;b. 翻拌麦粒不要过早、过勤,一般开始阶段每隔 4～5h 翻拌 1 次,以后每隔 2～3h 翻拌 1 次。

在中层烘床进行麦粒干燥操作时,同样应缓慢升温,最高温度不得超过 55℃。经中层干燥处理后,麦粒的含水量从 25%～30% 下降到 8%～12%,麦根已变得焦脆。

中层干燥操作时,应对升温幅度和出床时麦粒的温度特别加以注意。升温幅度太大,麦粒中酶的活力损失也大,而且容易形成玻璃质麦粒。若出床麦粒温度较低,则因麦粒含水量未达到要求,被移至高温的下层烘床时,就会变成硬结麦粒。

干燥的最后一道工序是焙焦。将含水量 8%～12% 的麦粒置于干燥炉下层的金属网烘床上,由 55℃ 升温至 83～85℃,并在此温度下焙焦 4～4.5h,其间经常翻拌,使成品麦粒的含水量在 3%～4%。

② 浓色麦芽的干燥操作 制浓色麦芽的干燥温度比淡色麦芽的要高,一般上层烘床的最高温度为 40℃,中层烘床的最高温度为 60℃,而下层烘床的最高温度达到 105℃。当然,浓色麦芽的含水量比淡色麦芽的要低。

国内有些厂采用发芽干燥两用箱,其工艺操作如下:以干燥浅色麦芽为例,在 7 天发芽期的最后 16h,通入大风量的 30℃ 干空气,使根芽凋萎并预热箱体。接着,由箱前翅片加热器控制进风温度为 40℃，干燥 16h，待品温达到 45～50℃，麦芽水分为 10% 左右时，可减小进风量，逐渐提高进风温度至 88～92℃，使品温达 81℃，再关闭通风进口，利用回风焙焦 2.5～3h。在麦芽干燥过程中，应隔 4～8h 搅拌 1 次，而在焙焦阶段要不停地搅拌。

（4）绿麦芽质量要求

① 有新鲜味，无霉味及异味，握在手中有弹性和松软感。

② 发芽率不低于 85%（95% 以上）。

③ 浅色麦芽的叶芽伸长度为麦粒长度的 3/4 者占麦芽总数 70% 以上；浓色麦芽的叶芽伸长度为麦粒长度 4/5 者占麦芽总数的 75% 以上。

④ 将麦皮剥开，用拇指和食指搓捻胚乳，若呈粉状散开，有润滑细腻感为好；虽能捻开，但感觉粗重者为溶解一般；搓捻时成团状或搓不开者为溶解不良。

10. 麦芽除根

麦芽除根的目的：

（1）麦根的吸湿性强，如不除去，易吸收水分而影响麦芽的保存。

（2）麦根含有苦涩味物质、色素和蛋白质，对啤酒的风味、色泽和稳定性都不利。

出炉后的干麦芽比较脆，根芽容易去除，因此要在 24h 内除根完毕。除根后的麦芽不得含有麦根，麦根中所含有碎麦粒和整粒麦芽不得超过 0.5%。除根是利用除根机完成的（见图 1-5）。除根机结构简单，一般包括一个转动的带筛孔的金属圆筒，圆筒内装有叶片搅刀。圆筒以不同的速度进行旋转（以 20r/min 为宜），搅刀转速 160～240r/min。麦根靠麦粒间相互碰撞和麦粒与滚筒壁的撞击作用而脱离，然后通过筛孔排出。

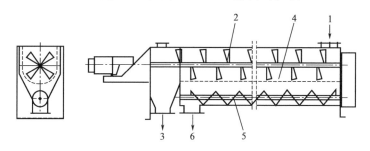

图 1-5　麦芽螺旋除根机

1—麦芽进口；2—搅拌器；3—麦芽出口；4—金属筛网；5—螺旋输送口；6—根芽出口

为了不延误干燥炉作业周期，在除根机上方应设相当于每炉干麦芽 2/3 容积的暂存箱。除根机能力按每批干麦芽除根时间 2～4h 配置。麦芽排出口一般安装一套吸风设备，以除去灰尘及轻微杂质，同时对麦芽进行冷却。

因此，经干燥后的麦芽，应立即用除根机除根，否则吸湿后不易除尽。

11. 麦芽保存

麦芽保存的目的：麦芽应经适当时间贮存后再用来糖化，不宜直接使用干燥麦芽。在贮存期间，麦芽的淀粉酶和糖化酶活力以及酸度都有提高；另外，麦芽吸收了少量水分，在粉碎时谷皮不碎，对麦汁过滤有利。

经干燥的麦芽应用除根机除掉麦根，同时具有一定的磨光作用。在商业性麦芽厂中，麦芽在出售前还要使用磨光机进行磨光，以除去麦芽表面的水锈或灰尘，保证麦粒外表美观、口味纯正、收得率高。

干麦芽除根稍冷后，应立即送入立仓贮存。如采用袋装，因与空气接触面大而易吸水，故贮存期较短，不宜超过 6 个月。新干燥的麦芽还必须经过至少 1 个月的贮藏，才能用于酿造。

三、成品麦芽的质量标准

麦芽质量的好坏，关系到啤酒的品质，因此生产厂家十分重视麦芽的质量。质量好的麦芽粉碎后，粗、细粉浸出率差比较小，糖化力大，最终发酵度高，溶解氮和氨基酸的含量高，黏度小。国家轻工业局的推荐性啤酒麦芽行业标准 QB/T 1686—2008 如下：

1. 感官要求

（1）淡色麦芽：淡黄色，有光泽，具有麦芽香气，无异味。

（2）焦香麦芽：具有浓的焦香味，无异味。

（3）浓色麦芽和黑色麦芽：具有麦芽香气及焦香气味，无异味。

2. 理化要求

（1）淡色麦芽　理化要求应符合表 1-3 的规定。

表 1-3　淡色麦芽理化要求

项　　目		优级	一级	二级
夹杂物/%	≤	0.9	1.0	1.2
出炉水分/%	≤	5.0		
商品水分①/%	≤	5.5		
糖化时间/min	≤	10		15
煮沸色度/EBC	≤	8.0	9.0	10.0
浸出物（以干基计）/%	≥	79.0	77.0	75.0
粗细粉差/%	≤	2.0		3.0
α-氨基氮（以干基计）/(mg/100g)	≥	150	140	
库尔巴哈值/%		40～45		38～47
糖化力/WK	≥	260	240	220

① 商品水分可按供需双方合同执行。

（2）焦香麦芽、浓色麦芽和黑色麦芽　理化要求符合表 1-4 的规定。

表 1-4　焦香麦芽、浓色麦芽和黑色麦芽理化要求

项　　目			优级	一级	二级
夹杂物/%		≤	0.9	1.0	1.2
出炉水分/%		≤	5.0		
商品水分①/%		≤	5.5		
色度/EBC	焦香麦芽		25～60		
	浓色麦芽		9.0～130		
	黑色麦芽		≥130		
浸出物（以干基计）/%		≥	60		

① 商品水分可按供需双方合同执行。

（3）卫生要求　应符合表 1-5 的规定。

表 1-5　卫生要求

项　　目		啤酒麦芽	项　　目		啤酒麦芽
无机砷（以 As 计）/(mg/kg)	≤	0.2	汞（Hg）/(mg/kg)	≤	0.02
铅（Pb）/(mg/kg)	≤	0.2	六六六/(mg/kg)	≤	0.05
镉（Cd）/(mg/kg)	≤	0.1	滴滴涕/(mg/kg)	≤	0.05

❖ **【任务实施】**

见《学生实践技能训练工作手册》。

制麦新工艺——塔式制麦

塔式制麦系统实际上是麦堆移动式制麦系统的垂直形式，共有15层，包括1层预浸麦层、12层浸麦-发芽床和2层干燥床。在预浸麦层中要有普通浸麦槽所具有的装置，以保证进料、洗麦、空气休止、通风和排除CO_2。浸麦-发芽层要统一，每层床面积为$27.5m^2$，相应投料量为14.5t。床面分割成许多部分，每部分可以绕中心轴翻转，物料自由落到下一层。采用普通发芽方法时，物料在每一层停留的时间为12h，采用重浸麦时为9h。每层浸麦-发芽床单独通风，风的温度、湿度和通风量与各发芽阶段相适应。通风方式是风由上而下穿过麦层从底部排出。奥布提（Opti）塔式制麦系统如图1-6所示。

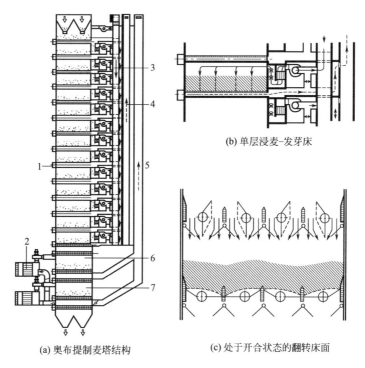

(b) 单层浸麦-发芽床

(a) 奥布提制麦塔结构

(c) 处于开合状态的翻转床面

图1-6　奥布提塔式制麦系统

1—床面转动动力；2—换热器；3—新鲜空气；4—发芽废气；
5—干燥废气；6—前期干燥；7—后期干燥

奥布提塔式制麦系统操作过程如下：

大麦在预浸麦层中水浸4h和空气休止5h后，进入第一层浸麦-发芽床。空气休止17h后，进行第二次水浸，使浸麦度达到颗粒萌发的水分含量（38％）。18℃发芽，这期间按时进入下层。当颗粒根芽均匀分叉时（从开始浸麦算起约48h），第三次加水，温度18℃，浸麦8～12h，浸麦度可达到50％。在温度13～14℃下继续发芽50～55h，浸麦和发芽时间总共117h，足以使细胞壁溶解。

随着麦芽产量的扩大，这种塔式制麦系统的生产能力也不断扩大，不同生产厂家的设备内部结构也有所不同。例如NORDON塔式制麦系统，出料口在塔中心，有自动出料装置，筛板用高压喷嘴自动清洗，年生产能力可达到2.5万～10万吨麦芽不等。

工作任务 1-2　啤酒酿造

❖【知识前导】

一、麦汁的制备

大麦经过发芽过程，虽然内含物有了一定程度的溶解和分解，但远远不够。这些大分子物质不能作为酵母的底物，酵母生长繁殖所需的营养物质和发酵所需的糖类都是低分子的。麦汁的制备俗称糖化，它是啤酒生产的重要工序。将固体的原辅料（如麦芽和米）通过粉碎、糖化、过滤过程得到清亮的液体——麦汁，麦汁再经煮沸、冷却成为具有固定组成的成品麦汁。

其工艺流程如下：

麦汁制备过程是将麦芽粉碎，与温水混合，借助麦芽自身的多种酶，将淀粉和蛋白质等分解为可溶性低分子糖类，糊精、氨基酸、胨及肽类等，制成麦汁，以供啤酒酵母发酵用。

未分离麦糟的混合液称为糖化醪；滤除麦糟后称麦汁；从麦芽中浸出的物质称浸出物。一般麦芽的浸出率为 80%，其中有 60% 是在糖化过程中经酶水解后溶出的。

对糖化要求是浸出物收得率高，麦汁澄清透明，麦汁组分符合要求，工艺设备简单，生产周期短。

1. 麦芽及其辅料的粉碎

制备麦汁需尽可能使酶和麦芽内容物接触，并为酶的作用创造适宜的条件，也为麦汁的过滤与澄清创造优良的条件。

（1）粉碎的目的及要求

① 目的

a. 增加原料内容与水的接触面积，使淀粉颗粒很快吸水软化、膨胀甚至溶解。

b. 使麦芽可溶性物质容易浸出。麦芽中的可溶性物质粉碎前被表皮包裹不易浸出，粉碎后增加了与水和酶的接触面积因而易于溶解。

c. 促进难溶解性的物质溶解。麦芽中没有被溶解的物质，辅料中的大部分物质也是难溶解的，必须经过酶的作用或热处理才能变得易于溶解。粉碎可增大与水和酶的接触面积，使难溶性物质变成可溶性物质。

② 要求　麦芽粉碎度应适当，既有利于酶促反应速度，又有利于过滤速度。如采用浸出糖化法，因糖化时间长，粉碎可粗些；若用煮出法，由于糖化时间短，粉碎应细些。此外，若用过滤槽设备，不能过度粉碎，否则皮壳呈粉状，不能形成良好的滤层；若用压滤机设备，粉碎度可细些，至于大米等辅料的粉碎越细越好，以增加浸出物的收得率。

（2）粉碎方法

① 麦芽粉碎　常用的有干法粉碎、湿法粉碎、回潮粉碎和连续浸渍增湿粉碎 4 种方法。

a. 干法粉碎　是传统的粉碎方法，要求麦芽水分在 6%～8% 为宜，此时麦粒松脆，便于控制浸麦度。其缺点是粉尘较大，麦皮易破碎，容易影响麦汁过滤和啤酒的口味和色泽。国内中小啤酒企业普遍采用。目前基本上采用辊式粉碎机，有对辊、四辊、五辊和六辊之分。

b. 湿法粉碎 所谓湿法粉碎，是将麦芽用 20～50℃ 的温水浸泡 15～20min，使麦芽含水量达 25%～30% 之后，再用对辊式粉碎机粉碎，之后兑入 30～40℃ 的水调浆，泵入糖化锅。其优点是麦皮比较完整，过滤时间缩短，糖化效果好，麦汁清亮，对溶解不良的麦芽，可提高浸出率（1%～2%）；缺点是动力消耗大，每吨麦芽粉碎的电耗比干法高 20%～30%。另外，由于每次投料麦芽同时浸泡，而粉碎时间不一，使其溶解性产生差异，糖化也不均一。

c. 回潮粉碎 又叫增湿粉碎，是介于干法、湿法中间的一种方法。在很短时间里向麦芽通入蒸汽或一定温度的热水，使麦壳增湿，使麦皮具有弹性而不破碎，粉碎时保持相对完整，有利于过滤。而胚乳水分保持不变，利于粉碎。增湿时可用 50kPa 的水蒸气处理 30～40s，增湿 0.7%～1.0%。也可用 40～50℃ 的热水，在 3～4m 的螺旋输送机中喷雾 90～120s，增湿 1%～2%。增湿后麦皮体积可增加 10%～25%。其优点是麦皮破而不碎，可加快麦汁过滤速度，减少麦芽有害成分的浸出。蒸汽增湿时，应控制麦温在 50℃ 以下，以免破坏酶的活性。

增湿粉碎系 20 世纪 60 年代推出的粉碎方法，由于其控制方法及操作比较困难，所以此法并未普及。

d. 连续浸渍增湿粉碎 20 世纪 80 年代德国 Steinecher 和 Happman 等公司推出改进型湿式粉碎机。它将湿法粉碎和增湿粉碎有机地结合起来。已称量的干麦芽先进入麦芽暂存仓，然后在加料辊的作用下连续进入浸渍室，用温水浸渍 60s，使麦芽水分达到 23%～25%，麦皮变得富有弹性，随即进入粉碎机，边喷水边粉碎，粉碎后落入调浆槽，加水调浆后泵入糖化锅。

由于此法改进了前几种方法的缺点，减轻了辊子负荷，电耗接近干法粉碎，麦芽浸渍时间基本相等，麦芽溶解性一致，所以此法是采用过滤槽法过滤最好的麦芽粉碎方法。缺点是设备结构复杂，造价高，维修费用高。

各种不同粉碎方法的比较见表 1-6。

表 1-6　各种不同粉碎方法的比较

项　目	干　法	回　潮	湿　法	连续浸渍增湿法
麦芽粉质量体积/(m³/t)	2.6	3.2	—	—
单位过滤面积麦芽容纳量/(kg/m²)	160～190	190～220	280～330	280～330
麦糟层允许最大厚度/m	0.32	0.36	0.45～0.55	0.45～0.55
麦芽实验室浸出物收率/%	76.6	76.6	76.6	76.6
糖化室浸出物收率/%	73.0	75.4	76.1	76.1
麦糟中可洗出浸出物/%	—	—	0.48	0.41
麦糟可转化浸出物/%	—	—	1.25	0.93
麦汁色度/EBC	11.5	11.0	10.2	9.5

② 辅料粉碎 由于辅料均是未发芽的谷物，胚乳比较坚硬，与麦芽相比所需的电能较大，对设备的损耗较大。对粉碎的要求是有较大的粉碎度，粉碎得细一些，有利于辅料的糊化和糖化。

辅料粉碎一般采用三辊或四辊的二级粉碎机，也有采用锤式粉碎机或磨盘式粉碎机。

2. 糖化

(1) 糖化的目的与要求 所谓糖化是指利用麦芽本身所含有的酶（或外加酶制剂）将麦芽和辅助原料中的不溶性高分子物质（淀粉、蛋白质、半纤维素等）分解成可溶性的低分子物质（如糖类、糊精、氨基酸、肽类等）的过程。由此制得的溶液称为麦汁。麦汁中溶解于水的干物质称为浸出物，麦汁中的浸出物对原料中所有干物质的比称为"无水浸出率"。

糖化的目的就是要将原料（包括麦芽和辅助原料）中可溶性物质尽可能多地萃取出来，并且创造有利于各种酶的作用条件，使很多不溶性物质在酶的作用下变成可溶性物质而溶解出来，制成符合要求的麦汁，得到较高的麦汁收得率。

（2）糖化时主要酶的作用 糖化过程酶的来源主要来自麦芽，有时为了补充酶活力的不足，也外加酶制剂。这些酶以水解酶为主，有淀粉酶（包括包括 α-淀粉酶、β-淀粉酶、界限糊精酶、R-酶、麦芽糖酶、蔗糖酶）、蛋白酶（包括内肽酶、羧基肽酶、氨基肽酶、二肽酶）、β-葡聚糖酶（内 β-1,4-葡聚糖酶、内 β-1,3-葡聚糖酶、β-葡聚糖溶解酶）和磷酸酶等。

（3）糖化时的主要物质变化

① 淀粉分解 辅料需先在糖化锅中煮沸糊化，然后再与麦芽粒一起进行糖化。辅料的淀粉颗粒在温水中吸水膨胀，当液温升到 70℃ 左右时，颗粒外膜破裂，内部的淀粉呈糊状物溶出而进入液体中，使液体黏度增加。如果温度继续升高，那么淀粉颗粒变成无形空囊，大部分的可溶性淀粉被浸出，液体成为半透明的均质胶体。并不是所有的谷类淀粉都需要预煮，待糊化后再进行糖化操作，例如小麦、大麦因为糊化温度低，所以不必将糖化和糊化特意分别进行，而是在糖化升温过程中自然完成了糊化。但是，糊化温度高于糖化酶作用温度的大米、玉米，就非得预先将它们糊化后，再用糖化酶来水解。在糊化辅料时，可以按 1g 大米加入 5～6IU 的 α-淀粉酶（液化酶），使辅料的淀粉有一定程序的分解，以加速糖化酶作用，同时也可降低糊化醪的黏度。

辅料的糊化物和麦芽粒在糖化锅中糖化，淀粉酶将淀粉水解成麦芽糖、糊精、低聚糖和单糖。

② 蛋白质分解 麦芽粒总蛋白质中的 28%～40% 是可溶性的，它们可直接进入糖化醪液；大约总蛋白质的 15% 经酶水解后变成胨、肽和氨基酸，这些水解产物被溶入糖化醪液；余下的蛋白质被留在麦粒中，这些蛋白质主要是碱性谷蛋白、高分子醇溶性蛋白、热变性的水溶性清蛋白。

糖化时，蛋白质的分解（也称为蛋白质休止）不应过度，尽量使相对分子质量在 10000～60000 的胨能保持一定数量，这对啤酒的泡沫持久性和口味醇厚性有好处。

③ 半纤维素分解 胚乳细胞的细胞壁主要由淀粉、蛋白质和半纤维素组成。在糖化时，半纤维素被 β-葡聚糖酶分解成 β-葡聚糖，它是一种以 β-1,4-键和 β-1,3-键连接而成的多糖，有黏性，可进一步分解成葡萄糖、半乳糖、木糖等单糖。

④ 磷酸盐的分解 糖化时，由于磷酸酶的作用，有机磷酸盐发生分解，游离出磷酸。

⑤ 类黑精的生成 糖化醪中的单糖和氨基酸因受热发生反应生成类黑精。它的形成，使麦汁和啤酒的颜色加深。类黑精具有还原性，它的氧化产物对啤酒质量无影响，因此类黑精有保护麦汁和啤酒防止其被氧化的作用。

⑥ 锌 在糖化过程中，有痕量的锌从麦芽粒中游离出来，进入糖化液中。锌有增进酵母发酵力的作用。

⑦ 多酚物质 麦芽粒皮壳的下面是果皮和种皮，把这两层称为皮层。皮层含硅酸、单宁和苦味物质等，它们对啤酒发酵有害。在糖化醪加热时，这些物质被氧化，生成黄褐色的氧化物，从而影响到淡色啤酒的色泽。

3. 糖化过程的影响因素

（1）麦芽质量及粉碎度 溶解良好，粉状粒多的麦芽，酶的含量高，麦粒细胞的溶解也较完全，形成的可溶性氮（库值＞40%）及 α-氨基氮也比较多（α-氨基氮＞180mg/100g 绝干麦芽），内含物易受酶的作用，故使用这种麦芽时，糖化时间短，生成可发酵性糖多，可采用较低的糖化温度（一段法），制成的麦汁泡沫多且清亮透明。但在蛋白质休止时，应适当限制，避免麦芽中的中分子肽类被过多分解成 α-氨基氮，导致啤酒泡持性降低。

溶解度差玻璃质粒多的麦芽，糖化力低，酶的活性也低，麦芽粉碎后的粗粒多，内容物不容易受到酶的作用，糖化时间长，过滤困难，制得的麦汁透明度及色泽都差。最好采用二段法糖化，并加强蛋白质的休止，采用预浸渍（酸休止）并延长蛋白质休止时间，以尽量提高麦汁的收得率和啤酒的非生物稳定性。但如粉碎太细，细粉太多，则麦水混合时又易结块，同样会增加糖化困难，因此，粉碎必须适度。

（2）温度的影响　温度是糖化过程的重要影响因素，对糖化过程的影响很大，随着温度的逐步升高，酶的活力也随之增强，至某一温度可达活力最高，但当温度再增高时，酶的活力又逐渐下降，最后酶活力全部被破坏。

① 在蛋白质休止时，主要依靠麦芽的内肽酶和羧肽酶催化水解，其次是氨肽酶和二肽酶，它们作用的最适温度是 40～65℃。当蛋白质休止温度较高（50～65℃）时，有利于积累总可溶性氮，但在低温时容易形成细小凝固，悬浮于麦汁中影响发酵与酒液的澄清。而休止温度偏低（45～50℃）时，有利于形成较多的 α-氨基氮，休止时间越长，高分子蛋白质的残留量越少，α-氨基酸的积累越多，啤酒的稳定性越好。但由于中分子肽类物质也随之减少，不利于啤酒的泡沫，因此在麦芽 α-氨基氮较高时，采用 52℃蛋白质休止，对可溶性氮的形成及啤酒的泡沫和口味都是有利的。

② 在淀粉水解时，主要依靠 α-淀粉酶和 β-淀粉酶。它们不仅分解淀粉所得的产物不同（前者主要是低聚糊精，后者主要是麦芽糖），而且耐热性也是不同的，α-淀粉酶的最适温度是 60～65℃，β-淀粉酶的理论最适温度是 45～52℃。所以当糖化温度高，升温迅速时，α-淀粉酶起主要作用，产生较多的糊精和少量的麦芽糖；相反，当糖化温度低，升温速度缓慢时，则有利于 β-淀粉酶的作用，产生较多的麦芽糖和少量的糊精，这样前者产生可发酵性糖较少，后者较多，酒精的产生就多。

淀粉酶的理论最适温度和实际温度是不一致的，由于糖化醪中有糊精、糖类、蛋白质分解物的存在，而增加了淀粉酶的耐热性，使糖化适应温度升高。所以，实际上 α-淀粉酶的适应温度为 65～70℃，而 β-淀粉酶是 60～65℃，这就是目前啤酒企业生产中常采用的温度，当然具体掌握时要考虑到产品的种类、麦芽的性质、糖化酶的浓度、糖化时间与方法等因素，但一般均控制在 60～70℃之间。

（3）pH 值的影响　pH 值的影响，其实质是对酶的作用产生了明显的影响。糖化操作主要是通过调节温度、时间及 pH 值来达到糖化的目的。但由于酶的种类很多，要满足所有酶的最适 pH 值是不可能的。蛋白分解酶的最适 pH 值范围集中在 5.0～5.4，当 pH 值高于5.4 时，酶活性受到抑制，可溶性氮下降。pH 值越低，产生的低分子氮就越多。考虑到啤酒的泡沫、口味和其他酶系的 pH 值，得出蛋白质分解时的最佳 pH 值为 5.2～5.4。而淀粉分解酶的 pH 值范围集中在 5.1～5.8 之间，实际生产中还受到温度的影响，通常在 63～70℃的糖化温度范围内，α-淀粉酶和 β-淀粉酶的最适 pH 值范围较宽，在 pH5.2～5.8 范围内。pH 值在 5.2～5.6 之间比较理想，而且在此范围内越低越好，最好 pH 值在 5.2～5.4范围。当 pH 值较高时，α-淀粉酶受到抑制，β-淀粉酶将钝化而活性降低，使发酵度降低。

（4）糖化醪浓度的影响　糖化醪浓度增加则黏度变大，影响酶对基质的渗透作用，使淀粉的水解速度变慢，所以糖化醪的浓度以 14%～18%为宜，超过 20%则糖化速度受到显著影响。

4. 糖化方法

根据是否分出部分糖化醪进行蒸煮来分，将糖化方法分为煮出糖化法和浸出糖化法；使用辅助原料，将辅助原料配成醪液，与麦芽醪一起糖化，称为双醪糖化法。按双醪混合后是否分出部分浓醪进行蒸煮，又分为双醪煮出糖化法和双醪浸出糖化法。

$$
糖化方法
\begin{cases}
煮出糖化法\begin{cases}三次煮出糖化法\\二次煮出糖化法\\一次煮出糖化法\end{cases}\\
浸出糖化法\\
双醪糖化法\begin{cases}双醪煮出糖化法\begin{cases}双醪一次煮出糖化法\\双醪二次煮出糖化法\end{cases}\\双醪浸出糖化法\end{cases}
\end{cases}
$$

糖化所需主要设备为糖化锅和糊化锅，两者的外形和构造大致相同。麦芽在糖化锅下料糖化。辅料在糊化锅下料，单独进行糊化和液化后，再并醪到糖化锅中同麦芽一起糖化；另外，部分醪液的煮沸也在糊化锅内进行。

（1）煮出糖化法　煮出糖化法是指麦芽醪利用酶的生化作用和热力的物理作用，使其有效成分分解和溶解，通过部分麦芽醪的热煮沸、并醪，使醪逐步梯级升温至糖化终了。部分麦芽醪被煮沸几次即几次煮出法，分为一次、二次和三次煮出糖化法。

以三次煮出糖化法为例简述糖化过程：

三次煮出糖化法是指三次取出部分糖化醪并进行蒸煮，这是最古老的一种糖化方法，也是最为强烈的煮出糖化法，特别适合于处理溶解不好的麦芽和酿造深色啤酒。但该法糖化时间长、能耗大，因此若非酿制特殊啤酒一般不采用此法。

该法投料温度低（35～37℃），在每个温度阶段都进行休止。为了分出浓醪，每次分出煮醪前要停止搅拌，静置 5～10min，使未溶解部分沉淀到容器底部；兑醪前后要开动搅拌，使醪液混合均匀，以免局部过热，造成酶的部分失活。操作过程如下：

① 糖化锅

a. 投料温度 35～37℃，加水比为 1∶（3～3.3）。

b. 分出第一部分浓醪（约 1/3）入糊化锅，剩余稀醪继续保温糖化。

c. 第一次兑醪，兑醪后温度 50～55℃，保温糖化 30min 左右。

d. 分出第一部分浓醪（约 1/3）入糊化锅，剩余稀醪继续保温糖化。

e. 第二次兑醪，兑醪后温度 60～65℃；保温糖化至碘反应基本完全。

f. 分出第三部分糖化醪（约 1/3）入糊化锅，这部分醪液为上部稀醪，剩余稀醪继续保温糖化。

g. 第三次兑醪，兑醪后温度 76～78℃。

h. 静置 10min 后泵入过滤槽过滤。

② 糊化锅

a. 将第一部分浓醪加热至沸，蒸煮约 30min。也可中间进行蛋白质休止和糖化休止。

b. 送回糖化锅进行第一次兑醪。

c. 将第二部分浓醪加热至沸，蒸煮约 30min。

d. 送回糖化锅进行第二次兑醪。

e. 将第三部分稀醪加热至沸，蒸煮约 10min。

f. 送回糖化锅进行第三次兑醪。

三次煮出糖化法糖化曲线如图 1-7 所示。

（2）浸出糖化法　煮出糖化法中去掉部分糖化醪的蒸煮，每个阶段的休止过程与煮出糖化法相同。投料温度大约为 35～37℃，如果麦芽溶解良好，也可直接采用 50℃投料。浸出糖化法适合于溶解良好、含酶丰富的麦芽。糖化过程在带有加热装置的糖化锅中即能完成，无需糊化锅。浸出糖化法操作过程如下：

糖化锅：

a. 投料温度 35～37℃，保温 20min。

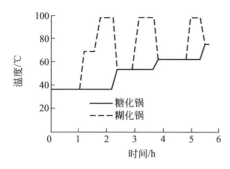

图 1-7　三次煮出糖化法糖化曲线

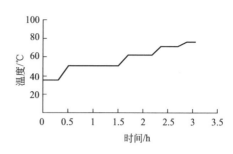

图 1-8　浸出糖化法糖化曲线

b. 升温至 50℃，蛋白质休止 60min。

c. 升温至 62℃，保温糖化至碘反应完全。

d. 升温至 72℃，保温 20min。

e. 升温至 76～78℃，保温 10min。

f. 泵入过滤槽过滤。

浸出糖化法糖化曲线如图 1-8 所示。

（3）复式糖化法（双醪糖化法）　原先啤酒酿造均是只用麦芽为原料。为了节省麦芽，降低成本并改进质量，很多国家采用部分未发芽谷类原料作为麦芽的辅助原料。当采用不发芽谷物（如玉米、大米、玉米淀粉等）进行糖化时，必须首先对添加的辅料进行预处理——糊化、液化，这就是复式糖化法，又称双醪糖化法。我国啤酒生产大多数使用非发芽谷物为辅料，所以，均采用复式糖化法。

双醪糖化法的特点是将麦芽和谷类辅料分别在糖化锅和糊化锅中进行处理，然后并醪。并醪以后按煮出糖化法操作进行糖化的，即为双醪煮出糖化法；而按浸出糖化法进行糖化的，即为双醪浸出糖化法。

在使用未发芽谷物（如玉米、大米、小麦等）作辅料时，由于淀粉是包含在胚乳细胞壁中，只有破坏细胞壁，使淀粉溶出，再经过糊化和液化，形成淀粉浆，才能受到麦芽中淀粉酶充分作用，形成可发酵性糖和可溶性低聚糊精。一般在糊化锅加水加麦芽后，升温直至煮沸进行处理。

① 辅料的糊化、液化

a. 玉米、大米应适当地磨细，依靠机械剪切力，使谷物淀粉颗粒的细胞壁被撕开，磨得愈细，糊化和液化愈容易。但磨得太细时，也会撕碎谷物中的蛋白质，使麦芽醪过滤困难，麦汁混浊。一般原料粉以通过 40 目筛为宜。

b. 生淀粉的糊化是淀粉吸水膨胀过程，因此，需要大的加水比（1：6 以上），否则糊化不彻底，醪液黏稠，影响糖化。

c. 外加酶或麦芽是促进谷物糊化、液化的必要手段。加麦芽量应为总辅料投料量的 20%～25%。

② 双醪一次煮出糖化法　经糊化的大米醪与麦芽醪混合后，一次取出部分混合醪液再一次煮沸的糖化方法称为双醪一次煮出糖化法。此法国内已广泛应用，适合于各类原料制造浅色麦汁，常用于酿制比尔森型啤酒，其操作过程如下（以麦芽为液化剂）：

a. 糖化锅

ⅰ. 麦芽投料，投料温度 50℃，保温进行蛋白质休止，直至与来自糊化锅的大米醪兑醪。

ⅱ. 第一次兑醪，兑醪后温度 65～68℃，保温糖化至碘反应基本完全；分出部分醪液入糊化锅，剩余醪液继续保温糖化。

ⅲ．第二次兑醪，兑醪后温度 76～78℃；静置 10min 后泵入过滤槽过滤。

b．糊化锅

ⅰ．大米投料，投料温度 45～50℃，保温 20min 左右。

ⅱ．升温至 70℃（若以 α-淀粉酶为液化剂则升温至 90℃），保温 10min 左右；升温至煮沸温度，煮沸 30min 左右；送入糖化锅进行兑醪。

ⅲ．将从糖化锅取出来的部分醪液加热至沸；送回糖化锅兑醪。

双醪一次煮出糖化法糖化曲线如图 1-9 所示。

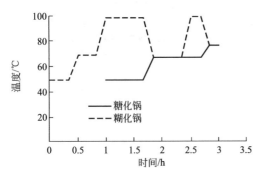

图 1-9　双醪一次煮出糖化法糖化曲线　　　　图 1-10　双醪二次煮出糖化法糖化曲线

③ 双醪二次煮出糖化法　经糊化的大米醪与麦芽醪混合后，两次取出部分混合醪液进行煮沸的糖化方法称为双醪二次煮出糖化法，操作过程如下（以麦芽为液化剂）：

a．糖化锅

ⅰ．麦芽投料，投料温度 35～37℃，保温 30min 左右。

ⅱ．与来自糊化锅的大米醪兑醪，兑醪后温度 50～55℃，蛋白质休止时间在 60min 以内。

ⅲ．分出第一部分混合醪液入糊化锅，剩余醪液继续保温休止。

ⅳ．与来自糊化锅的醪液兑醪，兑醪后温度 65～67℃；保温糖化至碘反应基本完全。

ⅴ．分出第二部分混合醪液入糊化锅，剩余醪液继续保温糖化。

ⅵ．与来自糊化锅的醪液兑醪，兑醪后温度 76～78℃；静置 10min 后泵入过滤槽过滤。

b．糊化锅

ⅰ．大米投料，投料温度 45℃，保温 20min 左右。

ⅱ．升温至 70℃（若以 α-淀粉酶为液化剂则升温至 90℃），保温 10min 左右；升温至煮沸温度，煮沸 30min 左右；送入糖化锅进行兑醪。

ⅲ．将第一次从糖化锅取出来的部分醪液加热至沸，然后送回糖化锅兑醪。

ⅳ．将第二次从糖化锅取出来的部分醪液加热至沸；然后送回糖化锅兑醪。

双醪二次煮出糖化法糖化曲线如图 1-10 所示。

④ 复式浸出糖化法（双醪浸出糖化法）　经糊化的大米醪与麦芽醪混合后，不再取出部分混合醪液进行煮沸，而是经 70℃升温至过滤温度，然后过滤，这种糖化方法称为双醪浸出糖化法。此法常用于酿制淡爽型啤酒和干啤酒。它的操作比较简单，糖化周期短，3h 内即可完成，操作过程如下（以 α-淀粉酶为液化剂）：

a．糖化锅

ⅰ．麦芽投料，投料温度 35～37℃，保温 15min 左右。

ⅱ．升温至 50～55℃，蛋白质休止 30～60min。

ⅲ．与来自糊化锅的大米醪兑醪，兑醪后温度 65℃，保温糖化至碘反应基本完全。

ⅳ．升温至 76～78℃。

ⅴ．静置 10min 后泵入过滤槽过滤。

ｂ．糊化锅

ⅰ．大米投料，投料温度 45℃，保温 10min左右。

ⅱ．升温至 90℃，保温 10min 左右。

ⅲ．升温至煮沸温度，煮沸 30min 左右。

ⅳ．送入糖化锅进行兑醪。

双醪浸出糖化法糖化曲线如图 1-11 所示。

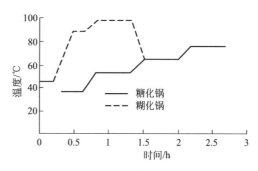

图 1-11　双醪浸出糖化法糖化曲线

5．麦芽醪的过滤

糖化结束后，必须将糖化醪尽快地进行固液分离，即过滤，从而得到清亮的麦汁。固体部分称为"麦糟"，这是啤酒厂的主要副产物之一；液体部分为麦汁，是啤酒酵母发酵的基质。糖化醪过滤是以大麦皮壳为自然滤层，采用重力过滤器（过滤槽）或加压过滤器（板框压滤机）将麦汁分离。从原料中溶出的物质与不溶性的麦糟分离，以得到澄清的麦汁，并获得良好的浸出物收得率。麦汁过滤分两步进行，首先用过滤方法提取糖化醪中的麦汁，此称为第一麦汁或过滤麦汁；然后利用热水洗出第一麦汁过滤后残留于麦糟中的麦汁，此称为第二麦汁或洗涤麦汁。

目前在生产上运用的麦汁过滤方法可分为过滤槽法、压滤机法和快速渗出槽法（strain-ma-ster）。前两种是传统的麦汁过滤方法，近年来在设备结构、材质和过滤机理方面已有显著的改进，大大提高了工作效率。过滤应趁热（75～78℃）进行，最早滤出的麦汁中含有较多的不溶性颗粒，应让其回流 5～10min，待麦汁清亮时再放入储存槽或流入麦汁煮沸锅。

洗涤麦糟应用 76～78℃温水，当水温高于 80℃时，其中的 α-淀粉酶失活，易造成第二麦汁混浊。洗涤麦汁的残糖浓度控制在 1.0％～1.5％，对制造高档啤酒，应适当提高残糖浓度，一般在 1.5％以上，以保证啤酒的高质量。

（1）过滤槽法　糖化结束后，从过滤槽槽底通入 76～78℃的热水，以浸没滤板为度，其目的是排除过滤板下的空气，防止醪液中小颗粒堵塞过滤孔而影响过滤，同时对过滤槽起预热作用。

过滤操作如下：

将糖化醪充分搅拌，并尽快泵入过滤槽后，使用耕糟机翻拌均匀，再静置 20min 左右，让醪糟自然沉降，形成过滤层。最先沉下的是谷皮之类，随后是未分解的淀粉和蛋白质，滤层厚度要求在 30～45cm，如果糖化效果较好，醪糟表面的黏稠物就少，且醪糟上面的糖化液清亮。糖化醪温度控制在 55～70℃。滤层形成后开始过滤操作。起始流出的原麦汁混浊不清，必须用泵泵回过滤槽再次过滤，直至得到的是澄清原麦汁，然后将原麦汁泵入煮沸锅。自正式过滤开始后 15～30min 起检查原麦汁的糖度、澄清度以及色、香、味。糖化醪过滤期间，一般可不翻动麦糟层，但若过滤速度太慢，则应使用耕糟机进行耕糟，从上至下将醪糟层耕松，注意不要在同一深度反复翻耕，以免压实糟层。

糖化液一流完立即进行洗糟，目的是回收醪糟中残留的浸出物。过迟洗糟，由于醪糟层间形成空隙，容易形成空气阻塞，延长洗糟时间。洗糟的水温要适当，如果水温过高，易使麦粒谷皮中的硅酸盐、苦味物质及多酚物质等有害发酵的物质多量溶出；醪糟中未溶解的淀粉和脂肪被浸出而造成过滤困难，且原麦汁冷却后这些物质又引起混浊。洗糟水温太低的话，残糖不易从醪糟中洗出。对洗糟用水的质量要求与酿造用水相同。

最后洗出液的残糖量为 0.5％～1.5％。在醪糟洗涤的同时，要进行耕糟。如果麦芽质量较好，过滤容易，就可以自上而下进行耕糟，一直到离筛板 5～10cm。当麦芽质量较差时，形成的醪糟层虽较疏松，但表面黏着物多，为避免洗糟后阶段洗出的麦汁混浊，可采用自下而上的耕糟法。

（2）压滤机法　先泵入80℃热水使压滤机预热。开动糖化锅的搅拌机，将醪液泵入压滤机，把热水排走。醪液输入的速度应稳定，不能中断，使板框内均匀地充满醪液。醪液充满压滤机后，将原麦汁排出阀门打开，若开始流出的原麦汁混浊，应泵回糖化锅，当原麦汁澄清后就泵入煮沸锅。过滤时的操作压力为30～50kPa。糖化醪过滤完后，关闭原麦汁排出阀，从原麦汁流动的相反方向泵入75～78℃的热水，洗糟至流出液糖浓度为0.5％～1.5％为止，再用蒸汽或压缩空气将压滤机内残汁压出，开始压力为80kPa，结束时为150～200kPa，清糟时间为5min。

（3）快速过滤槽法　快速过滤槽是一种新型的过滤设备，有矩形槽和圆柱锥底槽两种。槽下部有代替滤板的7层过滤管，并用泵抽吸麦汁。进出料及洗涤实现全自动化。

6. 麦汁煮沸

糖化后的麦汁必须经过强烈的煮沸，并加入酒花制品，成为符合啤酒质量要求的定型麦汁。

（1）麦汁煮沸的目的

① 蒸发多余水分使麦汁浓缩到规定浓度。

② 溶出酒花中有效成分（异α-酸，酒花油等），增加麦汁香气苦味。

③ 促进蛋白质凝固析出，增加啤酒稳定性。

④ 破坏全部酶，进行热杀菌。

（2）麦汁煮沸过程中的变化

① 蛋白质的凝固　麦汁煮沸时，蛋白质的变性作用较完全，但只有20％～60％的蛋白质凝固析出，一部分在麦汁冷却时析出。来自大麦和酒花的单宁是促进蛋白质迅速而完全凝固的主要因素之一。

② 酒花成分溶出　酒花经煮沸，部分α-酸转变成异α-酸，异α-酸易溶解，它是啤酒苦味形式和具防腐能力的主要成分，能增进啤酒泡沫持久性。β-酸在煮沸时，其苦味相当于α-酸的1/3，能赋予麦汁可口的香气。酒花油在煮沸初期及发酵期间大部分挥发损失，只有极小部分残留于麦汁中，但能赋予啤酒香气。

③ 煮沸时麦汁颜色变化　通过煮沸，麦汁浓缩了，类黑精生成、花色苷溶出以及单宁氧化变成单宁色素，均引起麦汁颜色加深。

④ 煮沸时还原物质形成，如类黑精、还原酮等。此外，酒花单宁、酒花树脂等还原性物质也部分带入麦汁中。

（3）麦汁煮沸方法　麦汁过滤结束，应升温将麦汁煮沸，以钝化酶活力，杀灭微生物，使蛋白质变性和絮凝沉淀，起到稳定麦汁成分的作用，并蒸发掉多余水分。

老法用间歇常压煮沸，原麦汁过滤期间，当麦汁已将加热层盖满后，开始加热保持80℃左右，让酶继续对残存淀粉分解，洗糟结束时加热至沸，煮沸时间一般为1～2h。

淡色啤酒的麦汁（11～12°P）煮沸时间一般控制在90min左右，浓色啤酒的可适当延长一些；在加压0.11～0.12MPa条件下煮沸（温度高达120℃）时间可缩短一半左右。

煮沸强度是指在煮沸时每小时蒸发的水分相当于麦汁的百分数，煮沸强度控制在每小时6％～8％以上，以每小时8％～12％为佳。煮沸时麦汁的pH控制在5.2～5.4范围内较为适宜。

（4）酒花添加量及添加法

① 酒花加量　酒花添加量的依据：

a. 酒花中α-酸含量。

b. 消费者嗜好。若消费者嗜好口味属清淡型，如我国南方，应降低酒花添加量。

c. 啤酒品种、浓度。浓度低，色泽浅，淡爽型应少加，反之浓度高，颜色深（并非深色啤酒），发酵度低，可以多加。

d. 敞口发酵法、粉末型酵母、贮酒期长、苦味物质损失多，可以适当增加酒花添加量。

现在国际上浅色啤酒的苦味，远远低于 20 世纪 40～50 年代，而且有下降趋势，特别是美国及北欧国家 11～12°P 啤酒控制的苦味值（Bu）仅在 16～20 之间。我国也有下降趋势，而且是"南低北高"（南方酿造淡爽型啤酒多），沈阳雪花啤酒 26～30，青岛啤酒 24～26，上海啤酒 20～22，广州啤酒 16～18。

目前我国的酒花添加量为 0.8～1.3kg/m³ 麦汁，在南方地区的酒花用量较低，为 0.5～1.0kg/m³ 麦汁。

② 酒花添加方法　添加酒花的目的是促进凝固蛋白质、增加苦味和酒花清香气。在添加时，按不同的添加目的而使用不同质量规格的酒花。

麦汁开始煮沸时，添加酒花的主要目的是利用其苦味以及防止泡沫升起，因此可先用质量较次或存放时间较长的酒花。最后一次添加酒花为获得酒花香气，因此应选用优质的新鲜酒花。分次加入酒花时，第一次可少加些，以后几次可多加些，用意是改善口味，增加香气和降低色泽。

酒花添加方法不尽相同。我国目前还是采用传统 3～4 次添加法为主。以三次法为例：第一次在煮沸 5～15min 后添加总量的 5%～10%，第二次在煮沸 30～40min 后添加总量的 55%～60%，第三次在煮沸终了前 10min 加入剩余的酒花。最后一次添加的应是香型酒花或质量较好的酒花，以赋予啤酒较好的酒花香味。

酒花制品的添加方法：酒花粉、颗粒酒花、酒花浸膏与整酒花的添加方法基本相同；另外还可在下酒时添加酒花油。

7. 麦汁处理

（1）麦汁热凝固物的去除　在麦汁用于发酵之前，先要去除热凝固物和冷凝固物，也就是进行麦汁的澄清。现在都使用回旋沉淀槽除热凝固物。

用麦汁泵将使用粉碎酒花或颗粒酒花（若使用整酒花，麦汁煮沸后必须先用酒花分离器除去酒花糟）的煮沸麦汁，以较高的线速度沿回旋沉淀槽的槽壁切线方向泵入槽内，使形成一个快速旋转的旋涡，任何颗粒物质都会快速沉积于槽底中央，使固液分离，得到澄清麦汁。

被除去的固形物，主要是变性凝固的蛋白质、多酚与蛋白质的不溶性复合物、酒花树脂、无机盐和其他有机物。

（2）麦汁冷却及去除冷凝固物

① 麦汁冷却　麦汁冷却的目的主要是使麦汁达到发酵接种的温度（8～10℃），同时，使大量的冷凝固物析出。

近年来都使用薄板冷却器冷却麦汁，冷却时间通常为 1～2h。麦汁冷却结束后，可用无菌压缩空气将薄板冷却器中的麦汁顶出。整个冷却操作要防止外界杂菌污染。

② 去除冷凝固物　冷凝固物又称细凝固物，其成分与热凝固物相似，但是以 β-球蛋白及其分解产物与多酚物质的复合物为主，这种热溶性的复合物，在低温下则会逐步析出、沉淀，温度越低，其析出量越大。冷凝固物的总量并不多，为热凝固物的 20%～30%，但对发酵过程与啤酒的非生物稳定性的危害却比热凝固物大。冷凝固物的去除，主要采用自然沉降法或浮选法。硅藻土过滤机和高速离心机分离冷凝固物的方法，在国内目前使用不多。

a. 自然沉降法　这是目前国内使用最多的方法，工艺简单，但分离效果差，花费时间长，麦汁损失也较大。

27

这种沉降从添加酵母开始，经发酵直至贮酒结束，分段依靠冷凝固物的析出和沉淀，而将冷凝固物分离除去。其中大量的冷凝固物是在酵母添加槽中被除去的。

b. 浮选法　一般在添加酵母之后的冷麦芽中，用一个特殊的鼓泡头强烈地鼓泡，使液面形成大量的泡沫，由于冷凝固物会被大量气泡带上液面并相互凝聚而形成一层包含凝固物、酒花树脂和酵母细胞的泡沫层，因此，除去泡沫层即可达到去除冷凝固物和其他固形物的目的。

(3) 麦汁通氧　在啤酒发酵过程中，前期是有氧呼吸，主要是酵母细胞的增殖，后期则是厌氧发酵，酵母细胞利用麦汁中的营养成分生成酒精、杂醇油和有机酸等。

在冷麦汁中通入无菌空气使之饱和溶解，利于酵母细胞的增殖。在通常情况下，溶解氧达到 8mg/L 就可满足酵母增殖需要。溶解氧不足，会阻滞酵母的增殖，导致发酵缓慢，发酵不完全；溶解氧量太高，发酵过于旺盛，会消耗大量的还原性物质。

使用薄板冷却器冷却麦汁的，需在麦汁出口管道中安装文丘里管，用来对麦汁充氧。用于充氧的空气必须经过无菌处理。

通氧操作也带来不良的后果：啤酒花树脂、啤酒油以及单宁等多酚物质被氧化，使啤酒苦味变得粗糙并产生后苦，同时麦汁色度也变深。

二、啤酒酵母

啤酒发酵过程是啤酒酵母在一定的条件下，利用麦汁中的可发酵性物质而进行的正常生命活动，其代谢的产物就是所要的产品——啤酒。由于酵母类型的不同，发酵的条件和产品要求、风味不同，发酵的方式也不相同。根据酵母发酵类型不同，可把啤酒分成上面发酵啤酒和下面发酵啤酒。一般可以把啤酒发酵技术分为传统发酵技术和现代发酵技术。

1. 啤酒酵母

啤酒酵母是啤酒生产的灵魂，啤酒酵母的种类不同，其质量的好坏将影响啤酒的发酵和成品啤酒的质量。

(1) 在分类学上的地位　分属于真菌门、子囊菌纲、内孢霉目、内孢霉科、酵母属——上面啤酒酵母和下面啤酒酵母。

(2) 啤酒酵母的种类与特点　酵母属并列两个种，即上面啤酒酵母和下面啤酒酵母。两者的区别主要有两点：

① 酵母菌在啤酒发酵液中的物理性质不同。上面啤酒酵母在发酵时随 CO_2 飘浮在液面上，发酵终了形成酵母泡盖，经长时间放置，酵母也很少下沉；而下面啤酒酵母悬浮在发酵液内，发酵终了时，很快凝结成块并沉积在器底，形成紧密的沉淀物——酵母泥。

② 对棉籽糖的发酵能力是鉴别两者的主要特征，上面啤酒酵母只能发酵 1/3 棉籽糖，而下面啤酒酵母则能全部发酵棉籽糖。

两种酵母形成两种不同的发酵方式，即上面发酵和下面发酵，酿制出两种不同类型的啤酒，即上面发酵啤酒和下面发酵啤酒。目前我国生产的啤酒多是用下面啤酒酵母，又称卡尔斯伯酵母。捷克的比尔森啤酒、德国的慕尼黑啤酒以及我国青岛啤酒均由该种酵母发酵酿制而成。沈阳啤酒厂使用的酵母是卡尔斯伯酵母诱变育种的变种。世界各国著名的啤酒厂均有自己独特的啤酒酵母菌种，并且大多以自己的厂名来命名。如青岛啤酒酵母（国内许多大小型厂均用之）、沈阳啤酒酵母、首都啤酒酵母等。

2. 啤酒酵母的扩大培养

啤酒酵母扩大培养是指从斜面种子到生产所用的种子的培养过程。酵母扩培的目的是及时向生产中提供足够量的优良、强壮的酵母菌种，以保证正常生产的进行和获得良好的啤酒质量。扩培过程中要求严格无菌操作，避免污染杂菌，接种量要适当。

(1) 简易扩大培养流程

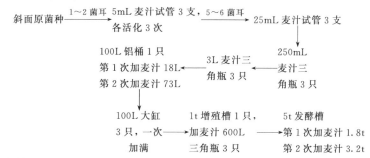

(2) 操作方法

① 在无菌室打开原菌试管，挑取1～2菌耳酵母菌菌落，接入已灭菌的盛有5mL麦汁的试管中，共3支试管，每支接1菌耳。接种完毕，塞好棉塞，在火焰上灭菌，置25℃恒温箱中培养24h。

② 从上述3支已活化1次的酵母试管中，分别挑取菌液3～4菌耳，接种到盛有5mL已灭菌麦汁的另外3支试管中，于25℃下培养24h。接着再重复1次，总共活化3次。

③ 将3支经3次活化的试管酵母分别倒入3支盛有25mL灭菌麦汁的试管中。

接种后，试管口用火焰灭菌，再放入25℃恒温箱中培养24h。用于接种的酵母培养液与麦芽体积之比为1∶5。

④ 将上述培养好的酵母种液分别倒入3个盛有250mL灭菌麦汁的50mL三角瓶中。接种后，瓶口用火焰灭菌，然后放入25℃恒温箱中培养24h。酵母种液与麦汁体积之比1∶10。培养期间要经常振荡容器，以增加溶解氧。

⑤ 将上述培养好的酵母种液分别倒入3个盛有3L灭菌麦汁的5L三角瓶中。接种后，瓶口用火焰灭菌，然后将三角瓶置于灭菌室在常温下培养24h。酵母种液与麦汁体积之比为1∶12。培养温度比上一次培养要低，目的是让酵母逐步适应低温发酵的要求，但降温幅度不能太大，否则会影响酵母活性。培养期间要经常振荡大三角瓶。

⑥ 在培养室，将上述3个大三角瓶内的酵母种液一次倒入1个已灭菌的铝桶内，加入冷麦汁18L。酵母种液与麦汁体积之比为1∶2。在13～14℃下培养24～36h。培养期间要通入无菌空气，以满足酵母细胞对氧气的需求。

⑦ 在上述27L酵母培养液中，加入73L冷麦汁，于12～13℃下继续培养24～36h。酵母种液与麦汁体积之比为1∶2.7。

⑧ 将上述100L酵母种液等量倒入3只100L大缸内，每缸一次性加麦汁到满量100L。培养温度为9～10℃，培养时间24～36h。种液与麦汁体积之比为1∶2。培养期间要通入无菌空气。

⑨ 将培养好的300L酵母种子液倒入1t容积的增殖槽中，加入冷麦汁600L，在8～9℃下培养24h。酵母种子液与麦汁体积之比为1∶2。培养期间，要通入无菌空气。

⑩ 将上述酵母培养液倒入5t发酵槽内，加入冷麦汁1.8t，达到酵母种子液与麦汁体积之比1∶2，在7.0～7.5℃下培养24h，期间通入无菌空气。之后追加冷麦汁至满量5t。满槽后转入正常发酵。冷麦汁的量与酵母种子液体积之比为1∶0.85。

(3) 酵母的添加　酵母添加前麦汁的冷却温度非常重要。各批麦汁冷却温度要求必须呈阶梯式升高，满罐温度控制在7.5～7.8℃之间，严禁有先高后低现象，否则将会对酵母活力和以后的双乙酰还原产生不利的影响。同时要准确控制酵母添加量，如果添加量太小，则酵母增长缓慢，对抑制杂菌不利，一旦染菌，无论是口味还是双乙酰还原都将受到影响。添加量太小，会因酵母增值倍数过大而产生较多的高级醇等副产物；添加量过大，酵母易衰老、自溶等，添加量控制在 7‰左右。

（4）温度控制　在发酵过程中，温度的控制十分关键。根据菌种特性，采用低温发酵，高温还原。既有利于保持酵母的优良性状，又减少了有害副产物的生成，确保了酒体口味比较纯净、爽口。如果发酵温度过高，虽然可缩短发酵周期，加速双乙酰还原，但过高的发酵温度会使啤酒口味比较淡泊，醇醛类副产物增多，同时也会加速菌种的突变和退化。

（5）酵母的回收与排放　酵母回收的时机非常关键，通常是在双乙酰还原结束后开始回收酵母，但酵母死亡率较高，大都在 7%～8%左右，对下批的发酵非常不利，通过反复实验、对照，并对酵母进行跟踪检测，发现封罐 4～5 天后大部分酵母已沉降到锥底，只有少量悬浮在酒液中参与双乙酰还原，此时回收酵母，基本不会对双乙酰还原产生什么影响，而且回收酵母的死亡率也下降至 2%～3%。回收前的准备工作也很重要，首先要把酵母暂存罐用 80℃热水彻底刷洗干净，然后降温至 7～8℃，并备有一定量的无菌空气，以防止酵母突然减压，细胞壁破裂，从锥形罐回收的酵母，应尽量取中间较白的部分。回收完毕后缓慢降温到 4℃左右，以备下次使用，在酵母罐保存的时间不得超过 36h。当酒液降至 0℃以后，还要经常排放酵母，否则由于锥底温度较高，酵母自溶后，一方面有本身的酵母臭味，另一方面自溶后释放出来的分解产物进入啤酒中，会产生比较粗糙的苦味和涩味。另外，酵母自溶产生的蛋白质，在啤酒的酸性条件下，尤其在高温灭菌时极易析出形成沉淀，从而破坏了啤酒的胶体稳定性。

3. 啤酒酵母的质量

（1）外观　优良啤酒酵母呈均匀的卵圆或短椭圆形，大小一致，细胞膜薄而平滑，胞内充满细胞质，液泡小而少。肝糖粒染色镜检时，强壮的酵母色深。异染颗粒染色镜检时，异染颗粒大且色深者为强壮酵母。

（2）发酵度　在一定培养温度下，以一定质量的啤酒酵母作用一定体积和一定浓度的麦汁，测定在规定的作用时间内麦汁的失重或糖度改变或酵母放出的 CO_2 体积，以此来判别酵母发酵力的强弱，通常用发酵度来表示。应选择发酵度高的酵母作为生产用酵母。

发酵度分外观发酵度和真发酵度。外观发酵度是指发酵前后麦汁中可溶物质浓度下降的百分率。生产上习惯用糖度计来测定糖度，然后再折算出糖浓度。由于麦汁经发酵后，葡萄糖等营养物质被酵母细胞吸收利用，生成相对密度较小的酒精和 CO_2，因此麦汁相对密度随之变小，为了真实反映麦汁中可溶物质被消耗的程度，应将发酵液中的酒精和 CO_2 赶尽，并添加水至原体积，然后再测定可溶物质的浓度，求出发酵前后的浓度变化百分率，称为真发酵度。

（3）凝聚性　凝聚性强的酵母，制得的啤酒容易澄清，但发酵力偏低；凝聚性弱的酵母，制得的啤酒不易澄清，且发酵力偏高。一般都选用凝聚性强的酵母菌株。

（4）热死温度　每株酵母在一定的培养基和一定的培养条件下，都有一个热死温度。

热死温度发生改变，往往表明菌株发生变异或有野生酵母污染。一般野生酵母的耐热性比较强，因此其热死温度也高。

（5）发酵试验　用酵母进行小型啤酒发酵试验，如果新制出来的嫩啤酒口味正常，并带正常的芳香味，说明酵母质量合格。

三、啤酒发酵机理

啤酒的生产是依靠纯种啤酒酵母利用麦汁中的糖、氨基酸等可发酵性物质通过一系列的生物化学反应，产生乙醇、二氧化碳及其他代谢副产物，从而得到具有独特风味的低度饮料酒。啤酒发酵过程中主要涉及糖类和含氮物质的转化，以及啤酒风味物质的形成等有关基本理论。

1. 啤酒发酵的基本理论

冷麦汁接种啤酒酵母后，发酵即开始进行。啤酒发酵是在啤酒酵母体内所含的一系列酶类的作用下，以麦汁所含的可发酵性营养物质为底物而进行的一系列生物化学反应。通过新陈代谢最终得到一定量的酵母菌体和乙醇、CO_2 以及少量的代谢副产物，如高级醇、酯类、连二酮类、醛类、酸类和含硫化合物等发酵产物。这些发酵产物影响到啤酒的风味、泡沫性能、色泽、非生物稳定性等理化指标，并形成了啤酒的典型性。啤酒发酵分主发酵（旺盛发酵）和后熟两个阶段。在主发酵阶段，进行酵母的适当繁殖和大部分可发酵性糖的分解，同时形成主要的代谢产物乙醇和高级醇、醛类、双乙酰及其前驱物质等代谢副产物。后熟阶段主要进行双乙酰的还原，使酒成熟，完成残糖的继续发酵和 CO_2 的饱和，使啤酒口味清爽，并促进了啤酒的澄清。

（1）发酵主产物——乙醇的合成途径　麦汁中可发酵性糖主要是麦芽糖，还有少量的葡萄糖、果糖、蔗糖、麦芽三糖等。单糖可直接被酵母吸收而转化为乙醇，寡糖则需要分解为单糖后才能被发酵。由麦芽糖生物合成乙醇的生物途径如下：

总反应式：

$$\frac{1}{2}C_6H_{22}O_{12}+\frac{1}{2}H_2O \longrightarrow C_6H_{12}O_6+2ADP+2Pi \longrightarrow 2C_2H_5OH+2CO_2+2ATP+226.09kJ$$

　　麦芽糖　　　　　　　葡萄糖　　　　　　乙醇

理论上每 100g 葡萄糖发酵后可以生成 51.14g 乙醇和 48.86g CO_2。实际上，只有 96% 的糖发酵为乙醇和 CO_2，2.5% 生成其他代谢副产物，1.5% 用于合成菌体。

发酵过程是糖的分解代谢过程，是放能反应。每 1mol 葡萄糖发酵后释放的总能量为 226.09mol，其中有 61mol 以 ATP 的形式贮存下来，其余以热的形式释放出来，因此发酵过程中必须及时冷却，避免发酵温度过高。

（2）发酵过程各种物质变化

① 糖的变化　发酵的主要变化是糖生成 CO_2 和乙醇。因为麦汁中的固形物主要是糖，比重的改变意味着糖的变化。

② 含氮物的变化　发酵过程，麦汁中含氮物质大约下降 1/3，主要是由于氨基酸和短肽被酵母同化，与此同时酵母还能分泌出一些含氮物。在 20℃ 以上时，酵母的蛋白酶则能缓慢降解自身的细胞蛋白质，发生自溶现象。自溶过分，啤酒产生酵母味，并出现胶体混浊。这就是啤酒采用低温发酵的原因之一。

③ 酸度的变化　发酵过程 pH 不断下降，前快后缓，最后稳定在 pH4.0 左右，正常下面发酵啤酒终点 pH 为 4.2~4.4。少数降至 4.0 以上。pH 下降主要原因是有机酸的形成与 CO_2 的产生。pH 的下降有助于促进酵母在发酵液中的凝聚作用。

④ CO_2 的生成　CO_2 是糖分解至丙酮酸，而后被氧化脱羧产生的，并且不断从发酵液溢出。主发酵时酒液为 CO_2 饱和，含量约 0.3%。贮酒阶段于 30kPa 下 0℃ 时达到过饱和，含量为 0.4%~0.5%，CO_2 溶解度随温度下降而增加，啤酒的组成对 CO_2 溶解度影响不大。

⑤ 氧和 rH 值（氧化还原值）　糖化麦汁在冷却之时有意通入适量无菌空气，目的在于为酵母繁殖提供氧气，所以麦汁发酵初期，rH 值较高。随着酵母的繁殖，氧很快被吸收利用，并产生某些还原性物质，因而 rH 逐渐下降，通常初期 rH 值在 20 以上，很快降至 10~11。

2. 乙醇的生成

酵母属兼性厌氧菌，糖被酵母分解的生化反应有两种情况：在有氧时进行氧呼吸生 H_2O 和 CO_2，并放出大量热能；在无氧时进行发酵，产生乙醇、CO_2 及少量热。

3. 酯类的形成

酯类多属芳香成分，能增进啤酒风味。故受到重视。对啤酒香味起主导作用的酯类主要

31

是乙酸乙酯、乙酸异戊酯。它们大部分在主发酵期酵母繁殖旺盛时产生的，后酵只有微量增加。

4. 硫化物的形成

啤酒中硫化物主要来源于原料中蛋白质的分解产物，即含硫氨基酸，如蛋氨酸和半胱氨酸，此外酒花和酿造用水也能带入一部分硫。这些硫化物主要有 H_2S、甲硫醇、乙硫醇等，它们是产生酒味的组成部分，具有异味或臭味，含量高则影响啤酒风味。要减少硫化物的生成，主要控制制麦过程不能过分溶解蛋白质。

5. 连二酮（VDK）的形成及消失

连二酮即双乙酰（丁二酮）和2,3-戊二酮的总称，它们在乳制品中是不可少的香味成分，但在啤酒中不受欢迎，人们认为是饭馊味，其口味阈值约0.2mg/L，通常的贮酒过程都以此值为成熟标准规定值，若超过0.2mg/L，认为酒的成熟度不够，或有杂菌污染。2,3-戊二酮口味阈值约为双乙酰的10倍，所以啤酒中含量允许达0.1mg/L，实际上它的含量比双乙酰更低，通常为0.01～0.08mg/L。因此研究连二酮时，都侧重于双乙酰。

（1）双乙酰的形成　主要是发酵时酵母的代谢过程生成了α-乙酰乳酸，它是双乙酰的前体物质，极易经非酶氧化生成双乙酰。其次，细菌污染也产生双乙酰。此外，大麦自身含有产生双乙酰的酶，所以麦汁中也有微量双乙酰存在。

（2）双乙酰的消除与控制　双乙酰能被酵母还原，经与乙偶姻反应而生成2,3-丁二醇。后者无异味，不影响啤酒风味。所以现今推广快速贮酒法，要求有足够的活化酵母悬浮于酒液中。尽快降低发酵液中双乙酰含量小于0.1mg/L，是目前缩短酒龄的主要要求。一般采取的控制措施是提高发酵温度（12～16℃），使α-乙酰乳酸尽快生成双乙酰；增加酵母接种量（1～2L/100L）；降低下酒糖度等。此外，还需保证麦汁中α-氨基氮（缬氨酸）含量在180mg/L以上。实验证明，缬氨酸能通过抑制α-乙酰乳酸的生成来反馈抑制双乙酰的生成。

四、传统啤酒发酵工艺

传统啤酒发酵具有悠久的历史。20世纪80年代以前，被我国啤酒厂所普遍采用。随着啤酒科技的不断进步，锥罐发酵技术的迅速普及，目前我国只有少数几个厂还采用此种方法。传统的啤酒发酵过程一般可分为两个阶段：主发酵和后发酵（贮酒）。

传统啤酒生产工艺流程：

充氧冷麦汁→发酵→前发酵→主发酵→后发酵→贮酒→鲜啤酒

菌种

1. 酵母的添加

（1）酵母接种量　酵母的接种量应根据酵母活性、麦汁浓度、发酵温度不同而加以调整，但以添加酵母后能很快起发为目的。在酵母活性正常的情况下，一般麦汁浓度越高，发酵温度越低，接种量应适当提高。当麦汁浓度为10%～12%时，酵母泥的接种量为0.4%～0.6%（一般取0.5%）。

（2）酵母的添加方法

① 干加法　这是传统式发酵常用的酵母添加方法，接种前将所需要的酵母泥加入到酵母接种器中，再加入适量的冷麦汁（一般为二倍量），用无菌压缩空气使之混合均匀，然后将混合液压入装有麦汁的酵母繁殖槽中并混合均匀。

② 湿加法　湿加法与干加法的不同点是将酵母泥与适量的冷麦汁（一般为5倍量）混合均匀后，要经过一定的时间的培养，一般在10～15℃保温培养10～12h，待酵母开始出芽

繁殖后，再利用无菌压缩空气将其压入酵母繁殖槽中与发酵麦汁混合均匀。这种方法比较麻烦，所以现在的传统发酵几乎不采用。

③ 递加法　这种方法的特点是发酵开始时酵母细胞的数量较多，这样有利于酵母的起发。操作过程是：先将两槽需要的酵母一次性加入一个酵母繁殖槽中，再向槽中加满麦汁，经一段时间（一般为 12～24h）的繁殖后分为两槽，分别追加麦汁满槽，再培养 20h 左右，转入发酵。也可采用多次递加的方法，如先加入 1/4～1/3 的麦汁，每隔 4～8h 再加入 1/4～1/3 的麦汁，直至满槽，经过一段时间（约 12h）的繁殖后转入发酵。

④ 倍增法（也称为分割法）　这种方法多在培养的第一代酵母或现场所需要的酵母不足时采用。先将全部的酵母一次性加入一个酵母繁殖槽中，加满麦汁，培养大约 24h，一槽分为两槽，各追加麦汁到满槽，再繁殖 18～24h，即可转入发酵。

2. 前发酵

前发酵又称主发酵，为发酵的主要阶段，故而得名，发酵方法分两类，即上面发酵法和下面发酵法。我国主要采用后种方法。传统主发酵一般是在发酵池内进行，也有的采用立式或卧式罐。主发酵的前期是酵母的繁殖阶段，酵母吸收麦汁中的营养物质，利用可发酵性糖进行呼吸作用，释放出能量进行生长繁殖。这个阶段降糖较慢，α-氨基酸迅速下降，pH 也迅速下降，酵母细胞密度不断增加。当麦汁中的溶解氧耗尽后（大约 20h），酵母开始厌氧发酵。由于此时酵母浓度达到最大，降糖速度最快，因为有大量的热量产生，使发酵醪温度上升，此时必须对发酵进行冷却。当发酵度达到一定程度后，发酵液中悬浮的酵母细胞数开始下降，降糖速度也随之降低，pH 变化较小，此时酵母开始凝聚并沉淀。

（1）主发酵工艺过程

① 接种前先将部分 6℃ 左右的冷麦汁加入酵母繁殖槽内，加入所需要的酵母泥（按0.5% 添加），继续加入麦汁使之混合均匀，以便能使酵母快速起发。

② 为了满足酵母呼吸作用对氧的需要，应向冷麦汁中通入无菌压缩空气，使麦汁中的溶解氧达到要求。不同的酵母对溶解氧的要求是不同的，麦汁中的溶解氧一般控制在 8mg/L 左右。

③ 当麦汁加满槽后，酵母进入繁殖期，这一阶段大约需要 20h。由于酵母的大量繁殖，液面开始出现二氧化碳小气泡，并逐渐形成白色的泡沫。当在麦汁的表面形成一层白色的泡沫，需要将发酵醪泵入发酵槽中开始发酵，并分离出沉淀在酵母繁殖槽底部的酵母死细胞和蛋白质凝固物等杂质。

④ 换槽后，麦汁中的溶解氧已基本耗尽，酵母转入厌氧发酵阶段。这时发酵液中的糖浓度不断下降，乙醇含量不断升高。发酵大约进行 3 天后，发酵醪温度接近发酵的最高温度，这时应及时冷却，使之不要超过规定的最高温度，并维持此温度 2～3 天。这一阶段是发酵的旺盛期，降糖速度最快。

⑤ 经过降糖高峰期后，要逐渐加大冷却幅度，使发酵液的温度下降，这时降糖速度也随之减慢。发酵温度的下降应与降糖情况相配合，使主发酵结束时，下酒温度控制在 4.0～4.5℃，外观浓度控制在 4.0%～4.2%。在主发酵的最后一天应急剧降温，使大部分酵母沉淀在槽底，这样有利于酵母的回收。

⑥ 将沉淀在槽底中层的质量良好的酵母回收，经洗涤后在 2～4℃ 低温保存，留作下批接种用。

（2）主发酵的几个主要阶段　从外观观察主发酵过程中的泡沫的形成和消退情况，可将其分为三个阶段：低泡期、高泡期和落泡期。

① 低泡期。接种后 15～20h，池的四周出现白沫，并向中间扩展，直至全液面，这是发酵的开始。而后泡沫逐渐增厚，此阶段维持 2.5～3 天，每天温度上升 0.9～1℃；糖度平

均每 24h 降 1°Bx。

② 高泡期。为发酵的最旺盛期，泡沫特别丰厚，可高达 25～30cm。由于麦汁中酒花树脂等被氧化，泡沫逐渐变为棕黄色。此阶段 2～3 天，每天降糖 1%～1.5%。

③ 落泡期。高泡期过后，酵母增殖停止，温度开始下降，降糖速度变慢，泡沫颜色加深并逐步形成由泡沫、蛋白质及多酚类氧化物等物质组成的泡盖，厚度 2～5cm。此阶段约 2 天，每天降糖 0.5%～0.8%。当 12°酒糖度降至 3.8～4°Bx 时，即可下酒进入后发酵。

（3）主发酵过程控制　在主发酵期间，温度、外观浓度、发酵时间等是控制的关键。发酵温度低，降糖速度减慢，发酵时间延长；反之，发酵温度高，将糖速度相对较快，发酵时间短。可见，这三者是相互联系，相互制约的。

① 温度的控制

a. 接种温度　接种温度一般控制在 5～8℃，若酵母的起发速度较快、酵母的添加量较大，可适当降低接种温度，如 5～6.5℃；反之，应适当提高 6.5～8℃。酿造淡色啤酒的酵母接种温度接种温度应比浓色啤酒的高。

b. 发酵最高温度　发酵的最高温度是相对而言的，下面发酵的最高温度普遍低于上面发酵。就下面发酵而言，低温发酵的最高温度控制在 7.5～9.0℃，高温发酵的最高温度控制在 10～13℃。

c. 发酵结束温度　主发酵结束的温度一般控制在 4～5℃，在主发酵结束前，应将发酵温度缓慢降低到这一范围。

② 浓度的控制　在保持酵母添加量和麦汁组成一定的情况下，麦汁浓度的变化受发酵温度和发酵时间的影响。在发酵工艺确定后，正常发酵情况下麦汁浓度的变化是有规律的，可以通过测定发酵液的糖度变化来反映酵母发酵速度的快慢。如果发酵旺盛，降糖速度快，则可适当降低发酵温度和缩短最高温度的保持时间；反之，则应适当提高发酵温度或延长最高温度的保持时间。

③ 发酵时间的控制　发酵时间要取决于发酵温度的变化，发酵温度高，则发酵时间短；发酵温度低，则发酵时间长。对于下面发酵，主发酵的时间一般控制在 7～12 天，低温缓慢发酵的啤酒，口味柔和醇厚，质量较高。

（4）酵母的回收和利用

① 酵母的沉淀　主发酵结束后，发酵液逐渐澄清，在发酵池的底部沉淀了一层酵母，这层酵母一般可分为上、中、下三层。

上层酵母大都是一些轻质的酵母细胞，并混有蛋白质、酒花树脂、死亡酵母细胞和其他一些微生物细胞，由于含有许多杂质，所以这层沉淀一般都弃之不用。

中层酵母比较新鲜，发酵力较旺盛，夹杂的杂质较少，因此这层细胞可以单独取出，留作下批种子用。

下层酵母是添加酵母后与麦汁中的冷凝固性蛋白质一起沉淀而形成的，大部分是弱细胞和死亡细胞以及原料带来的杂质，所以一般不使用。

② 酵母的回收　传统的酵母回收方法是将上层的酵母轻轻地从表面刮去，取中层酵母回收。回收后的中层酵母加入 2～3 倍的无菌冰水，用 80～100 目的酵母筛过滤，以除去夹杂的酒花树脂和蛋白质。过筛后的酵母在酵母洗涤槽中用无菌冰水洗涤 2～3 次（每隔 2～3 天换水一次），洗涤后的酵母可在 1～2℃的冰水中保存 1～3 天，最多不超过 5 天。

③ 回收酵母的利用　回收的中层酵母经洗涤 1～2 天后即可投入生产使用，使用时先将上面的清水倒出，沉淀的酵母泥像白色的豆腐脑状。使用前还应镜检细胞的形态和死亡率。每 100L 中等浓度的麦汁，经发酵后可收获酵母泥 1.75～2.5L，能回收利用的酵母泥 1.2～1.5L。

3. 后发酵

主发酵结束后，下酒至密闭式的后发酵罐，前期进行后发酵，后期进行低温贮藏。

（1）后发酵的目的 完成残糖的最后发酵，增加啤酒的稳定性，饱充 CO_2，充分沉淀蛋白质，澄清酒液；消除双乙酰、醛类及 H_2S 等嫩酒味，促进成熟；尽可能使酒液处于还原状态，降低氧含量。发酵全部结束后，酒中还悬浮有酵母、大分子蛋白质、酒花树脂、多酚物质等悬浮固体颗粒，经过后发酵使酒中的悬浮物沉淀而使酒液澄清。

（2）后发酵操作与技术要求

① 下酒 将主酵嫩酒送至后发酵罐称为下酒。下酒时，应避免吸氧过多，为此先将贮酒罐充满无菌水，再用 CO_2 将无菌水顶出，当 CO_2 充满时再由贮酒桶底部进酒液。此外，要求尽量一次满罐，留空隙 $10\sim15cm$，以防止空气进入酒液。如果酒液被 CO_2 饱和，由于有 CO_2 溢出，氧则难溶于酒液中。否则啤酒中存在过多的溶解氧易引起氧化混浊，并产生氧化味。避氧的目的就在于此。

② 后发酵室温度的控制 传统后发酵酒温是由后发酵室温度来调节的，如后发酵前期室温控制在 $3\sim5℃$，后期室温 $1\sim10℃$，这样可以促进双乙酰的还原，有利于酒液的澄清。但实际上难以实现后发酵前期温度高，后期温度低的要求。如果将后发酵室温有效地控制在 $2\sim3℃$ 的范围（不超过 $4℃$），完全能满足正常啤酒生产的需要。

③ 罐压力控制 下酒时有 $1.5\%\sim3\%$ 的可发酵浸出物，下酒温度 $4\sim6℃$，含有酵母细胞数 $(10\sim15)\times10^6$ 个/mL，后发酵室室温 $0\sim3℃$，下酒后 3h，酵母继续发酵，把罐内空气排出后立即封罐，以减少酒与空气的接触。一般 $3\sim7$ 天内可达到工艺规定的罐压 $0.05\sim0.07MPa$，每天进行压力调整，将多余的 CO_2 排出。

④ 贮酒期控制 从封罐开始到酒成熟的时间称为酒龄。传统低温长时间贮酒要 $60\sim90$ 天，经过改进后缩短至 $15\sim30$ 天。贮酒期长短主要取决于：啤酒经过低温贮存，除了使酒成熟、口味纯正和 CO_2 饱和外，还要考虑啤酒的保质期；此外，也取决于贮酒罐的特点、酵母特性和产品供需要求的特点。

五、啤酒大罐发酵

国外广泛采用大罐发酵法生产啤酒。各国设计和采用了多种类型的大容量发酵罐，如圆柱锥底罐（简称锥形罐）、日本的朝日罐（asakitank，1965 年）、美国的通用罐（uni-tank，1968 年）和西班牙的球形罐（spherotank，1975 年）等。这些罐的容量从几十吨到几百吨各异，具有完善的冷却和自控设施，一般设置在露天。与传统发酵相比，有产量大、控制灵活、缩短发酵周期、减少厂房投资、降低劳动强度和提高劳动生产率等优点。

我国在 20 世纪 70 年代中期，广州啤酒厂和北京啤酒厂先后采用室外圆筒锥底发酵罐发酵，此发酵罐发酵方法已经遍及全国中、大型啤酒厂，逐步取代了传统发酵。单罐容积从 $10\sim30m^3$，走向大型化 $100\sim800m^3$。圆体锥底发酵罐（C.C.T）工艺，由于各厂使用的酵母特性、啤酒风格有差别，工艺差异比较大，在此只讨论一些共性。

1. 进罐方法

以前比较常采用冷却麦汁混合酵母后每 $2\sim3$ 批麦汁用一繁殖罐，使酵母克服滞缓期，进入对数生长期（一般要 $16\sim20h$）再泵入 C.C.T。

现在一般采用直接进罐法，即冷却通风后的麦汁用酵母计量泵定量添加酵母，直接泵入 C.C.T 发酵。如酵母凝聚性强，在进罐时用文丘里管或静态混合器，使空气、酵母、麦汁混合均匀。

2. 接种量和起酵温度

麦汁直接进罐法，为了缩短起发酵时间，大多采用较高接种量 $0.6\%\sim0.8\%$，接种后

细胞浓度为 (15±3)×10⁶ 个/mL。

直接进罐法，麦汁是分批进入 C.C.T 的，为了减少 VDK 前驱物质 α-乙酰乳酸的生成量，要求满罐时间在 12～18h 之内。

麦汁接种温度是控制发酵前期酵母繁殖阶段温度的，一般低于主发酵温度 2～3℃。目的是使酵母繁殖在较低温度下进行，减少酵母代谢副产物过多积累。

3. 主发酵温度

大罐发酵就国内采用的啤酒菌株而言，大多采用低温发酵（9～10℃）和中温发酵（11～12℃）。

低温发酵主要用于＜11°P 麦汁浓度或发酵周期（单酿）大于 20 天的啤酒。

中温发酵普遍用于新引进菌株和新培育快速发酵菌株，酿制淡爽啤酒。单酿发酵周期小于 18 天。

原麦汁浓度为 12°P，对于高发酵度啤酒（＞65％），外观浓度＜3.6～3.4°P；中等发酵度啤酒（62％～64％），外观浓度＜3.9～3.7°P，均认为主发酵结束。

4. 双乙酰（VDK）还原

在大罐发酵中，后发酵一般称做"VDK"还原阶段。VDK 还原初期一般均不排放酵母，也就是发酵全部酵母参与 VDK 还原，这可缩短还原时间。还原阶段温度控制有三种方法。

（1）低于主发酵温度 2～3℃　这是模拟传统发酵控制，有利于改善啤酒风味，但还原时间较长，一般要 7～10 天。酵母也不易死亡和自溶。

（2）和主发酵相同温度　实际上发酵不分主、后发酵，操作容易，还原时间短，许多工厂在旺季大多采用此法。

（3）高于主发酵温度 2～4℃　高温还原，还原时间可以缩短至 2～4 天，此法是近代快速发酵的一大特点。

许多研究证明，啤酒风味物质的形成，主要在酵母繁殖和主发酵阶段，采用高温还原并不增加很多的代谢副产物，如高级醇、挥发酯等。

能否用高温还原，主要取决于酵母的特性。虽然任何啤酒酵母菌株，提高还原温度均可加速 VDK 还原，但实际上不是所有酵母菌株均适于高温还原，其原因是：

① 若为发酵度偏低的酵母菌株，在主发酵后糖降很少，放热少，温度升不起来，有的仅能升 1～2℃。

② 某些酵母菌在主发酵后，由于嫩啤酒中营养物质大幅度消耗，酵母比较衰弱，还原阶段高温会引起酵母死亡加速，VDK 虽然下降较快，但很难降至最低值 0.06mg/L。酵母死亡率增加，不单影响回收种酵母的质量，而且会使啤酒带有明显的自溶酵母的臭味。

③ 若工厂卫生不好，麦汁和嫩啤酒中杂菌较多，采用高温还原，促进杂菌（兼性嫌氧细菌）繁殖，挥发酸升高，啤酒风味恶化。

5. 冷却、降温

VDK 还原阶段的终点，是根据成品啤酒应控制 VDK 的含量而定。现在优质啤酒希望 VDK 含量 0.06mg/L，则要求 VDK 低于 0.1mg/L，才称还原阶段基本结束，可降温。在降温、排酵母、贮酒中，VDK 有少量下降，则可达到要求。

啤酒降温依赖于 C.C.T 冷却夹套。控制冷媒进入量可调节降温速度，降温速度应控制在 0.2～0.3℃/h，据资料报道，在温度 3℃下啤酒浓度最大。因此，前期冷却主要依赖于筒体上段，其中段冷却夹套流型是近罐壁啤酒降温后向下流动，罐中央啤酒向上流动，进行热交换。降至 3℃ 以后，主要依赖锥底，其次是筒体下段冷却夹套冷却。

单酿法排放酵母的时间，原则上是 VDK 还原至某一水平（比还原终点略高）后，尽可能早排放酵母，这样有利于改善种酵母泥的品质。但实际上受酵母菌株凝聚或沉淀条件的控制，某些酵母菌株，除了要达到一定发酵度外，还必须降温至某一较低温度下才能凝聚或絮凝沉淀。

6. 罐压控制

在传统式发酵中，主发酵是在无罐压（敞口式）或微压（密闭、回收 CO_2）下进行的。发酵液中 CO_2 是酵母的毒物，会抑制酵母繁殖和发酵速率。因此，大多数 C.C.T 发酵主发酵阶段均采用微压（<0.01～0.02MPa），主发酵后期才封罐逐步升高，还原阶段 1～2 天才升至最高值。由于罐耐压强度和实际需要，C.C.T 罐压一般最大控制在 0.07～0.08MPa，以后保持（或略有下降）至啤酒成熟。

7. 酵母的排放和收集

凝聚性啤酒酵母，啤酒发酵度达到凝聚点（一般在发酵度 35%～45%），啤酒酵母就逐步凝聚沉淀于器底，而且沉淀紧密。温度和压力影响不大。如上所述，当 VDK 还原至某规定值（如<0.1mg/L）时，即可顺利地从锥底排放泥状酵母。

发酵大罐的排放酵母前，酵母收集罐先在夹套通入冷却介质，使罐温降至 2～4℃，并用压缩空气对接受罐背压至 0.1～0.14MPa。发酵大罐锥底沉淀酵母也像传统的一样，酵母的质量不一致的，即锥底最底部先排放的酵母泥，沉淀过早的衰老和死酵母较多，此酵母泥排至废酵母罐，取中层酵母泥至种酵母罐，这部分种酵母为大罐有效容积的 1.5%～2.5%，上、下层为 2%～3%。

酵母排放速度应缓慢些，使锥底壁沉结酵母慢慢下滑的速度和排出酵母速度相同，这样才能收集到更多的酵母泥，还需间断排放，以保证大罐内沉结酵母得到最大的排放量。

中层酵母泥在种酵母罐，只需冷却夹套冷却，保证种酵母泥品温小于 4℃，即可保存 1～2 天。在正常生产中，种酵母重复使用，间隔时间越短越好，一般不超过 2 天。若想在种酵母罐停留 2 天以上，种酵母收集罐需用 CO_2 背压。

大罐直接排放收集酵母，应采用酵母接收罐，一般每一组发酵罐需 3 只。酵母接收罐是有夹套和保温层的小型锥罐，前 2 只全容积为发酵锥罐的 5%，作为种酵母接收，后 1 只为发酵罐全容积的 8% 左右，作为废酵母收集罐。

收集酵母后，用酵母泥的 1～1.5 倍的无菌低温酿造水（1～2℃）覆盖并控制存放温度不超过 2℃，每天换一次无菌水。

8. 单酿罐发酵贮酒

单酿罐发酵法一般适宜制造淡爽型啤酒，此类啤酒追求新鲜口感，因此，贮酒期较短。发酵啤酒在 3～6℃左右排放酵母，罐内继续降温至 0℃，（约需 1 天），在 0℃左右下贮酒 2～7 天，若理化和感官指标达到标准，即可过滤、包装。

单酿罐发酵和贮酒在同一个发酵罐内进行，罐内啤酒酵母常常排放不够彻底，罐内啤酒的品温、罐壁和中心，上、中、下段之间不易均衡降至 0℃以下，很容易引起酵母自溶，增加杂味，因此，单酿法贮酒不宜长时间采用。

六、啤酒的过滤、灌装

1. 啤酒的过滤的目的及要求

发酵结束的成熟啤酒，虽然大部分蛋白质和酵母已经沉淀，但仍有少量物质悬浮于酒中，必须经过澄清处理才能进行包装。

（1）啤酒过滤的目的

① 除去酒中的悬浮物，改善啤酒外观，使啤酒澄清透明，富有光泽。

② 除去或减少使啤酒出现混浊沉淀的物质（多酚物质和蛋白质等），提高啤酒的胶体稳

定性（非生物稳定性）。

③ 除去酵母或细菌等微生物，提高啤酒的生物稳定性。

（2）啤酒澄清的要求　产量大、透明度高、酒损小、CO_2 损失少、不易污染、不吸氧、不影响啤酒风味等。

2. 啤酒过滤方法

啤酒的过滤方法可分为过滤法和离心分离法。过滤法包括棉饼过滤法、硅藻土过滤法（具体可分为板框式硅藻土过滤法、水平叶片式和垂直叶片式硅藻土过滤法、烛式或环式硅藻土过滤法）、板式过滤法（精滤机法）和膜过滤法（微孔薄膜过滤法等错流过滤法）。其中最常用的是硅藻土过滤法，此法最大优点是过滤效率特别高，甚至很混浊的酒也能过滤，且酒质透明。硅藻土作为粗滤，再用板框式过滤或微孔薄膜过滤制无菌啤酒是当前的一种发展趋势。

（1）硅藻土过滤法　硅藻土是硅藻的化石，一种较纯的二氧化硅矿石，可作绝缘材料、清洁剂和过滤介质。

天然硅藻土含各种可溶性无机物和有机杂质，须经 800～1100℃烧炼除去或变成不溶性盐后，再粉碎分级。

我国进入 20 世纪 80 年代开始推广硅藻土过滤机，而且正在开辟国产硅藻土生产基地。硅藻土过滤机型号很多，其设计的特点在于体积小，过滤能力强，操作自动化。关键性部件是硅藻土的支承单元，根据此单元可分为三种类型。

板框式过滤机、加压叶片式过滤机（垂直式和水平式）、柱式（烛柱式）过滤机。

① 板框式硅藻土过滤机　这是比较早期的产品，由于操作方便且稳定，至今仍流行。它由不锈钢制成，滤板和滤框交替排列，旧式的在框上包滤布，新式的则用金属丝网再覆盖一层纤维滤板，此种滤机有双重功能，即先经硅藻土粗滤，再经纤维板精滤。混浊酒液经滤框进入，从滤板流出。过滤能力对啤酒为 350～370L/(m^2·h)，台机产量为 10000～50000L。

板框式滤机的优点是结构简单，活动部件少，维修方便，过滤能力可通过增减板框数而变更，排出的滤饼干实。

② 叶片式硅藻土过滤机　叶片式过滤机可装在卧式罐体或立式罐体中。立式罐流量较小，约 25m^3/h 以下；卧式罐产量较大，为 50m^3/h 以上。过滤面积为每台 6～34m^2，滤速为 600～1000L/(m^2·h)。

立式叶片过滤机的优点是过滤介质在叶片两侧沉积，效率高，滤机容积相对减少，从罐顶喷水用湿法清除滤饼，叶片可进出移动。该机的缺点是必须打开机壳方能清洗干净，滤床的稳定性不如板框式和水平叶片过滤机，过滤进行之际，若压力有波动将造成滤饼脱落。

水平叶片过滤机过滤面积为每台 20～100m^2，滤速 600～1000L/(m^2·h)，每 6～7h 排泥一次。排泥之前先用 CO_2（0.6MPa）压出酒液，接着进水排泥。叶片水平过滤机，其清洗方法是先向罐中冲少量水，将滤饼稍浮起，然后开动搅拌使叶片和中心轴一起转动，滤饼脱落，向罐内加压，形成泥状而被挤出。该机优点是滤层较平稳，不易脱落。其缺点是单位容积内的过滤面积不如立式大，因为它只有一面能沉积滤泥。

③ 柱式（烛柱式）过滤机　过滤单元似蜡烛状，每根柱直径 28mm，长 1067mm，台机过滤面积 93～105m^2，滤速为 600～1000L/h。蜡柱棒心为一根 Y 形金属棒，棒上重叠装配环形盘，酒液从环形盘之间透过，沿中心孔之间的狭缝和 Y 形金属棒的凹形槽沟流至清酒室，再流出机外，滤泥则附于滤棒外层。

该机优点是滤层在蜡柱上，不易变形脱落，滤柱为圆形，过滤面积随滤层增厚而增加。

（2）微孔薄膜过滤法　啤酒生产中较早使用的是微孔薄膜过滤。微孔薄膜是用生物和化学稳定性很强的合成纤维和塑料制成的多孔有机膜，如美国 Milli-pore 公司产品是以醋酸纤维、尼龙和聚四氟乙烯为主体的，膜厚 150nm。德国的 Gelmen 公司以聚乙烯碳酸盐为主体，用尼龙 66 补强，膜厚 131～135nm，开孔率约 80%。微孔以垂直方向通过膜表面，膜滤是简单的筛分过程。薄膜抗浓酸、浓碱，耐 125～200℃ 高温。

啤酒过滤可用 1.2nm 孔径，生产能力为 $(20～22)×10^3 L/h$，膜寿命为 $(5～6)×10^5 L$。0.8nm 孔径薄膜滤酒，产品具有很好的生物稳定性。据 Bush 报道，装瓶后 18 个月未发生混浊。

此法多用于精滤生产无菌鲜啤酒，先经离心机或硅藻土过滤机粗滤，再入膜滤除菌。薄膜先用 95℃ 热水杀菌 20min。杀菌水则先用 0.45nm 微孔膜过滤除去微粒和胶体，用无菌水顶出滤机中杀菌水，加压检验，若压差小于规定值，是为破裂之兆，应拆开检查，重新装。

微孔过滤的优点是可以直接滤出无菌鲜酒，若配合无菌包装可省去巴氏杀菌步骤而生产出生物稳定性可靠的成品酒，从而有利于啤酒泡沫稳定性，成品酒无过滤介质污染，产品损失率减小。

微孔薄膜过滤机外形似钟形罩，内部是薄膜支承架和薄膜。钟形罩 $\phi 300mm$，高约 1200mm，结构精巧。

3. 啤酒灌装

啤酒包装是啤酒生产过程中比较繁琐的过程，是啤酒生产最后一个环节，包装质量的好坏对成品啤酒的质量和产品销售有较大影响。过滤好的啤酒从清酒罐分别装入瓶、罐或桶中，经过压盖、生物稳定处理、贴标、装箱成为成品啤酒或直接作为成品啤酒出售。

（1）包装容器的质量要求　啤酒是一种酸性的、含有 CO_2 的不稳定胶体溶液，因此针对啤酒的上述特性，选择能在一段时间内保证啤酒质量的包装容器是十分必要的。作为啤酒的包装容器，至少应符合以下条件：

① 能承受一定的压力，其中，包装熟啤酒的容器，应能承受不低于 1.76MPa 的压力；包装生啤酒的容器，应能承受不低于 0.294MPa 的压力。

② 能方便地密封。

③ 能耐受一定的酸性，不含有可与啤酒发生化学反应的碱性可游离物质。

④ 能防止成品因日光照射而变质。

用于灌装啤酒的包装容器必须经过洗涤才能使用。根据不同的包装容器，选用不同的清洗方法，清洗顺序为：浸泡、刷洗或喷洗、淋洗或冲洗、沥水或吹水。对包装生啤酒的容器还应进行杀菌，以确保生啤酒的食品卫生要求。

（2）啤酒灌装的形式与方法　啤酒灌装的形式有瓶装（玻璃、聚酯塑料）、罐（听）装、桶装等，其中国内瓶装熟啤酒所占比例最大，近年来瓶装纯生啤酒的生产量逐步增大，旺季桶装啤酒的销售形势也比较乐观。

（3）桶装啤酒　国内多采用外加铁框保护的铝制桶，容量为 25～50L。

① 洗桶　先用高压水冲刷桶的内、外部，再用蒸汽在桶内灭菌 10～15min，或用 70～75℃ 热水灭菌 30min，然后将热水放出，沥干，待稍冷后送装酒室。桶盖用清水刷洗后，在 80℃ 以上热水中浸泡 15min，取出后送装酒室。

② 装桶　装酒室的室温为 0～5℃。贮酒槽内通二氧化碳保持恒压为 40～50Pa。

a. 人工装酒。先用水将 1 根装酒管和放泡沫的侧管刷洗和杀菌，并通过 CO_2 把管内水顶出。把管路接到酒槽上，将装酒管放入桶内，并用力压住。往桶内通入 CO_2，与此同时打开进酒阀门，并放松装酒管，侧管放入另一桶内，并慢慢从侧管放气。当从侧管的玻璃管上看到酒液流出时，表示桶已装满，即关闭进酒阀门，一人取出装酒管，将其放入另一待装空桶，另一人迅速将满桶的桶盖旋紧。

b. 机械法装酒。装酒时，先使总阀门上方的气缸排气，让进酒管下落至酒桶底，然后旋紧螺丝盖密封酒桶。转动总阀门，使位于贮酒槽上方的进气管与酒桶相通，形成等压系统，压力约为50kPa。再转动总阀门，使进气管路断开，而下酒管及回气管同时打开，酒液因自然位差从位于高处的贮酒槽流入酒桶，酒桶中空气由回气管返回贮酒罐。当从回气管上的回沫观察管上看到有泡沫上升时，即停止进酒，并从气缸的活塞下方的通气管口进气，使进酒管离开酒桶，立即旋紧酒盖。

(4) 瓶装啤酒 瓶装熟啤酒包装工艺流程：

啤酒瓶→选瓶→验瓶→装酒→压盖→验酒→贴标→装箱→码垛

① 瓶子处理 回收的啤酒瓶，先要挑去不合格的瓶子，然后放入60℃、3～4°Bé的碱液中浸泡，随后捞出，沥去碱液，再放入盛有40～50℃清水中洗去碱液。接着，用刷瓶机刷洗瓶子内外，再将空瓶倒放，用清水冲洗瓶内后，将酒瓶放入空箱，要求瓶内残水不多于3滴，滴水用酚酞指示液检验不得呈红色。新瓶只需用高压水洗刷干净即可。

② 灌装 为避免酿制的优质啤酒在灌装过程中受到损害，应在灌装时注意以下几点：

a. 包装容器、灌装设备、管道和环境，必须洁净。

b. 用于加压的压缩空气或CO_2都必须经过净化。其中，压缩空气的供应来自于无油空压机，空压机送出的空气要经脱臭、干燥、无菌过滤处理。要经常清理空气过滤器，及时更换脱臭过滤介质。CO_2要经净化、干燥，保证CO_2纯度达到99.5%以上。

c. 灌装过程要防氧，可采取适当降低灌装压力或适当提高灌装温度的方法，以减少氧的溶解，或设法排除酒瓶瓶颈的空气等。

d. 进装酒机的酒温以0～1℃为好，处于低温下的啤酒，CO_2不易逃逸，不易产生大量泡沫，容易保证啤酒的灌装容量。

灌酒的具体操作如下：进装酒机的酒温以0～1℃为宜，最高不超过3℃。从室温为4℃左右的过滤室送往包装室的啤酒，须经夹套冷器冷却。输酒管道和贮酒槽应加保温层。另外，应控制送酒压力，使贮酒槽压力平衡。瓶托风压要保持在250～300kPa。压力过低，易漏酒和起沫；压力过高，瓶子落下时振动大，易冒酒。此外，引酒管口距瓶底1.3～3cm为宜。灌装时，先在贮酒槽内用CO_2或无菌压缩空气背压50kPa，将清酒罐的酒液压入贮酒槽，进酒速度要缓慢，以免泡沫大量升起而损失CO_2。贮酒槽内的啤酒液位保持在槽的2/3高度。用一引酒管将贮酒槽与酒头连通，另有一通道可将CO_2或空气压入瓶内，并保持贮酒槽和瓶内压力平衡。酒头上有排除酒内多余酒液和泡沫的通路。灌酒机正常运转后，在压盖前往酒瓶中滴入少量酒液，使泡沫上升，以驱除瓶颈部分的空气。引沫排除瓶颈空气后再压盖。

③ 压盖 瓶盖先用无菌压缩空气除尘，挑出无垫瓶盖。装酒结束，使用压盖机压盖。

④ 杀菌 为保证啤酒的生物稳定性，灌入瓶或罐的啤酒必须经过灭菌。考虑到啤酒是一种胶体溶液，为避免杀菌操作对啤酒的质量产生较大的影响，因此，啤酒杀菌一般采用在60℃下保温60min的巴氏灭菌法，使菌体营养细胞蛋白质发生凝固，从而达到杀菌的效果。

瓶装的熟啤酒应进巴氏杀菌。基本过程分预热、灭菌和冷却三个过程，一般以30～35℃起始，缓慢地（约25min）升到灭菌温度60～62℃，维持30min，又缓慢地冷却到30～35℃。目前流行隧道式杀菌机（或称喷淋式），隧道式又分为下列两种：

a. 单层轨道。瓶子进口和出口分设在隧道的两端。

b. 双层轨道。瓶子先经上层加热和灭菌，在下层降温。进出口都在隧道的同一端。

纯生啤酒不经过瞬间杀菌，或包装后不经过巴氏灭菌，而是经严格的除菌过滤和无菌包装。所谓除菌过滤，即采用微孔过滤，如采用陶瓷滤芯、微孔薄膜等，孔径大都选用 $0.45\mu m$。经此过滤，可滤去酵母菌和啤酒厂常遇的绝大部分污染菌，基本达到无菌要求。所谓无菌包装，则要求灌酒机和封盖机本身需具备高度的无菌状态，还要求对包装容器进行灭菌和从滤酒到装酒、封盖过程进行无菌操作，以及公用设施（包括二氧化碳、压缩空气、引沫水、洗涤用水）的无菌等。

⑤ 验酒　在灯光下将不透明液、漏酒、漏气、有杂物及装量不足的瓶酒挑出来。

⑥ 贴标　啤酒的商标直接影响到啤酒的外观质量，工艺要求使用的商标必须与产品一致，生产日期必须表示清楚。商标应整齐美观，不能歪斜，不脱落，无缺陷。黏合剂要求呈 pH 中性，初粘性好，瞬间黏度适宜，啤酒存放时不能掉标，遇水受潮不能脱标、发霉、变质，不能含有害物质及散发有害气体。

七、成品啤酒的质量标准

我国啤酒的质量标准为 GB 4927—2008，试验方法为 GB/T 4928—2008。

1. 感官要求

淡色啤酒的感官指标应符合表 1-7 规定。浓色啤酒、黑色啤酒感官指标应符合表 1-8 规定。

表 1-7　淡色啤酒感官要求

项　目			优　级	一　级
外观①	透明度		清亮，允许有肉眼可见的微细悬浮物和沉淀物（非外来异物）	
	浊度/EBC	≤	0.9	1.2
泡沫	形态		泡沫洁白细腻，持久挂杯	泡沫较洁白细腻，较持久挂杯
	泡持性②/s　≥	瓶装	180	130
		听装	150	110
香气和口味			有明显的酒花香气，口味纯正，爽口，酒体协调，柔和，无异香、异味	有较明显的酒花香气，口味纯正，较爽口，协调，无异香、异味

① 对非瓶装的"鲜啤酒"无要求。

② 对桶装（鲜、生、熟）啤酒无要求。

表 1-8　浓色啤酒、黑色啤酒感官要求

项　目			优　级	一　级
外观①			清亮，允许有肉眼可见的微细悬浮物和沉淀物（非外来异物）	
泡沫	形态		泡沫细腻挂杯	泡沫较细腻挂杯
	泡持性②/s　≥	瓶装	180	130
		听装	150	110
香气和口味			具有明显的麦芽香气，口味纯正，爽口、酒体醇厚，杀口，柔和，无异味	有较明显的麦芽香气，口味纯正，较爽口，无异味

① 对非瓶装的"鲜啤酒"无要求。

② 对桶装（鲜、生、熟）啤酒无要求。

2. 理化指标

淡色啤酒的理化指标应符合表 1-9 规定。浓色啤酒、黑色啤酒的理化指标应符合表 1-10 规定。

3. 卫生指标

卫生指标按 GB 2758—2005 发酵酒卫生标准执行。

（1）感官指标　澄清清亮，允许有肉眼可见的微细悬浮物和沉淀物（非外来异物），无异臭及异味。

（2）理化指标　符合表 1-11 的要求。

表 1-9　淡色啤酒的理化指标

项　　目		优级	一级
酒精度①/（%vol）	≥14.1°P	5.2	
	12.1～14.0°P	4.5	
	11.1～12.0°P	4.1	
	10.1～11.0°P	3.7	
	8.1～10.0°P	3.3	
	≤8.0°P	2.5	
原麦汁浓度/°P		X②	
总酸/（mL/100mL）	≥14.1°P	3.0	
	10.1～14.0°P	2.6	
	≤10.0°P	2.2	
二氧化碳③/%（质量分数）		0.35～0.65	
双乙酰/（mg/L） ≤		0.10	0.15
蔗糖转化酶活性④		呈阳性	

① 不包括低醇啤酒、无醇啤酒。
② "X" 为标签上标注的原麦汁浓度，≥10.0°P 允许的负偏差为 "−0.3"；<10.0°P 允许的负偏差为 "−0.2"。
③ 桶装（鲜、生、熟）啤酒二氧化碳不得小于 0.25%（质量分数）。
④ 仅对 "生啤酒" 和 "鲜啤酒" 有要求。

表 1-10　浓色啤酒、黑色啤酒的理化指标

项　　目		优级	一级
酒精度(体积分数)①/%	≥14.1°P	5.2	
	12.1～14.0°P	4.5	
	11.1～12.0°P	4.1	
	10.1～11.0°P	3.7	
	8.1～10.0°P	3.3	
	≤8.0°P	2.5	
原麦汁浓度/°P		X②	
总酸/（mL/100mL） ≤		4.0	
二氧化碳③/%（质量分数）		0.35～0.65	
双乙酰/（mg/L） ≤		0.10	0.15
蔗糖转化酶活性④		呈阳性	

① 不包括低醇啤酒、无醇啤酒。
② "X" 为标签上标注的原麦汁浓度，≥10.0°P 允许的负偏差为 "−0.3"；<10.0°P 允许的负偏差为 "−0.2"。
③ 桶装（鲜、生、熟）啤酒二氧化碳不得小于 0.25%（质量分数）。
④ 仅对 "生啤酒" 和 "鲜啤酒" 有要求。

表 1-11　理化指标

项　　目	指　　标	项　　目	指　　标
二氧化硫残留量(游离 SO_2 计)/（g/kg）	≤0.05	铅残留量(以 Pb 计)/（mg/L）	≤0.5
黄曲霉毒素 B_1 含量/（μg/kg）	≤5	N-二甲基亚硝胺含量/（μg/L）	≤3

（3）细菌指标　符合表 1-12 的要求。

表 1-12　细菌指标

项　　目	指　　标	
	生啤酒	熟啤酒
细菌总数/（个/mL）	—	≤50
大肠菌群/（个/100mL）	≤50	≤3

❖【任务实施】

见《学生实践技能训练工作手册》。

◆ **【知识拓展】**

成品啤酒的质量问题

从啤酒的稳定性来衡量其质量，则应考查生物稳定性及非生物稳定性两个方面。生物稳定性是指不因微生物的作用而使啤酒质量变坏的稳定性；非生物稳定性是指不因物理或化学的因素而使啤酒发生混浊、沉淀的稳定性。啤酒质量保存期的长短反映其稳定性的差异。

（一）啤酒的混浊

1. 啤酒混浊的成因及其组成物质

啤酒是一种不大稳定的胶体溶液，容易发生非生物混浊，即胶体混浊。最为常见的是下述的两种蛋白质混浊：一种为在0℃左右变混在20℃左右又复溶的冷混浊，又称可逆性混浊；另一种为混浊后经加热也不可逆的永久性混浊，又称为氧化混浊。

这两种混浊的基本成分都为来自原料的蛋白质及其分解产物胨与多酚类的聚合物。多酚类包括单宁及花色苷等，其中花色苷约占混浊物的1/3。混浊物中还有少量钙、镁盐类及重金属，如0.7％～3％的铁、铜、锡。但是，上述两种混浊，其混浊物的分子大小，物理性质及各项成分的含量有所差异，通常先在有氧或酸性的条件下，生成冷混浊聚合物，再进一步氧化成永久性混浊的聚合物。因此，反复强调要严格控制成品啤酒中含氧量的理由之一就在于此。例如，若啤酒的瓶颈空气太多，不仅能促进混浊，还会加深啤酒色泽并改变啤酒风味。

2. 预防啤酒混浊的途径

除要求原料大麦含氮量低之外，在啤酒生产的各工序中，减少啤酒混浊的主要工艺措施如下：

（1）制麦工段的啤酒防浊措施　浸麦水中加碱，最后一次浸麦水中添加甲醛，或绿麦芽干燥时喷洒$100 \sim 200 \mu L/L$的甲醛，都能降低麦芽中的花色苷含量，并可提高麦芽的溶解度。

适当提高麦芽干燥温度和延长干燥时间，以形成较多具有还原力的类黑精，有利于防止氧化混浊。

（2）糖化工段的啤酒防浊措施　采用$45 \sim 50℃$的蛋白质分解温度，降低糖化醪的pH，减少多酚物质的溶解量而利于蛋白质沉淀。糖化用水中，添加$100 \sim 300 \mu L/L$的甲醛，使它与麦芽本身的酰胺生成类似酰胺树脂的化合物，由于这种化合物再吸附麦汁中的花色苷而沉淀除去。

控制洗糟用水量，洗出液的残糖浓度不低于$0.6％ \sim 1.5％$，以减少麦汁的多酚类物质含量。

保证麦汁的煮沸强度，使热凝固物析出，同时生成多量类黑精等还原性物质，但煮沸时间不宜超过2h，否则会产生副作用。另外，应合理控制酒花用量，以免增加麦汁的多酚物质含量。

（3）主发酵阶段啤酒的防浊因素　在较低的pH值和温度下，混浊物质可析出一部分。另外，因啤酒酵母的性能而异，能或多或少地吸附一部分多酚物质而沉淀。

（4）贮酒阶段的啤酒防浊方法　温度降到0℃左右后不再升高。贮酒期间可添加适量蛋白质分解剂，也可加蛋白质沉淀剂，如加入100mg/L左右的单宁。贮酒的后期添加少量维生素C或二氧化硫等抗氧化剂。过滤前可添加$140 \sim 160mg/L$的PVP，用以吸附花色苷。另外，贮酒阶段要防止酒液接触空气。

（5）啤酒过滤时的防浊工艺　过滤前要进行激冷。据报道，在2.5℃过滤的酒，其非生物稳定性比 0℃过滤的酒低一倍。激冷的温度可控制在 0℃之下和啤酒的冰点之上，啤酒的冰点 $G(℃)$ 与原麦汁的质量分数 $P(\%)$ 及啤酒的酒度 $A(\%)$ 之间的关系，可用下式表示：

$$G=-(A\times0.42+P\times0.04+0.2)$$

滤酒过程中要尽可能地防止吸氧。清酒罐的类型以立式为好，应以二氧化碳反压。酒液在进出罐时，均应防止喷射或涡流现象。输酒系统的接头等处要严密不漏气，输酒速度要均匀缓慢，流速应不超过 1m/s。酒液在进过滤机前，过滤机助滤剂内的空气应用去氧水或二氧化碳排除。过滤时所得的酒头和酒尾要正确处理。啤酒在进入装酒机前，其含氧量不应超过 0.5mg/L。

(6) 灌酒时的啤酒防浊　灌酒时，要避免酒液接触空气，酒进入灌酒机时应平稳无涡流，并以二氧化碳为反压。酒温应为 0℃左右。溶解氧不超过 0.5mg/L。灌装压力不宜高。

压盖前，应以敲击、喷二氧化碳无菌水、滴酒等方法引沫排氧，使压盖后酒内的含氧量不高于 1mg/L。若引沫不满瓶颈，或所引的泡沫过粗，都达不到彻底排除瓶颈氧的要求。

(二) 啤酒的泡沫

1. 啤酒泡沫的特性及原因

(1) 啤酒泡沫的特性　啤酒的泡沫是啤酒质量的重要指标之一，对啤酒泡沫的要求有四个方面，即：啤酒倒入杯中时，泡沫应占酒液容量的 1/2～1/3，泡沫外观以洁白细腻为好，啤酒泡沫应具有良好的持久性及挂杯力。

(2) 啤酒泡沫的原因　啤酒泡沫的成分较复杂，据分析，其主要组分为蛋白质的分解产物脲与葡萄糖聚合物。因此，如果麦芽中蛋白质分解不够，不仅易造成啤酒的蛋白质混浊，而且也相应地减少了泡沫的组成成分。组成混浊物和泡沫的脲，其性质略有不同，混浊物分子中的脲，含硫的胱氨酸居多。此外，混浊物中脲的聚合对象不是葡萄糖，而是多酚类物质。据报道，啤酒泡沫的相对分子质量在 4600～60000 之间，比混浊物的相对分子质量要小得多。

与啤酒泡沫有关的物理因素有表面张力、表面黏度、啤酒黏度及泡沫黏度等，如蛋白质和酒花树脂等都是表面活性物质，异 α-酸能增强啤酒的表面黏度，蛋白质及麦肮物质都是啤酒中的高黏度物质，酒精和异 α-酸能增加泡沫黏度，使泡沫细密而呈奶油状。啤酒的泡沫性状还与二氧化碳含量有关。

2. 改进啤酒泡沫性能的措施

(1) 辅助原料　应使用谷物类，尤以小麦作辅助原料为好。因小麦的糖蛋白含量较高，可改进泡沫性能。

(2) 麦糟洗涤　不应洗涤过度，以免麦汁的脂肪酸含量较高。

(3) 麦汁煮沸及添加酒花　麦汁中加入酒花并适当增加煮沸时间对啤酒泡沫的性能是有利的。若不加酒花，虽也能形成泡沫，但无挂杯力。另外，在酒花用量相同的情况下，如果麦汁煮沸时间过长，则啤酒泡沫的挂杯力增强，但泡持性较差。

(4) 其他　如针对前述泡沫的成因，采取相应的制麦及糖化工艺条件。在各个工序中，要防止油类物混入麦汁或酒液中。生产过程中形成的泡沫越多，则有利于泡持性的物质也损失越多。密闭式主发酵由于生成泡沫少，因而啤酒的泡持性较好。另外，主发酵以后的各工序，酒液的输送要稳，罐要用二氧化碳背压或反压，尽可能地防止啤酒在管道或容器内起沫，以增强泡沫的持久性。

(三) 啤酒的喷涌现象及其防止

啤酒开盖后，有时会有窜沫现象，其原因是多方面的。受潮的大麦长霉后能生成引起啤酒喷涌的肽类物质，铁离子或镍离子在异 α-酸存在时也会引起啤酒喷涌，由草酸钙形成的微细晶体粒子，或使用异构化酒花膏，也是喷涌的原因。此外，啤酒的振动、激冷，或啤酒中含溶解度低的气体，以及啤酒经吸附性过滤、喷涌的抑制物质被吸附掉等，也都是造成喷涌现象的次要因素。

针对上述造成喷涌的原因，可采用相应措施，如啤酒内金属离子含量过高，可添加合适的金属螯合剂，添加过量的钙离子，可使草酸钙早期沉淀下去。重复杀菌，可使喷涌现象暂时好转。啤酒过滤前加还原剂，以及瓶酒压盖前排氧，解决酒内溶解氧的问题。若采用尼龙过滤，能滤除引起喷涌的前体成分。

瓶酒直立存放，可避免软木铝片与酒液接触而生成氢气。瓶酒开盖时温度越高，则喷涌越厉害。喷涌啤酒在低温下开盖不喷涌，重新压盖后升至室温但不动摇，再开盖时也不喷涌。

(四) 啤酒的风味病害

质量优良的啤酒，口味是纯正的。发生风味病害的啤酒，尤其是口味异常的啤酒，其质量将会受到很大的影响，酿造者必须熟悉这些风味病害及其产生的原因，并积极采取措施加以防止和纠正。

(1) 常见的风味病害及其产生原因

① 苦味不正，后苦味长 主要是由于使用劣质酒花或陈旧酒花，添加酒花量过高或添加方法不当；使用含碳酸盐高的或碱性的酿造水；糖化用水的 pH 值过高；麦汁煮沸时间过长，导致异 α-酸的氧化分解；发酵不旺盛，苦味的泡盖分离不完全或根本得不到分离；酵母自溶苦，重金属含量高的苦，麦皮造成的涩苦味，高级醇含量高造成的苦以及含氟化合物作为杀菌剂没有冲洗干净而造成的苦味。

② 酵母味 主要由于硫化物含量过多，特别是硫化氢（硫化氢的味阈值为 5×10^{-9}）。当酵母添加量过多及发酵和贮藏温度高时，酵母产生自溶现象，若自溶物在过滤后仍保留在啤酒中，则会产生特有的酵母味。

③ 口味厚 当发酵度低，残余浸出物多，糊精含量高，高级醇含量超过 50mg/L 时，容易产生这种味觉。有口味厚感的啤酒，往往不令人喜欢，尤其是淡色啤酒。

④ 金属味 啤酒内重金属含量过高会产生此味。

⑤ 老化味 含氧量高的啤酒经杀菌后易产生老化味。杀菌温度越高，时间越长，氧化味越强烈，并且随着啤酒保存时间的增长而增强。

⑥ 不成熟味 除因发酵不彻底而残留的甜味、口味厚等不成熟味外，酵母代谢产物中的双乙酰、乙偶姻、乙醛、硫化物（二甲基硫、硫化氢）等发酵中间产物和副产物含量高都是不成熟味的标志。其中双乙酰已作为啤酒成熟与否的重要指标。它的味阈值是一般为 $0.13 \sim 0.15$mg/L，当双乙酰含量超过了味阈值，就有"馊饭味"。乙偶姻的味阈值为 $3 \sim 5$mg/L，它可以引起突出的不愉快的苦味，并有郁闷的窖霉气味。乙醛的味阈值为 $20 \sim 25$mg/L，超过味阈值时可以产生酸的、使人恶心的郁闷的气味。二甲基硫的味阈值 $< 70 \times 10^{-9}$，超过了味阈值会产生一种煮沸了的洋葱似的味和臭。硫化氢的味阈值为 $(5 \sim 10) \times 10^{-9}$，它给人一种很不愉快的气味。

⑦ 酚或其他化学味 涂料中含有酚或氯酚等物质；采用含酚、氯酚及游离氯高的水浸麦、糖化和洗棉；用含游离氯的洗涤剂洗刷输酒管；污染野生酵母或细菌常会引起啤酒有此味。酚的味阈值为 0.03mg/L；氯酚的味阈值为 0.015mg/L。

⑧ 麦皮味 麦芽的麦皮厚，粉碎过细，糖化醪液煮沸时间过长；过高的 pH 值；麦糟洗涤过分等常会导致啤酒带此味。

⑨ 高级醇和酯含量高产生的不正常味 啤酒中含有一定量的高级醇和酯，但超过味阈值时，往往会影响啤酒的口味。

高级醇中，正丙醇、异丁醇、异戊醇是啤酒香气的最重要的组分。但当异丁醇和异戊醇

45

的含量超过味阈值时，会赋予啤酒一种不愉快的苦味，并产生一种"杂醇油"味，异戊醇还产生类似汗臭的腐败味。正丙醇的味阈值为 100mg/L（啤酒中正常含量为 6~10mg/L），异丁醇的味阈值为 10~12mg/L（啤酒中正常含量为 5~9mg/L）；异戊醇中光学活性戊醇的味阈值为 15mg/L（一般啤酒中含有 10~15mg/L）；非活性戊醇的味阈值为 60~65mg/L（一般啤酒中含 30~50mg/L）。

芳香族高级醇中，β-苯乙醇具有一种郁闷的玫瑰花香气，接近味阈值时，是一种类似酯的酸气味；色氨醇则具有微苦味，有时有轻微的苯酚味；酪氨醇则具有强烈的苦胆汁似的苦味，并可嗅到类似苯酚的气味。β-苯乙醇的味阈值为 50mg/L（啤酒中正常含量为 1.5mg/L）；色氨醇的味阈值为 1.0mg/L（啤酒中正常含量为 0.15~0.5mg/L）；酪氨醇的味阈值为 10mg/L（啤酒中正常含量为 3~6mg/L）。

酯是啤酒芳香的主要组分，但酯含量超过味阈值会使啤酒产生不愉快的气味。在酯类中，乙酸乙酯的含量最高，约占啤酒总酯的 30%~50%，它具有突出的果实香并有不愉快的苦味。其次是乙酸异戊酯，它很容易超过味阈值，能产生一种穿透性的水果气味。乙酸丁酯呈刺激的果实香味，乳酸乙酯有芳香气味而带苦。乙酸乙酯的味阈值为 35mg/L（啤酒中正常含量为 15mg/L），乙酸异戊酯的味阈值为 5mg/L（啤酒中平均含量为 3mg/L），乙酸丁酯的味阈值为 8mg/L（啤酒中平均含量为 4mg/L），乳酸乙酯的味阈值为 15mg/L（啤酒中平均含量为 5mg/L）。

⑩ 微生物引起的风味缺陷　麦汁和啤酒中含有丰富的营养成分，是微生物生长的良好培养基。如果生产过程中，清洁卫生管理不善，往往会引起微生物感染，给啤酒带来风味缺陷。如感染了乳酸菌，就会使啤酒混浊，形成乳酸，产生酸味；感染了醋酸菌，会使啤酒产生醋味；感染了野生酵母，会使啤酒出现各种各样的口味变化，还会引起啤酒混浊，产膜酵母导致特殊的酯味和臭；感染了四联球菌，就会使啤酒变酸、混浊，甚至黏稠，变味（双乙酰味）；感染了发酵单胞菌，会使啤酒产生浓密的一丝丝混浊物，破坏啤酒风味，并产生硫化氢和乙醛等不愉快味道；感染了多变黄杆菌，能使啤酒产生轻微的胡萝卜味。

（2）改进啤酒风味的措施

① 活性炭吸附　添加活性炭可以吸附掉啤酒中的一些不良挥发物质，除掉一些不良气味，但同时也吸附掉啤酒中的一些有效物质，如苦味物质、色素物质和芳香物质，因而造成质量上的另一些缺点，如泡沫和醇厚性下降、色度变淡等。因此，应该严格控制活性炭的添加量，以添加 10~15g/100kg 为宜。活性炭可以在下酒时添加，或在滤酒前 3~7 天添加。在添加活性炭的同时，可添加 30~50g/100kg 的硅胶制剂。

② 提高二氧化碳含量　二氧化碳对口部感觉有影响，适当提高二氧化碳含量，可以掩盖一些风味上的缺陷。

工作任务 1-3　纯生啤酒生产

❖【知识前导】

纯生啤酒是经过严格无菌处理（非热杀菌），确保酒液内没有任何活体酵母或其他微生物，保质期达 6 个月到 1 年，又称为冷杀菌啤酒。纯生啤酒是近几十年逐步发展起来的一种啤酒新产品，其追求的目标是啤酒口感的新鲜、纯正和爽口。由于冷杀菌技术的不断完善，使纯生啤酒的产量日益增加，成为啤酒行业市场竞争的一个热点之一。可以预计，我国今后几年内纯生啤酒将会在啤酒销售市场占据重要地位。

纯生啤酒的质量要求：具有与"熟啤酒"相同的生物稳定性和非生物稳定性；较长时间

内保持啤酒的新鲜程度（风味稳定性）；具有较好的香味和口味，以及良好的酒体外观和泡沫性能；符合规定的理化指标要求。即纯生啤酒除了不采用热杀菌外，其他质量要求与熟啤酒相同。

纯生啤酒生产中存在的主要问题：由于未经热杀菌，啤酒中蛋白酶 A 的活性仍然存在，对啤酒的泡沫影响较大，造成啤酒泡沫的泡持性较差。

纯生啤酒的衡量标准：测定啤酒中蔗糖转化酶的活性。一般经过巴氏杀菌或瞬间杀菌的啤酒蔗糖转化酶的活性被破坏，测定有无蔗糖转化酶活性可以判断是否为纯生啤酒。

一、纯生啤酒生产方式

纯生啤酒生产必须做到整个生产过程无菌或得到控制，最后进入到无菌过滤组合系统进行无菌过滤。包括复式深层无菌过滤系统和膜式无菌过滤系统。经过无菌过滤后，要求能基本除去酵母及其他所有微生物营养细胞（无菌过滤 LRV≥7），确保纯生啤酒的生物稳定性。

（1）微生物抑制法　向酒液中添加无机抑制剂或有机抑制剂（防腐剂），通过抑制微生物繁殖与代谢，避免啤酒变质。常用消毒剂有苯甲酸钠、山梨酸、曲酸、霉克、乳酸链菌肽等。

（2）紫外杀菌法　以紫外线杀灭微生物控制啤酒中少量的微生物。由于紫外线杀菌效果不太理想，且可能对啤酒口味有影响，目前未被采用。

（3）无菌过滤法　这种方法是目前常用的冷杀菌法，经硅藻土过滤机和精滤机过滤后的啤酒，进入无菌过滤组合系统进行无菌过滤，包括复式深层无菌过滤系统和膜式无菌过滤系统。经过无菌过滤后，要求能基本除去酵母及其他所有微生物营养细胞（无菌过滤 LRV≥7），才能确保纯生啤酒的生物稳定性。

二、纯生啤酒生产基本要求

（1）纯种酿造的关键是啤酒酵母，纯生啤酒生产的关键是纯种酿造和有效控制后期污染有机地结合。任何杂菌的存在都会影响啤酒的质量。

（2）选择良好的酒基。经过发酵、后熟的啤酒，应具有良好的质量（包括风味、泡沫、非生物稳定性和满足理化指标要求）。生产中应认真做到：把好原料关，选好菌种，严格生产工艺与操作。

（3）保证有可靠的无菌生产条件。纯生啤酒生产就是在生产过程中有效控制杂菌的结果，而不是通过各种手段处理的结果。生产过程中严格控制杂菌是纯生啤酒生产的关键，无菌过滤和无菌灌装则是生产的辅助手段。因此，啤酒整个生产全过程要尽量做到没有或基本没有杂菌污染，才能保证纯生啤酒的质量和减少后期处理的工作负荷量。

（4）在前道工序严格控制微生物污染的基础上，生产纯生啤酒进行的无菌过滤要满足以下要求：无菌过滤的有效性，对任何微生物去除率要达到要求，并且不会影响啤酒的口味、泡沫等质量要求；选用合理的无菌过滤组合，一般要求应按深层过滤→表面过滤→膜过滤的顺序进行组合，其孔径选择为：深层过滤 1～3μm、表面过滤 0.8～1μm、膜过滤 0.45～0.65μm。应配置两组过滤组合，以保证正常生产；具有独立的 CIP 和膜再生系统。

（5）纯生啤酒包装时，要有以下基本要求：包装容器清洗系统（含瓶、易拉罐、生啤酒桶）应保证清洁、无菌；对灌装车间，灌装机可以放在一个密闭的无菌房间内，室内空气要进行有效的过滤，室内对室外保持正压，约 0.03～0.05kPa；对输送啤酒瓶的输送链，在未灌装啤酒、密封以前的部分应使用带有消毒作用的链润滑剂，同时在灌装机前的部分输送链应有不断清洗装置，确保整个输送链的卫生；生啤酒灌装线的洗瓶机，应采用单端进出，防止进瓶端的污瓶污染出瓶端的洁净瓶；洗净的啤酒瓶在输送到灌装机的过程中，要有密闭的防护罩，避免灰尘、飞虫等的污染。

三、纯生啤酒生产过程中的微生物管理

1. 酿造无菌水的制备

处理过程：

深井水→软化处理→砂滤器→活性炭过滤器→颗粒捕集过滤器→预过滤器→除菌过滤器

对于硬度大的水应先进行软化处理，并去除大颗粒杂质后再进行膜过滤处理。水除菌过滤器使用前要用蒸汽进行杀菌，生产用水的水网应定期进行清洗和消毒。无菌水微生物控制指标：细菌总数≤10 个/100mL，酵母菌 0 个/100mL，厌氧菌 0 个/100mL。

2. 无菌空气的制备

无菌空气用于冷麦汁充氧和酵母扩培，无菌空气过滤处理不当，会对纯生啤酒生产中的微生物控制带来影响，必须加强无菌空气过滤系统的管理。无菌空气的制备流程如下：

压缩空气→除油、水和杂粒→预过滤器→除菌过滤器→重点工位除菌分过滤器→无菌空气

无菌空气微生物控制指标：细菌总数≤3 个/10min，酵母菌 0 个/10min，厌氧菌 0 个/10min。

3. 无菌 CO_2 的制备

啤酒酿造过程中清酒 CO_2 的添加、脱氧水的制备、清酒罐背压等阶段均需使用 CO_2。在纯生啤酒生产中也要对 CO_2 进行无菌处理，CO_2 的回收管路也要定期进行 CIP 清洗，气体除菌过滤器每次使用前要进行蒸汽消毒处理。无菌 CO_2 的制备流程如下：

CO_2 液化贮罐→加热气化→预过滤器→除菌过滤器→分气点除菌过滤器→无菌 CO_2

无菌 CO_2 微生物控制指标：细菌总数≤3 个/10min，酵母菌 0 个/10min，厌氧菌 0 个/10min。

4. 消毒用蒸汽的处理

处理的目的是为了除去蒸汽带入的颗粒，防止除菌滤芯的破坏或堵塞，延长滤芯的使用寿命。蒸汽过滤一般采用不锈钢材质、过滤精度为 $1.0\mu m$ 的微孔过滤芯。

5. 过滤操作中的微生物控制

① 避免发酵液污染杂菌是纯生啤酒生产的基础。

② 过滤前对酒输送管路、缓冲罐、过滤机、硅藻土（或珍珠岩）添加罐、清酒罐进行 CIP 清洗。

③ 过滤系统及清酒罐的取样阀要定期拆洗，每次操作前进行严格清洗。

④ 活动弯头、管连接、软管、取样阀、工具等不使用时要浸泡在消毒液中。

⑤ 硅藻土添加间要独立分隔，并安装紫外灯定期杀菌。

⑥ 每次操作后要用 0.1% 的热酸清洗，每周对过滤系统用 2.0% 的热碱进行清洗。

⑦ 清酒要求：浊度<0.5EBC 单位；β-葡聚糖<150mg/L；碘还原反应<0.5；细菌总数≤50 个/100mL；酵母菌 0 个/100mL；厌氧菌 0 个/100mL。

6. 清酒的无菌过滤

由安装在灌装压盖机前的 $0.45\mu m$ 膜过滤机进行无菌过滤，膜过滤机要有高灵敏度的膜完整性检测系统。膜过滤机用的冷、热水，要经过 $20\mu m$ 预过滤处理大颗粒后，再供膜过滤机使用。

7. 无菌灌装

① 灌装间应达到 30 万级的洁净要求，洁净室的设计、建造以及卫生消毒可以参考医药行业的 GMP 标准。

② 洁净室工作人员要穿洁净服，人数在 4 人以内。避免人员频繁进出，人员进出时要进行严格消毒。

③ 纯生啤酒用啤酒瓶应采用卫生条件好的新瓶（如薄膜包装的托板瓶）；采用适合纯生啤酒使用的无菌瓶盖，瓶盖贮藏斗应安装紫外灯消毒。

④ 洗瓶机的末道洗水改用热水对瓶子进行冲洗，洗瓶机出口端至洁净室入口的输瓶系统要安装隔离罩和紫外灯，并且要对出口端热消毒1h；要使用含有抑菌成分的链条润滑剂和抗水、耐酸碱的软化剂，对输送链板、接水板、护瓶栏、玻璃罩、链条底架部位等要进行消毒。

⑤ 灌装压盖机使用前要对设备表面、入瓶、出瓶处进行清洁，提前打开紫外灯进行空气消毒。每月定期对灌装压盖机进行酸洗，预防机内结垢。

四、纯生啤酒的生产过程要确保可靠的无菌条件

严格来说，"纯生啤酒的生产是在生产过程中有效控制杂菌污染的结果，而不是通过各种手段处理的结果"，因而不能单纯依靠终端的过滤和相应的其他处理。也就是说，在纯生啤酒的生产过程中，最为重要的是必须严格控制生产过程的杂菌污染，最后的无菌过滤和无菌灌装只是辅助手段，以此来保证并提高纯生啤酒的质量。为此，要求在啤酒生产的全过程尽量做到没有或基本没有杂菌污染。生产纯生啤酒，关键是要打造一个纯生环境。为了确保纯生啤酒质量和降低后期无菌过滤、无菌包装的工作负荷，要求杂菌应小于100个/mL。

1. 啤酒生产过程中杂菌污染的类型

（1）一次污染和二次污染　一次污染是指啤酒生产过程中，从可以被污染的时候开始发生的微生物接触污染，这种污染危害较大。二次污染是指啤酒经过无菌处理后再次发生的接触污染，主要发生在清酒和包装过程。二次污染是生产纯生啤酒必须严格控制的内容。

（2）交叉污染和累积污染　交叉污染是指由于生产设备、生产工具、添加酵母以及其他共用的设施被杂菌污染，消毒灭菌不够所引发的相互污染。其中，以酵母的污染危害较大。累积污染是指在啤酒生产过程中，各个工序不断发生污染，造成污染程度的累加。这种污染的情况最为严重，对啤酒质量的危害性最大。

（3）直接污染和间接污染　直接污染是指与产品直接接触的原辅材料、添加剂、设备、管道和气源、水源等含有杂菌对产品发生的污染。间接污染是指污染了与产品直接接触的物品而受到的污染，如人体、环境等。

2. 生产纯生啤酒，还应做好以下几方面的工作

① 首先要做好与产品直接接触的气源、水源和其他物料的无菌过滤和消毒灭菌工作，防止产品的直接污染和一次污染。

② 其次对麦汁制备、啤酒发酵、无菌过滤和包装等生产过程，要分别配置相应的CIP和SIP系统，尽量做到不共用。

③ 生产所使用的容器、管道、阀门等的内壁要经抛光处理。内壁抛光后的Ra（表面粗糙度）应不低于$0.8\mu m$，尽可能达到$0.5\mu m$。

④ 整个啤酒生产过程要在密闭、带正压的条件下进行，并得到良好的CIP洗涤和有效的SIP消毒灭菌。

⑤ 啤酒制品处于冷状态下所使用的各种原料、材料、制剂，包括添加酵母，都应严格控制无菌条件，确保不发生杂菌的污染。

⑥ 要完善微生物检测手段，确定相应的微生物检测点和检测制度，使用先进的检测方法和检测仪器，全程进行有效的微生物监测，确保无菌生产的条件。

❖ **【任务实施】**

见《学生实践技能训练工作手册》。

❖【知识拓展】

一、淡爽啤酒与干啤酒生产工艺的比较

1. 淡爽型啤酒

通常指糖度在 7％上下的啤酒，但口感并不薄，仍具有丰富的啤酒口感。这个概念是这几年啤酒厂家炒作出来的。因为传统通常意义上的啤酒糖度在 10％～12％左右，酒精度在 3.4％（体积分数）以上。推出这个概念主要目的还是各厂家为了降低成本。传统啤酒教材里也是没有的，因为它主要还是一个广告概念，并不完全是一个啤酒术语，也无严格的界定标准。要说特征，基本上就是，低糖度和酒精度，苦味低，但保持了完全的啤酒风味口感。

① 7％就是糖度为 7％，并非是单指麦芽糖，以前一般使用麦芽比例在 60％左右，余下使用大米之类，但现在各厂家觉得大米也贵了，大多数厂家就直接采用玉米淀粉或糖浆来代替。

② 干啤在发酵初的糖度是一样的，只是深度发酵后，酒液中很少了。但酒精度还是一样的。

2. 干啤酒

干啤酒又称为低糖啤酒，或称为低热值啤酒，它是 20 世纪 80 年代在全世界范围风行起来的啤酒品种。1987 年首先由日本研究创制，投入市场后轰动全日本，后来又在欧美刮起过热旋风，成为当今世界上风行的啤酒新品种。我国近几年来也有不少啤酒厂研究、试制并投入生产，受到各地消费者青睐，尤其在南方沿海城市更多。

干啤酒是属于不甜、干净、在口中不留余味的啤酒，实际上是高发酵度的啤酒，是口味清爽的啤酒新品种。近几年消费者的口味有所变化，喜欢甜味小，酒精度低，清爽型的啤酒风格。发酵度低，喝起来清淡，比汽水好喝。

干啤酒生产用原料与啤酒类似，如麦芽要求色淡，发芽率高，溶解度高，糖化时间短，糖化力强，寇尔巴哈值 42％以上；麦芽辅助原料可使用大米，也可使用白砂糖，以提高可发酵性糖，增加发酵度，降低色度；酒花使用好些的香型花，使用量比啤酒可略少些，防止过苦；水质以软水比较理想，最高不要超过 5GH（德国硬度）。至于外加酶制剂以耐高温 α-淀粉酶，可缩短大米液化时间，并使用高效糖化酶，增加可发酵性粉，必要时还可使用蛋白酶，以提高泡沫持久性。

酿制干啤酒使用酶制剂是简单易行的方法。因为酵母少直接影响啤酒的风味，改变酵母菌种应持谨慎态度，调整糖化工艺的方法对提高麦汁中可发酵性糖的含量是有限的。相比之下，使用酶制剂，不仅增加成本有限，而且效果比较显著。酿制干啤酒使用糖化酶可将淀粉 α-1,4-糖苷键和 α-1,6-糖苷键变成葡萄糖和界限糊精，但糖化酶活力仍有 1200 个巴氏灭菌单位存在。最终饮用的干啤仍有甜味感，影响干啤酒的口感，这是其最大的缺点，应该注意研究。近来有使用普鲁兰酶的尝试，它只分解麦链淀粉 1,6-键的糖苷酶，使支链淀粉变成为直链，才能大幅度提高可发酵性糖。普鲁兰酶纯化只需要 80 巴氏灭菌单位，虽然啤酒中含有少量的活性残酶，不再转化为低分子糖，也不会导致啤酒后期变甜。另外还有一种商业化的麦芽糖，它灭菌纯化只有 70 个巴氏灭菌单位，也可使用在冷麦汁中，所产麦汁的发酵度可在 72～74，是理想的高发酵度的酶制剂，其使用量在糖化陈列阶段较少使用。至于酶制剂的使用量，如在糖化时使用 Promozyme 200L，每吨原料麦芽可使用 3～5kg，最适 pH4.3，温度 45～65℃。也可以在发酵开始使用，可使用 Fungamyl 800L，每千升麦汁使用 20～40g，灭菌后啤酒中不含有活酶，如在发酵期间使用 AHG 300L，每千升麦汁使用 30～50mL，但灭菌后啤酒中仍含有活酶，究竟如何使用，可根据工厂设备和消费者喜好选择。

干啤酒由于原麦汁浓度只有 8～10°P，热值比较低，只有 80cal（1cal＝4.1868J）左右，含有不发酵的糖多在 2.0～2.5g，比普通啤酒低 1g 左右，发酵度为 70％～82％，比普通啤酒高 5％～10％；干啤酒色度比较低，多为 7～8EBC，苦味值也较低，多在 10EBC，属纯淡爽型啤酒，酒精含量 3％～4％，二氧化碳含量多在 0.45％～0.55％，所以泡沫比较丰富，杀口力强，饮后不留有余味。

二、啤酒发酵新技术简介

1. 连续化啤酒发酵

连续化啤酒发酵，是在发酵装置的入口处定时或不断地输入麦汁，而出口处定时或不断地排出啤酒的发酵技术。主要的连续发酵方法有塔式和多罐式两类。

（1）塔式连续发酵　塔式连续发酵是 20 世纪 60 年代在英国出现的一种新工艺，最早由 APV 公司设计，因此又称为 APV 塔式发酵。发酵塔的主体为一个锥底的圆管柱体，顶端一段直径加大。经冷却加氧等处理的麦汁从塔底送入，嫩啤酒从塔顶端的出口流出。发酵中，在控制的条件下，发酵塔内形成 4 个区段。在塔的底段为一稳定的酵母塞柱，在此，酵母细胞暴露于具有氧气及丰富营养的麦汁中，生长极为迅速；往上是一不稳定的酵母柱，主要由发酵产生的二氧化碳使酵母分散；再往上是依靠上升的二氧化碳而引起搅动混合的区段；最后在塔顶有一缓冲罩，使该罩的上部形成相对静止区。在英国已有直径为 1.83m 的 APV 塔，每周的周转量为 576t。英国已有试产，塔底麦汁发酵温度为 16℃，塔顶双乙酰还原温度 22～24℃，发酵液在塔内停留 7～9h，日产嫩啤酒 96～120t。近年来已出现的改良塔式发酵罐，则在塔内装上若干层筛孔挡板，能更理想地控制塔内各区段的发酵条件。

（2）多罐连续发酵　有四罐和三罐两种系统。四罐系统有 4 个发酵罐，相互串联，其中罐Ⅰ、罐Ⅱ和罐Ⅲ有搅拌装置。麦汁不断输入罐Ⅰ，并在此添加酵母，使之增殖。罐Ⅱ为一大罐，在此完成主发酵后转入罐Ⅲ，在罐Ⅲ中完成全部发酵过程，然后送入罐Ⅳ，在此啤酒得以冷却并趋向成熟，罐底沉集的酵母返回到罐Ⅰ或罐Ⅱ。三罐系统的情况与四罐系统相同。

2. 固定化酵母啤酒发酵

该技术是将酵母细胞固定在某一载体上，使之成为固定化酵母，然后将它置于发酵容器内，将麦汁发酵成啤酒。固定酵母细胞的方法很多，主要有吸附法和包埋法两种。

（1）吸附法　酵母细胞带有负电荷，而某些固相载体带有正电荷，由于两者之间的静电作用而相互吸附，使酵母固定在固相的载体上。常用的固相载体有硅藻土、卡普隆、多孔硅、聚乙烯等。但由于酵母的发酵作用，易使基质的 pH 发生较大的变动而影响两者的带电量，致使酵母脱落而流失。因此，该法在实际应用中受到一定的限制。

（2）包埋法　该法是将酵母细胞埋于某种具有较好透性而酵母细胞不致漏出的凝胶内，使成为一定大小的固定化酵母球，然后用于啤酒发酵。常用的包埋剂有琼脂、海藻酸钠、χ-角叉菜聚糖、聚丙烯酰胺等。目前，在啤酒生产中应用最多的是海藻酸钠。包埋时先将海藻酸钠加水加热糊化，冷却至一定温度时按比例加入酵母悬浮液，混合后滴入或挤压到一定浓度的氯化钙溶液中，海藻酸钠与氧化钙作用后形成海藻酸钙凝胶，酵母细胞即被包埋在内。用这种固定化酵母生产啤酒，主发酵时间可由传统工艺的 6 天缩短到 2 天，后发酵可由 15 天缩短到 8～10 天，总发酵周期可缩短一半。

在利用固定化细胞制啤酒方面，芬兰、比利时、日本等国家较为领先，目前已具备小规模试生产的条件，但尚有不少问题需要解决。

三、啤酒的品评

啤酒的成分相当复杂，它们对啤酒风味所起的作用往往是协同的、加成的，互相之间的影响也很复杂。虽然这些成分已经可以通过仪器测出，但对啤酒风味的评价，至今仍以口尝为主要依据。

啤酒的风味因所采用的原料、酿造方法、设备等不同而具有不同风格。啤酒的风味物质大致可分为五类：①发酵过程中产生的连二酮类（双乙酰、2,3-戊二酮）及其前驱体；②发酵时产生的醛类、高级醇和有机酸等；③硫化物，如硫化氢和挥发性的硫醇等；④发酵过程中产生的酯类；⑤酒花的溶解物等。啤酒的复杂风味就是由这些挥发性和非挥发性物质所引起的一种总体感觉。啤酒风味主要指滋味、口感和气味。

1. 品评方法

啤酒的品评方法很多，概括起来可分为下列几种：

（1）顺位品评法　欲试的许多样品，通过品尝，根据当时的总印象，比较其质量优劣，质量最好的啤酒获得第一。为了客观地调查口味，也可邀请消费者参加。但是顺位品评不表明有关质量上的单一口味项目，所存在的口味异常也揭示得不够。因此，此法只能作为一般的选择方法，不适宜作为质量控制的方法。

（2）差别品尝法　此法用于检查不同批次酒样的质量是否有差别，通常采用两杯法和三杯法。

① 两杯法　一次拿出两杯酒样，通过品评，由品评者确定，是同一酒样还是两个酒样，并指出不同酒样的差别。

② 三杯法　一次拿出三杯酒样，其中两杯是同一酒样，另一杯是不同酒样，让品尝者确定，哪两杯是同一酒样，并指出它们与不同酒样的差别。

如果多数品尝人员能辨别出不同酒样，说明不同批次的产品质量是有差别的。差别品评能够确定啤酒是否保持着同样的口味或者哪一种口味出现了变化，但也不能揭示出差别的程度和性质，这对连续不断的质量监督是够用的了。

（3）评分法　此法可以比较欲试酒样的全部感官性质，对啤酒单一项目的性质，分别给以相应的分数；也可采用对质量好的内容给予正分，质量差的内容给予负分，正分和负分相加，即为啤酒质量的总分数。根据总分进行啤酒质量上的分级，并概括地与其他样品比较。此法可辨别出某种啤酒的特征，同时从单项性质所获得的分数，可以找出这种啤酒的缺陷，但没有明确的评论。

（4）风味描述法　此法对感官的单项性质不是记分而是用语言评论。要求以啤酒习惯上用的风味术语列出剖析表，此表应足以说明不同酒样在风味上所存在的特点和缺点。

采用此法的困难时各国采用的风味术语比较混乱，近年来为了便于比较，经协商，初步作了些规定，确定了啤酒生产厂品尝统一用术语表（表1-13）和国际大型品尝会统一用术语表（表1-14）。此法对啤酒的单项内容的特性以及口味的缺点和异常可以容易而明确地判别出来，同时可以清楚地描绘出啤酒之间的实质性差异。

表 1-13　啤酒生产厂品尝统一用术语表

统一用术语名称	品尝后的记号	统一用术语名称	品尝后的记号
口味协调		有酯香味	
麦芽香味		苦味	
酒花香味		酒味柔和	
有强烈酒花香		发酵味	
有水果香味		辛辣味	

表 1-14　国际大型品尝啤酒统一用术语表

统一用术语名称	品尝后的记号	统一用术语名称	品尝后的记号
有明显的酒花香气		苦味融洽	
有酒花香气		苦味不够	
有麦芽香气		苦味消失太慢	
口味爽快		太苦	
口味细致、协调		有双乙酰味	
饮后淡而无味		有水果香味	
口味不柔和		有辛辣味	
苦味协调		特性	
苦味细致			

（5）综合品评法　此法是将评分法和风味描述法结合起来的一种品评方法。既可从分数上得出啤酒间的互相差别和差别的程度，并进行顺序排列，又可对质量的具体性质进行描述。如果加上外观（色泽、透明度和泡沫等）检查，就可在感官上得出对啤酒的全面评价。我国评酒会采用的"啤酒品评办法"即为综合品评法。

2.啤酒品评记分办法

品评啤酒的感官指标一般为色、香、味和泡沫四个方面。在用术语描述这四个方面的内容时，存在着一些困难。例如往往一种风味有几种术语表示，啤酒的氧化味，又叫老化味、杀菌味、面包味、纸板味等；金属味又叫铁腥味、墨水味、锈水味等。同时，人们对每一术语的认识和理解也不一致，因此会出现给分高低相差较大的现象，影响了对啤酒质量的客观、全面的评价。为了统一评酒方法，统一思想认识，统一评语，统一评分标准，中华人民共和国轻工业部制定了《啤酒品评给分和扣分办法》，评酒记分采用百分制，外观 10 分，香气 20 分，泡沫 15 分，口味 55 分。其给分和扣分的办法及评酒记分表如表 1-15～表 1-17 所示。

表 1-15　我国淡色啤酒给分和扣分办法

项目		内容	得分	扣分
（一）外观（10分）	色泽	呈淡黄、淡黄绿色	5	
		呈深黄色或棕色,酌情		1～5
	透明度	迎光检查清凉透明,无悬浮物或沉淀	5	
		轻微失光或稍有悬浮物,酌情		1～5
（二）泡沫（15分）		啤酒倒入杯中时,泡沫高而持久,洁白或微黄,细腻挂杯	15	
		泡沫持久达 4min 以上		不扣分
		泡持性达 3min,不到 4min		1
		泡持性达 2min,不到 3min		3
		泡持性达 1min,不到 2min		5
		泡沫粗大,不细腻,色泽暗,酌情		1～4
		泡沫不挂杯,酌情		1～4
		微有喷酒,酌情		5～10
		发生严重喷涌		15
（三）香气（20分）		当啤酒倒入杯中时,嗅之有明显酒花香气,没有生酒花味、老化气味及其他异香	20	
		有酒花香,但不明显,酌情		1～5
		有老化气味,酌情		1～5
		有生酒花味,酌情		1～4
		有异香或怪气味,酌情		1～6
		嗅之或口尝均不能感到酒花香气,并有异香		20

项　目		内　容	得分	扣分
（四）口味（55分）	纯正	饮后无不愉快的怪味、杂味或酵母味,酸味等不正常味道	18	
		饮后有老化味,酌情		1～5
		饮后有双乙酰或高级醇或酸等味道,酌情		1～8
		饮后有麸皮味或酵母味,酌情		1～5
	爽口	饮后口味柔和和协调而愉快,苦味清爽而消失快,没有明显的涩味	18	
		饮后口味不协调,不柔和或有铁腥味,酌情		1～7
		饮后有后苦味和涩味,酌情		1～6
		饮后有焦糖味或甜味,酌情		1～5
	醇厚	饮后感到酒味醇厚、圆满、不单调	10	
		饮后口味淡薄无味,酌情		1～10
	杀口	饮后感到二氧化碳的刺激感,愉快清爽	9	
		饮后杀口力不强,酌情		1～9

表 1-16　我国黑啤酒给分和扣分办法

项　目		内　容	得分	扣分
（一）外观（10分）	色泽	呈黑红色或黑棕色	5	
		呈黑色或浅红色或棕色,酌情		1～5
	透明度	迎光检查清凉透明,无悬浮物或沉淀	5	
		轻微失光或稍有悬浮或沉淀物,酌情		1～5
（二）泡沫（15分）		啤酒倒入杯中时,泡沫高而持久,洁白、细腻挂杯	15	
		泡沫持久达 4min 以上		不扣分
		泡持性达 3min,不到 4min		1
		泡持性达 2min,不到 3min		3
		泡持性达 1min,不到 2min		5
		泡持性在 1min 以下		7
		泡沫不挂杯,酌情		1～4
		微有喷洒,酌情		5～10
		发生严重喷洒		15
（三）香气（20分）		当啤酒倒入杯中时,嗅之有明显麦芽香味,无不愉快味和老化气味	20	
		有麦芽香,但不明显,酌情		1～5
		香气不正常,酌情		1～5
		有老化味,酌情		1～4
		嗅之或口尝均无麦芽香气		20
（四）口味（55分）	纯正	饮后无不愉快的怪味、杂味或酵母味,酸味等不正常味道	15	
		饮后有明显的双乙酰或高级醇或其他怪味,酌情		1～10
		饮后有烟焦味和酱油味或酵母味,酌情		1～5
	爽口	饮后口味柔和、协调而爽快,苦味清爽而消失快,无明显的涩味和焦糖味	15	
		饮后口味不协调,不柔和、辣、涩而粗杂,酌情		1～5
		饮后有后苦味粗糙并有后苦味或腥味,酌情		1～5
	浓厚	饮后感到酒味浓厚、圆满、不单调	15	
		饮后口味淡而无味,且单调,酌情		1～15
	杀口	饮后感到二氧化碳的刺激感,且愉快清爽	10	
		饮后杀口力不强,酌情		1～10

表 1-17　啤酒品评记分表

编号	外观 10 分		泡沫 15 分		香气 20 分		口味 55 分		总分	总评语
	得分	评语	得分	评语	得分	评语	得分	评语		
1										
2										
3										
4										
5										
6										

3. 啤酒品评的要求

（1）对评酒委员的要求

① 评酒委员必须身体健康，没有色盲、重性鼻炎和肠胃炎者。

② 评酒委员不分男女老少和年龄。男女的品评能力无明显差异，中青年感觉的灵敏度高于老年，年长者富有经验。注意力、表达力、忍耐力都比较强者，应负责选取。

③ 评酒委员要对所品酒的酒样负责，如实代表广大不同消费者的要求，不得以个人喜好参见品评。

④ 评酒委员应大公无私，实事求是，认真负责，既不代表哪个省（市、自治区），也不代表某个企业单位，不得有意提高本省（市、自治区）和企业单位的评价。

⑤ 评酒委员必须有比较熟练的评酒能力和经验，对所评的酒样要有较严密的确切性和较高的再现性。

（2）品评时的要求

① 评酒室要明亮，光线柔和，室内要清洁、雅致，阳光不得直射室内，室温 10～20℃。

② 每个评酒委员各用一个桌子，桌子铺白布，备有台灯以及漱口用的玻璃杯和痰盂。

③ 评酒用的玻璃杯要无色透明，大小和形状要一致，使用前要用洗涤剂刷洗干净，控干，杯上不得有水渍、水滴和其他油污物。

④ 每个杯的下部要标出 1、2、3、4……，以备编组使用。

⑤ 评定的酒样温度应一致，酒样应在前一天放在 15℃ 的室温下，取出后在常温室中存放不要超过 3h，以免影响评定效果。

⑥ 品评时酒样不宜过多，每组酒样最多不超过 5 杯，各组的间隔不应小于半小时，品评后可饮水或咀嚼咸面包，以恢复味觉的疲劳。

⑦ 酒样品评后，评委要详细填写品评记录，最后由工作人员负责收集。

⑧ 倒酒人员事前要经过训练，开瓶方法要一致，开瓶前不得振动；开瓶后即行倒酒，注入杯中时瓶口距杯口 2～3cm，不得过快而激起泡沫；倒酒时以泡沫满杯为止。

⑨ 倒酒人员，除开瓶、注酒外，不得与评酒人员交谈，或对评酒人员做任何暗示。

⑩ 测定啤酒泡沫时间，由专人负责，每个样品测定不少于 2 次。测定结果由主持人及时宣布，作为记分的参考。

自测题

1. 啤酒的定义是什么？

2. 简述啤酒的分类方法及类型。

3. 酒花的主要成分有哪些？各部分在啤酒酿造中的作用是什么？

4. 酒花添加的目的是什么？

5. 啤酒酿造对大麦的质量要求有哪些？

6. 简述精选大麦的质量控制方法。

7. 麦芽和大麦有哪些区别？

8. 使用辅料的目的是什么？

9. 使用啤酒添加剂的目的是什么？

10. 麦芽制造的目的是什么？

11. 发芽的目的是什么？

12. 发芽过程中有哪些物质发生了改变？

13. 大麦粗选、精选和分级的目的、方法与原理是什么？

14. 干燥麦芽处理的目的是什么？

15. 浸麦的目的是什么？

16. 麦芽的质量主要应从哪几个方面进行评价？麦芽收得率是如何计算的？

17. 除根后的麦芽贮存的原因是什么？

18. 发芽时的工艺技术条件有哪些？是如何进行确定的？

19. 简述麦芽粉碎的目的与要求。

20. 麦芽粉碎的方法有哪几种？

21. 影响糖化的因素有哪些？

22. 糖化的目的是什么？

23. 糖化温度控制分为几个阶段？如何规定的？

24. 淀粉糖化过程中应注意哪些问题？

25. 简述糖化时酶的作用。

26. 糖化时淀粉和蛋白质是如何发生变化的？

27. 糖化的方法有哪些？常用什么方法？

28. 麦汁过滤的目的是什么？

29. 麦汁冷却的目的是什么？

30. 麦汁煮沸的目的和作用是什么？

31. 煮沸的技术条件有哪些？分别有什么作用？

32. 麦汁煮沸过程中会发生哪些变化？

33. 麦汁处理有何要求？

34. 简述麦汁充氧的目的、方法和原料。

35. 啤酒酵母分类的依据是什么？如何区分上面酵母和下面酵母？

36. 如何进行酵母的扩大培养？酵母扩培有哪些要求？

37. 发酵液"翻腾"现象产生的原因及解决办法是什么？

38. 优良啤酒酵母应具备哪些特点？

39. 双乙酰形成的机制及还原方法是什么？

40. 采用低温发酵的原因是什么？

41. 啤酒过滤的目的是什么？

42. 哪些因素会影响过滤速度？

43. 啤酒灌装的方法有哪些？

44. 什么是无菌过滤法？

45. 简述纯生啤酒无菌过滤的工艺过程和技术要求。

46. 啤酒灌装过程中应注意哪些问题？

项目2

葡萄酒生产

 学习目标

● 了解生产葡萄酒的原料。
● 能进行几种葡萄酒的生产。
● 能够品评葡萄酒。
● 能够处理葡萄酒的病害。

概　述

葡萄酒是世界上最早的饮料酒之一。据古籍记载，葡萄酒原产于公元前 5000～6000 年亚洲西南小亚细亚地区，在公元前 3000 年传至波斯、埃及等国。10 世纪传至北欧，15 世纪欧洲已成为葡萄酒的生产中心，从此葡萄酒成为佐餐的饮料。

我国自古就有原生葡萄，生产葡萄酒也有 2000 多年的历史。据史料考证，公元前 138 年汉朝张骞出使西域，将葡萄栽培和酿酒技术传入内地。自此历代各朝均有生产，但由于条件的限制，始终停留在作坊式的生产水平，产量也不大。1892 年印尼华侨实业家张弼士在山东烟台开办张裕酿酒公司，这是我国第一个近代的新型葡萄酒厂。

目前我国葡萄酒生产企业已遍布山东、河北、河南、安徽、北京、天津等 26 个省、市。产品得到国内消费者青睐，在国内葡萄酒销售市场中占据主导地位，并有部分企业的产品已出口到法国、美国、英国、荷兰、比利时等十几个国家和地区。

一、葡萄酒的概念及分类

葡萄酒是以整粒或破碎的新鲜葡萄或葡萄汁为原料，经完全或部分发酵酿制而成的低度饮料酒，其酒精含量一般不低于 8.5％（体积分数）。

葡萄酒的种类很多，风格各异，但其主要生产工艺和主要成分却大致相同。按照不同的分类方法可将葡萄酒分为若干类。

1. 按颜色分类

（1）红葡萄酒　用皮红肉白或皮肉皆红的葡萄带皮发酵而成，或用热浸提提取葡萄皮中的色素和香味物质的葡萄汁发酵制成。这类葡萄酒的颜色一般为紫红色、深红色、棕红色、深宝石红色、宝石红色等。

（2）白葡萄酒　用白皮白肉或红皮白肉的葡萄经去皮发酵而成，这类酒的颜色以黄色调为主，主要有近似无色、微黄带绿、浅黄色、禾秆黄色、金黄色等。

（3）桃红葡萄酒　用带色葡萄经部分浸出有色物质发酵而成，或用红葡萄或红、白葡萄混合发酵制成。它的颜色介于红葡萄酒和白葡萄酒之间，主要有桃红色、浅红色、淡玫瑰红色等。

2. 按含糖量分类

（1）干葡萄酒　也称干酒，含糖量（以葡萄糖计，下同）$\leqslant 4.0g/L$，葡萄酒中的糖基本已发酵完，饮用时觉不出甜味。由于颜色的不同，又分为干红葡萄酒、干白葡萄酒、干桃红葡萄酒。

（2）半干葡萄酒　含糖量 $4.1 \sim 12.0g/L$ 的葡萄酒，饮用时微感甜味。由于颜色的不同，又分为半干红葡萄酒、半干白葡萄酒、半干桃红葡萄酒。

（3）半甜葡萄酒　含糖量 $12.1 \sim 50.0g/L$ 的葡萄酒，饮用时有甘甜、爽口感。由于颜色的不同，又分为半甜红葡萄酒、半甜白葡萄酒、半甜桃红葡萄酒。

（4）甜葡萄酒　含糖量 $\geqslant 50.1g/L$ 的葡萄酒，饮用时有明显甘甜、醇厚适口的酒香和果香。由于颜色的不同，又分为甜红葡萄酒、甜白葡萄酒、甜桃红葡萄酒。

3. 按含二氧化碳压力分类

（1）平静葡萄酒　也称静止葡萄酒或静酒，是指不含二氧化碳或很少含二氧化碳的葡萄酒，在 20℃ 时二氧化碳的压力 $<0.05MPa$。

（2）起泡葡萄酒　葡萄酒经密闭二次发酵产生二氧化碳，在 20℃ 时二氧化碳的压力 $\geqslant 0.35MPa$（以 250mL/瓶计），酒精度一般不低于 8%（体积分数）。

（3）加气起泡葡萄酒　也称为葡萄汽酒，是指人工添加了二氧化碳的葡萄酒，在 20℃ 时二氧化碳的压力 $\geqslant 0.35MPa$，酒精度一般不低于 4%（体积分数）。

4. 按酿造方法分类

（1）天然葡萄酒　完全用葡萄为原料发酵而成，不添加糖分、酒精及香料的葡萄酒。

（2）加强葡萄酒　发酵前，在葡萄浆汁中补加糖或在发酵后添加原白兰地或食用酒精来提高酒精含量的葡萄酒。

二、酿酒葡萄的构造及其成分

葡萄属葡萄科（Vitaceae）葡萄属。葡萄科共有 11 个属，约 600 余个种，其中经济价值最高的是葡萄属，它有 70 多个种，我国约有 35 个种，分布于北纬 52 度到南纬 43 度的广大地区。一般按地理分布和生态特点，可分东亚种群、欧亚种群和北美种群三个群，其中欧亚种群经济价值最大，绝大多数栽培的种均属此种群。

供葡萄酒用的葡萄品种多达千种以上，大多数生长在南北半球温带地区，我国处于北半球温带。不同类型的葡萄酒对葡萄的特性要求也不同。用于生产佐餐红、白葡萄酒、香槟酒和白兰地的葡萄品种要求含糖量约为 15%～22%，含酸量 $6.0 \sim 12g/L$，出汁率高，有清香味；用于生产红葡萄酒的品种要求色泽浓艳；用于生产酒精含量高或含糖量高的葡萄酒葡萄品种，则要求含糖量高达 22%～36%，含酸量较低，为 $4.0 \sim 7.0g/L$，香味浓。

葡萄果实包括果梗与果粒两个部分，其中果梗占 4%～6%，果粒占 94%～96%。

1. 果梗

果梗富含木质素、单宁、苦味树脂及鞣酸等物质，常使酒产生过重的涩味，一般在葡萄破碎时除去。成分见表 2-1。

表 2-1　果梗的主要成分

成分	含量/％	成分	含量/％
水分	75～80	无机盐(主要是钙盐)	1.5～2.5
木质素	6～7	有机酸	0.3～1.2
单宁	1～3	糖分	0.3～0.5
树脂	1～2		

(引自：顾国贤．酿造酒工艺学．北京：中国轻工业出版社，1996.)

2. 果粒

葡萄果粒包括果皮、果核、果肉（浆液）三个部分（见图 2-1），其中果皮占 6％～12％，果核占 2％～5％，果肉占 83％～92％。

（1）果皮　果皮中含有单宁、色素及芳香物质，对酿制葡萄酒有一定影响。

① 单宁　葡萄单宁是一种复杂的有机化合物，在果皮中的含量一般为 0.5％～2％，味苦而涩，与铁盐作用时生成蓝色反应，能和动物胶或其他蛋白质溶液生成不溶性的复合沉淀。葡萄单宁与醛类化合物生成不溶性的缩合产物，随着葡萄酒的老熟而被氧化。

② 色素　绝大多数的葡萄色素只存在于果皮中，可以用红葡萄脱皮来酿造白葡萄酒或浅红色葡萄酒。葡萄色素的化学成分非常复杂，往往因品种而不同。白葡萄有白、青、黄、白黄、金黄、淡黄等颜色；红葡萄有淡红、鲜红、深红、红黄、褐色、浓褐、赤褐等颜色；黑葡萄有淡紫、紫、紫红、紫黑、黑等色泽。

③ 芳香成分　果皮的芳香成分能赋予葡萄酒特有的果实香味。不同的品种，香味不一样。香味物质主要有沉香醇、橙花醇、苏品醇等。

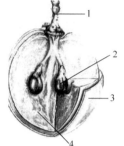

图 2-1　葡萄的结构
1—果梗；2—果核；
3—果皮；4—果肉

（2）果核　果核中含损害葡萄酒风味的物质，如脂肪、单宁、树脂、挥发酸等，这些成分如在发酵时带入醪液，会严重影响成品酒质量，所以葡萄破碎时，应尽量避免将核压破。

（3）果肉　果肉为葡萄果粒的主要部分（83％～92％）。酿酒用葡萄，希望柔软多汁，且种核外不包肉质，以使葡萄出汁率高。果肉中主要含有糖、酸、果胶、含氮物质及无机盐等物质（表 2-2）。其中糖分主要由葡萄糖和果糖组成，酸度主要来自酒石酸和苹果酸，无机盐含量从发育到成熟期逐渐增加，主要有钾、钠、钙、铁、镁等。

表 2-2　果肉的主要成分

成分	含量/％	成分	含量/％
水分	65～80	酒石酸	0.2～1.0
还原糖	15～30	柠檬酸	0.01～0.03
矿物质	0.2～0.3	果胶	0.05～0.1
苹果酸	0.1～1.5	总氮	0.93～0.1

三、葡萄的采收和运输

1. 采摘时间

科学地确定采收期，不但能提高葡萄的产量，而且最重要的是能提高葡萄酒的质量。过早采摘的葡萄含糖量低，酿成的酒酒精含量低，不易保存，酒味清淡，酒体薄弱，酸度过高，有生青味，使葡萄酒的质量降低。当葡萄成熟时，酸度会下降，但糖分、颜色和单宁酸含量会上升。葡萄酒既需要酸度，又需葡萄成熟后的醇香，两者必须协调兼顾。

成熟度高的葡萄适合酿成红酒，但推迟收获又会增加受腐烂、冰雹和秋天霜降破坏的风险。在生产实践中，通过观察葡萄的外观成熟度（葡萄形状、大小、颜色及风味），并进行理化检验，就可以确定适宜的采摘时间。

（1）外观检查 葡萄成熟时，一般白葡萄有些透明，红葡萄则完全着色；成熟葡萄果粒发软，有弹性，果粉明显，果皮薄，皮肉易分开，籽也很容易与肉分开，梗变棕色，表现出品种特有的香味。

（2）理化检验 主要检查葡萄的含糖量和含酸量。制造甜酒或酒精含量高、味甜的酒时，要求在完全成熟时进行采摘。制造干白葡萄酒，糖度 16～18%，酿造干红葡萄酒，糖度 18～20%，酸含量均为 6.5～8.0g/L 较合适。

2. 葡萄的运输

采摘后放入木箱、塑料箱或筐内，不要过满，以防止挤压，但也不宜过松，以防运输途中颠破。葡萄不宜长途运输，有条件处可设立原酒发酵站，再运回酒厂进行陈化与澄清。

工作任务 2-1 红葡萄酒生产

◆【知识前导】

一、红葡萄酒生产的原料

酿造红葡萄酒一般采用红色葡萄品种。酿造红葡萄酒的优良品种有法国蓝（Blue French）、佳丽酿（Carignane）、玫瑰香（Muscat Hamburg）、赤霞珠（Cabernet Sauvignon）、蛇龙珠（Cabernet Gemischet）、品丽珠（Cabemet Franc）、味儿多（Verdot）、梅鹿辄（Merlot）、黑品乐（Pinot Noir）、烟 73、烟 74 等。这些品种大都是 1892 年由欧洲传入我国的，有的品种 20 世纪 80 年代后又经多次引入。

我国使用的优良品种中，法国蓝适应性强，早熟高产，成酒呈宝石红色，味醇厚，是我国酿造红葡萄酒的主要良种之一。赤霞珠是法国波尔多地区酿造干红葡萄酒的传统名贵品种之一，具有"解百纳"的典型性，成酒酒质优，随着近几年"干红热"的流行，已成为我国红葡萄酒的重要原料品种。

1. 酿造红葡萄酒的优良品种

（1）赤霞珠（Cabernet Sauvignon） 又名解百纳，原产于法国，是法国波尔多地区传统的酿制红葡萄酒的良种。1892 年由西欧引入我国烟台，目前山东、河北、河南、陕西、北京等地区有栽培。我国山东等地栽培较多。颗粒小，皮厚，晚熟，浆果含糖量 160～200g/L，含酸量 6～7.5g/L，出汁率 75%～80%。该品种耐旱抗寒，是酿制干红葡萄酒的传统名贵品种之一。

酿成的酒色泽较深，浅嫩时单宁酸味激烈，但有藏酿潜质。酿造的红葡萄酒颜色紫红，酒香以黑色水果（如李子）、植物性香（如青草和青椒）及烘焙香为主，酒体完整，但酒质稍粗糙。

（2）法国蓝（Blue French） 别名玛瑙红、蓝法兰西，原产于奥地利。是一个古老的酿酒品种。我国 1892 年从奥地利引进。主要分布在四川、山东、河北、新疆等地。浆果含糖量 160～200g/L，含酸量 7～8.5g/L，出汁率 75%～80%。该品种适应性强，栽培性能好，丰产易管，是我国酿制红葡萄酒的良种之一。酿制的红葡萄酒为宝石红色，有本品种特有的果香味，酒体丰满，酒质柔和，回味长。

（3）黑品乐（Pinot Noir） 别名黑品诺、黑比诺、黑美酿，属欧亚种，原产于法国，是古老的酿酒名种。我国最早在 1892 年从西欧引入山东烟台，目前山东、河北、陕西、山西和辽宁等地有栽培。该品种皮薄，早熟。浆果含糖量 170～195g/L，含酸量 8～9g/L，出汁率 75％。它所酿红葡萄酒呈宝石红色，果香浓郁，柔和爽口，具有陈年潜力。

（4）佳利酿（Carignane） 又名加里酿、法国红，原产于西班牙，在西班牙栽培历史悠久，法国、意大利、美国、智利均有栽培。我国 1892 年由张裕公司首次从法国引进，主要分布在山东、河北、河南等地区。浆果含糖量 150～190g/L，含酸量 9～11g/L，出汁率 75％～80％。它所酿之酒为深宝石红色，味纯正，酒体丰满。可酿制红、白葡萄酒。该品种也可用于酿制桃红葡萄酒。

2. 调色葡萄酒的优良葡萄品种

调色品种其果实颜色呈紫红色至紫黑色。这种葡萄皮和果汁均为红色或紫红色。按红葡萄酒酿造方法酿酒，其酒色深可达黑色，专作葡萄酒的调色用，主要有紫北塞（Alicante Bouschet）、烟 74（66-3-10），此外，还有晚红密（Canepabu）、红汁露、巴柯（Bacco）、黑塞必尔（Seibel Noir）等优良调色品种。

（1）紫北塞（Alicante Bouschet） 属欧亚种，原产于法国，目前我国烟台有少量栽培。它的生长期为 130～150 天，有效积温 3000～3300℃。浆果含糖 140～170g/L，含酸 6～6.8g/L，出汁率 70％。该品种是世界古老品种，适应性与抗病性弱，所酿之酒经陈酿后色素易沉淀。

（2）烟 74 烟 74 欧亚种，原产于中国。烟台张裕公司用紫北塞与汉堡麝香杂交而成。山东半岛栽培较多。它的生长期为 120～125 天，有效积温 28～29℃，浆果含糖 160～180g/L，含酸 6～7.5g/L，出汁率 70％。它所酿之酒呈紫黑色，色极浓。

二、红葡萄酒的生产工艺流程

红葡萄酒生产工艺流程图见图 2-2。

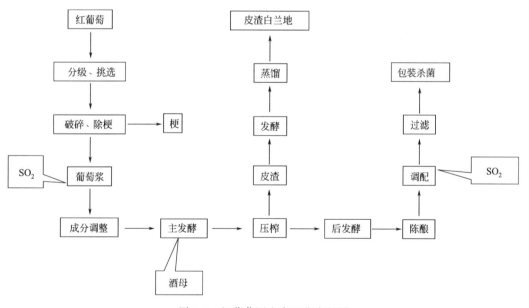

图 2-2　红葡萄酒生产工艺流程图

三、葡萄汁的制备及发酵控制

1. 葡萄浆的制备

（1）葡萄的分级、挑选 葡萄的分级就是将不同品种、不同质量的葡萄分别存放。葡萄的挑选主要是除去腐烂果、青果，以及杂枝叶、石块、泥土等杂物。通过分选，可以在很大程度上提高葡萄的平均含糖量，同时可减轻或消除成酒的异味，减少杂菌，保证发酵与贮酒的正常进行，以达到酒味纯正，酒的风格突出，少生病害或不生病害的要求。分选工作最好是在田间采收时进行，也可以在厂区内进行。

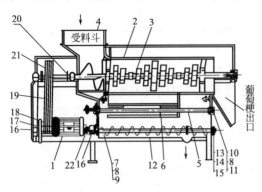

图 2-3 卧式除梗破碎机

1—电动机；2—筛筒；3—除梗机；4—输送螺旋；
5—破碎滚轴；6—破碎辊；7～11、13～15—轴承；
12—旋片；16—减速器；17～19、21—皮带传动；
20—输送轴；22—联轴器

（2）破碎、除梗

① 破碎的目的

a. 将果粒破裂，使果汁释放。

b. 除去葡萄梗。

② 破碎要求

a. 每粒葡萄都要破碎。

b. 籽不能压破，梗不能压碎，皮不能压扁。

c. 破碎过程中，葡萄及其汁液不得接触铁、铜等金属。

d. 破碎后迅速除去果梗，以免给果酒带来青涩的味道，影响酒质。

③ 破碎除梗设备　除梗破碎机主要有卧式除梗破碎机（图 2-3）、立式除梗破碎机、破碎-去梗-送浆联合机、离心破碎去梗机等。

2. 葡萄汁成分的调整

优良的葡萄品种，如果在栽培季节里一切条件适宜，常常可以得到满意的葡萄汁。但由于气候条件、栽培管理、采摘的成熟期不同，压榨出的葡萄汁成分不尽相同，使得葡萄汁成分达不到工艺要求。为了弥补葡萄汁成分中的某些缺陷，发酵之前要进行成分的调整，主要是糖度和酸度的调整。调整后的葡萄汁酿造的酒，成分接近，酒体、酒质均匀，便于管理；还能够防止异常发酵，酿成的酒质量更好。

（1）糖分的调整　糖分的调整有两种方法：添加浓缩葡萄汁或添加蔗糖。

① 添加蔗糖　通常用的是 98%～99.5% 的结晶白砂糖。调整糖分要以发酵后的酒精含量作为主要依据。理论上，17g/L 糖可以发酵生成 1%（体积分数）的酒精，但在实际操作过程中由于发酵过程中的损耗，加入的糖量应稍大于该值。加糖量也不宜过高，以免造成渗透压过大，酵母死亡，同时加糖过多还会导致发酵后残糖量过高，致使发酵失败。

a. 加糖量的计算

例如：利用潜在酒精含量为 9.5% 的 5000L 葡萄汁发酵成酒精含量为 12% 的干白葡萄酒，则需要增加酒精含量为 12%－9.5%＝2.5%。

需添加糖量：$2.5 \times 17.0 \times 5000 = 212500g = 212.5kg$

若考虑到白砂糖本身所占体积，也可这样计算加糖量：因为 1kg 砂糖体积 0.625L。需添加糖量：

生产 12% 的酒需糖量　$12 \times 1.7 = 20.4$

每升汁增加 1 度糖度所需糖量：

$$1 \times \frac{1}{100 - (20.4 \times 0.625)} = 0.01146$$

潜在酒精含量为 9.5% 的相应蔗糖量为 16.2%

应加入白砂糖：

$$5000 \times 0.01146 \times (20.4 - 16.2) = 240.66kg$$

若考虑到白砂糖本身所占体积，也可这样计算加糖量：因为1kg砂糖占0.625L体积。

利用潜在酒精含量为9.5％的5000L葡萄汁发酵成酒精含量为12％的干白葡萄酒，则需添加糖量：(12−9.5)×17.0×5000＝212500g＝212.5kg

添加的糖所占体积为：212.5×0.625＝132.8125L

则应加入白砂糖：(5000＋132.8125)×17×(12−9.5)＝218.145kg

b. 添加方法　先计算加糖量，准确计量葡萄汁体积，一般每200L加一次糖，将需添加的蔗糖在部分葡萄汁中溶解，不要加热，然后一次性加入发酵罐中。

c. 添加时间　蔗糖的添加时间最好在酒精发酵刚刚开始的时候加入，并且一次加完，以供给酵母繁殖阶段对糖的需要，同时避免后期加糖造成的发酵不彻底。

目前世界上很多国家不允许加糖发酵，或限制加糖量。葡萄含糖量低时，只有采用添加浓缩葡萄汁。

② 添加浓缩葡萄汁　浓缩葡萄汁可以采用真空浓缩法制得，首先对浓缩汁的含量进行分析，然后用交叉法求出浓缩汁的添加量。

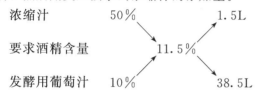

即在38.5L的发酵液中加1.5L浓缩汁，才能使葡萄酒达到11.5％的酒精含量。

根据上述比例求得浓缩汁添加量为：

$$1.5×5000/38.5 ＝ 194.8(L)$$

因浓缩汁的含糖量太高，易造成发酵困难，一般不在主发酵前期添加，都采用在主发酵后期添加。添加时要注意浓缩汁的酸度，若酸度太高，需在其中加入适量碳酸钙中和，降酸后使用。否则，添加添加浓缩葡萄汁后常易发生酸化作用。

(2) 酸度的调整　葡萄汁在发酵前一般将酸度调整到6g/L（以H_2SO_4计），pH值约为3.3～3.5。葡萄汁酸度的调整，有利于发酵的正常进行，有利于成品酒具有良好的口感，有利于提高储酒的稳定性。酸度的调整包括提高酸度和降低酸度。

① 提高酸度的方法

a. 添加酒石酸和柠檬酸　一般情况下，酒石酸效果好，且最好在酒精发酵开始时进行。可以增加游离SO_2的量，防止葡萄汁被细菌侵害和被氧化。加入柠檬酸可以防止铁破败病。由于葡萄酒中柠檬酸的总量不得超过1.0g/L，所以，添加的柠檬酸量一般不超过0.5g/L。

C.E.E规定，在通常年份，增酸幅度不得高于1.5g/L；特殊年份，幅度可增加到3.0g/L。

b. 添加未成熟的葡萄压榨汁来提高酸度。

c. 添加方法　加酸时，先用少量葡萄汁与酸混合，缓慢均匀地加入葡萄汁中，需搅拌均匀（可用泵），操作中不可使用铁质容器。

② 降低酸度的方法　一般情况下不需要降低酸度，因为酸度稍高对发酵有好处。在贮存过程中，酸度会自然降低约30％～40％，主要以酒石酸盐析出。但酸度过高，必须降酸。

方法有生物法，如苹果酸-乳酸发酵降酸；化学法，如添加碳酸钙、酒石酸钾、碳酸氢钾等降酸；物理法，如冷处理降酸和离子交换降酸等。

3. SO_2的添加

在葡萄酒生产过程中，常常需要添加SO_2，以保证葡萄酒生产的顺利进行，SO_2起着极其重要的作用。

（1）SO₂ 的作用　在葡萄酒生产过程中，经常要提到 SO₂ 的处理，SO₂ 几乎是不可缺少的一种辅料，在酿酒的过程中，有着非常重要的作用：

① 杀菌和抑菌　SO₂ 是一种杀菌剂，能抑制微生物的生长繁殖。微生物抵抗 SO₂ 的能力不一样，细菌对 SO₂ 最为敏感，其次是尖端酵母，而葡萄酒酵母抗 SO₂ 能力较强。SO₂ 的这种选择性杀菌可以将葡萄汁中的有害微生物杀死，使优良酵母获得良好的生长条件，保证葡萄汁的正常发酵。

② 溶解作用　添加 SO₂ 后生成的亚硫酸有利于果皮中色素、酒石、无机盐等成分的溶解，对葡萄汁和葡萄酒色泽有很好的保护作用。

③ 澄清作用　由于 SO₂ 的抑菌作用，延缓了起酵时间，从而使葡萄汁中的杂质有时间沉降下来并除去，使葡萄汁获得充分的澄清。

④ 抗氧化作用　由于亚硫酸自身易被葡萄汁或葡萄酒中的溶氧氧化，使芳香物质、色素、单宁等物质不易被氧化，同时阻碍和破坏葡萄中的多酚氧化酶的活力，阻止氧化混浊，并能防止葡萄汁过早褐变。

⑤ 增酸作用　酸是杀菌与溶解两个作用的结果，一方面 SO₂ 阻止了分解苹果酸与酒石酸的细菌活动；另一方面亚硫酸氧化成硫酸，与苹果酸及酒石酸的钾、钙等盐类作用，使酸游离，增加了不挥发酸的含量。

（2）添加量　国际葡萄栽培与酿酒组织（O.I.V）曾提出葡萄酒中总 SO₂ 参考允许含量，见表 2-3。

表 2-3　O.I.V 规定葡萄酒中总 SO₂ 参考允许含量

酒种类	成品酒总 SO₂ 含量/(mg/L)	游离 SO₂ 含量/(mg/L)
干白葡萄酒	350	50
干红葡萄酒	300	30
甜　酒	450	100

我国规定成品葡萄酒中化合态的 SO₂ 限量为 250mg/L，游离状态的 SO₂ 限量为 50mg/L。

（3）添加方式

① 气体　燃烧硫磺绳、硫磺纸、硫磺块，产生 SO₂ 气体，这是一种最古老的方法。有些葡萄酒厂用此法来对贮酒室、发酵和贮酒容器进行杀菌，现在使用较少。

② 液体　一般常用市售亚硫酸试剂，如液体 SO₂、亚硫酸等。使用浓度为 5%～6%。酿制红葡萄酒时，应在葡萄破碎后发酵前，将 SO₂ 加入葡萄浆或汁中。酿制白葡萄酒时，应在取汁后立即添加 SO₂，以免葡萄汁在发酵前发生氧化作用。

③ 固体　常用的有偏重亚硫酸钾（$K_2S_2O_5$）、亚硫酸氢钠（$NaHSO_3$）等，加入酒中与酒石酸反应产生 SO₂。固体 $K_2S_2O_5$ 中 SO₂ 的含量约为 57.6%，常以 50% 计算，需保存在干燥处。使用时将固体溶于水，配成 10% 溶液（含 SO₂ 约为 5% 左右）。这种药剂目前在国内葡萄酒厂普遍使用。

（4）添加时机　酿制红葡萄酒时，SO₂ 应在葡萄破碎后发酵前添加，在后发酵和陈酿的过程中也要补加一些 SO₂，可以避免造成酒液的微生物感染，提高成品酒的质量。

4. 酵母的添加

葡萄酒酵母（*Saccharomyces ellipsoideus*）属真菌门、子囊菌纲、酵母属、啤酒酵母种。葡萄酒酵母为单细胞真核生物，细胞形态呈圆形、椭圆形、卵形、圆柱形或柠檬形。主要的繁殖方式是无性繁殖，以单端（顶端）出芽繁殖。葡萄酒酵母可发酵葡萄糖、果糖、蔗糖、麦芽糖、半乳糖，不发酵乳糖、蜜二糖，棉籽糖发酵 1/3。国内葡萄酒生产中使用的优良酵母菌株主要有 1450、Am-1、Castelli-838、8562、8567、7318 等。

葡萄酒生产常用的酵母一般有三种：一是存在于葡萄皮、果柄及果梗等的天然葡萄酒酵母；二是利用微生物方法从天然酵母中选育的优良的纯种葡萄酒酵母；三是利用活性干酵母。采用天然酵母发酵，酒的风味较好，但是存在起酵慢、发酵过程不易控制的缺点，工厂中应用较少。一般多采用人工选育的优良纯种酵母经过扩大培养进行发酵。一般来说，优良葡萄酒酵母菌株应具有以下发酵特性：

① 产酒风味好，除具有葡萄本身的果香外，酵母菌也产生良好的果香与酒香；

② 发酵能力强，发酵的残糖低（残糖达到 4g/L 以下），这是葡萄酒酵母的最基本要求；

③ 耐亚硫酸的能力强，对二氧化硫具有较高的抵抗力；

④ 具有较高的耐酒精能力，一般可使酒精含量达到 16%（体积分数）以上；

⑤ 有较好的凝集力和较快的沉降速度，便于从酒中分离；

⑥ 耐低温，能在低温（15℃）下发酵，以保持果香和新鲜清爽的口味。

（1）纯酵母菌种的扩大培养　天然酵母菌自然群体的数量常常不能保证正常的酒精发酵，葡萄酒生产一般采用人工添加酵母进行发酵，发酵前常需要对使用的菌种进行活化和扩大培养。

① 工艺流程

$$斜面试管菌种 \xrightarrow{活化} 麦汁斜面试管培养 \xrightarrow{10倍} 液体试管培养 \xrightarrow{12.5倍} 三角瓶培养$$

$$\downarrow 12倍$$

$$酒母 \longleftarrow 酒母罐培养 \xleftarrow{24倍} 玻璃瓶（或卡氏罐）$$

② 扩培工艺

a. 斜面试管菌种　由于长时间保藏于低温下，细胞已处于衰老状态，需转接于 5°Bé 麦汁制成的新鲜斜面培养基上，25～28℃培养 3～5 天，使其活化。

b. 液体试管培养　取灭过菌的新鲜澄清葡萄汁，分装入经干热灭菌的试管中，每管约 10mL，用 0.1MPa（1kgf/cm²）的蒸汽灭菌 20min，放冷备用。在无菌条件下接入斜面试管活化培养的酵母，25～28℃培养 1～2 天接入三角瓶。

c. 三角瓶培养　向 500mL 三角瓶注入新鲜澄清的葡萄汁 250mL，用 0.1MPa 蒸汽灭菌 20min，冷却后接入两支液体培养试管，25℃培养 24～30h，发酵旺盛时接入玻璃瓶。

d. 玻璃瓶（或卡氏罐）培养　向洗净的 10L 细口玻璃瓶（或卡氏罐）中加入新鲜澄清的葡萄汁 6L，常压蒸煮 1h 以上，冷却后加入亚硫酸，使其 SO_2 含量达 80mg/L，经 4～8h 后接入两个发酵旺盛的三角瓶培养酵母，摇匀，换上发酵栓，20～25℃培养 2～3 天，其间需摇瓶数次，至发酵旺盛时接入酒母培养罐。

e. 酒母罐（图 2-4）培养　一些小厂可用两只 200～300L 带盖的木桶（或不锈钢罐）培养酒母。木桶洗净并经硫磺烟熏杀菌，4h 后向一桶中注入新鲜成熟的葡萄汁至 80% 的容量，加入 100～150mg/L 的亚硫酸，搅匀，静置过夜。吸取上层清液至另一桶中，随即添加 1～2 个玻璃瓶培养酵母，25℃培养，每天搅动 1～2 次，经 2～3 天至发酵旺盛即可使用。每次取培养量的 2/3，留下 1/3，然后再放入处理好的澄清葡萄汁继续培养。

f. 酒母使用　培养好的酒母一般应在葡萄醪中加 SO_2 4～8h 后再加入，以减少游离 SO_2 对酵母的影响。酒母用量一般为 1%～10%，具体视情况

图 2-4　酒母罐

而定。

（2）活性干酵母的使用　活性干酵母是将培养好的酵母液与保护剂在低温下真空脱水干燥，然后在惰性气体保护下包装成商品出售，它具有潜在的活性。活性干酵母使用简便，易储存，起酵速度快，发酵彻底。活性干酵母不能直接投入葡萄汁中进行发酵，在使用过程中要注意抓住复水活化、适应使用环境、防止污染这三个关键。使用时根据商品说明确定加入量，将干酵母复水活化后直接使用，或扩大培养制成酒母后使用。

① 复水活化后直接使用　在 $35 \sim 42 ℃$ 的温水（或含糖 5% 的水溶液、未加 SO_2 的稀葡萄汁）中加入需要量的活性酵母，小心混匀，静置使之复水、活化，每隔 $10min$ 轻轻搅拌一次，$20 \sim 30min$ 后，酵母已经复水活化，可直接添加到加入 SO_2 的葡萄汁中进行发酵。

② 活化后扩大培养制成酒母使用　将复水活化的酵母投入澄清的含 $80 \sim 100mg/L$ SO_2 的葡萄汁中培养，扩大比为 $5 \sim 10$ 倍。培养至酵母的对数生长期后，再次扩大培养。

为了防止污染，活化后酵母的扩大培养不超过 3 级。培养条件与一般的酒母相同。

5. 红葡萄酒的发酵

（1）发酵原理　葡萄酒的发酵是葡萄汁中的糖在葡萄酒酵母的作用下，生成酒精，同时产生大量 CO_2 及少量的甘油、高级醇类、酮醛类、酸类、酯类和磷酸甘油醛等许多中间产物的过程。发酵过程受温度、氧气、糖度、酸度等多种因素影响。

主要的反应过程：$C_6H_6O_6 \longrightarrow 2C_2H_5OH + 2CO_2 +$ 能量

图 2-5 为带压板装置的开放式发酵池，图 2-6 为新型密闭式的红葡萄酒发酵罐。

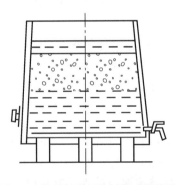

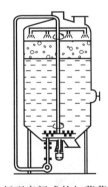

图 2-5　带压板装置的开放式发酵池
（引自：金凤燮. 酿酒工艺与设备选用
手册. 北京：化学工业出版社，2005）

图 2-6　新型密闭式的红葡萄酒发酵罐
（引自：金凤燮. 酿酒工艺与设备选用
手册. 北京：化学工业出版社，2005）

（2）传统的发酵工艺　葡萄酒的发酵过程分为主发酵（前发酵）和后发酵。

① 主发酵工艺技术

a. 主发酵的目的　葡萄酒前发酵是指葡萄汁送入发酵容器开始至新酒分离为止的整个发酵过程，主要目的是进行酒精发酵，浸提色素物质和芳香物质。前发酵进行的好坏是决定葡萄酒质量的关键。图 2-7 为葡萄汁循环示意图。

b. 容器的充满系数　主发酵过程中，发酵液温度升高同时产生大量 CO_2，导致体积增加，为了保证发酵正常进行，发酵液不能充满容器，一般充满系数 $\leqslant 80\%$。

根据发酵过程中发酵液的变化将主发酵分为发酵初期、发酵中期和发酵后期（表 2-4）。

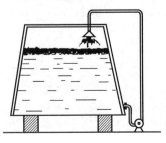

图 2-7　葡萄汁循环

表 2-4 主发酵主要的现象及控制

主发酵	开始时间	现　象	温度控制	注意事项
发酵初期	发酵开始的第 1～2 天	液面平静,入池 8h 后液面有气泡产生,表明酵母已经大量繁殖	品温升高,温度控制在 30℃以下,不低于 15℃	及时供给氧气,促进酵母繁殖
发酵中期	发酵开始的第 3～5 天	产生大量的 CO_2,生成大量的泡沫,皮渣上浮形成一层皮盖。发酵旺盛时,酒液出现翻腾现象,并发出"吱吱"的声音	品温升至最高。不得超过 30℃,可以采用循环倒池、池内安装盘管式热交换器或外循环冷却控制品温	同时为了增加色素、单宁及芳香物质的浸提,抑制杂菌侵染,要对皮盖进行压盖。压盖可以采用发酵液循环喷淋、压板式或人工搅拌等方法
发酵后期	发酵开始的第 5～7 天	发酵逐渐变弱,"吱吱"的声音逐渐消失,CO_2 放出减少,液面趋于平静,皮盖、酵母开始下沉,有明显的酒香	品温下降并接近室温	主发酵已经结束,及时进行酒渣分离

发酵后的酒液质量要求为:呈深红色或淡红色;混浊而含悬浮酵母;有酒精、CO_2 和酵母味,但不得有霉、臭、酸味;酒精含量为 9%～11%(体积分数)、残糖≤0.5%、挥发酸≤0.04%。

② 葡萄酒皮渣的分离　主发酵结束后,应及时进行皮渣分离,否则将导致酵母自溶。先将自流酒通过金属网筛从排出口排出,然后清理皮渣进行压榨,得压榨酒。通常在自流酒完全流出后 2～3h 进行出渣,也可在次日出渣。压榨时应注意不能压榨过度,以免酒液味较重,并使皮上的肉质等带入酒中而不易澄清。自流酒的成分与压榨酒液相差很大,若酿制高档酒,应将自流酒液单独贮存。

葡萄酒的压榨设备,国内常用卧式转筐双压板压榨机、连续压榨机、气囊压榨机。

前发酵结束后的醪液中各组分比例为,皮渣占 11.5%～15.5%,自流酒液占 52.9%～64.1%;压榨酒液占 10.3%～25.8%;酒脚占 8.9%～14.5%。

③ 后发酵　前发酵结束后,进入后发酵阶段。

a．后发酵的目的

ⅰ．残糖的继续发酵。继续发酵至残糖降为 0.2g/L 以下。

ⅱ．澄清作用。低温缓慢的后发酵过程中,悬浮在酒液中的酵母及其他果肉纤维等悬浮物逐渐沉降,形成酒泥,使酒逐步澄清。

ⅲ．氧化还原及酯化作用。前发酵的酒液在后发酵过程中,进行缓慢的氧化还原作用,并促使醇酸酯化,使酒的口感更加柔和,风格上愈加完善。

ⅳ．降酸作用。经过苹果酸-乳酸发酵降低了酸度,提高酒的生物稳定性,并使其口感更加柔顺。

b．后发酵管理

ⅰ．控制温度。酒液品温控制为 15～20℃。每天测量品温和酒度 2～3 次,并作好记录。

ⅱ．补加 SO_2。前发酵结束后,压榨得到的原酒需补加 SO_2,添加量(以游离计)为 30～50mg/L。

ⅲ．隔绝空气。后发酵一般要厌氧发酵,采用水封方式。应定时检查水封状况,观察液面。注意气味是否正常,有无霉、酸、臭等异味,液面不应呈现杂菌膜及斑点。

ⅳ．卫生管理。为避免感染杂菌,影响酒质,应加强后发酵期的卫生管理,应对新酒接触的容器、阀门、管道等定期进行卫生控制。

后发酵正常时间为 3～5 天,但可持续 1 个月左右。

后发酵常见异常现象、产生原因及改进措施见表 2-5。

工作任务2-1

红葡萄酒生产

67

表 2-5　后发酵常见异常现象、产生原因及改进措施

异常现象	产生原因	改进措施
CO_2 溢出较多,或有嘶嘶声	前发酵时残糖过高	再次调制前发酵温度进行前发酵,待糖分降至规定含量后,再转入后发酵
有臭鸡蛋气味	可能是 SO_2 用量过多而产生 H_2S 所致	可进行倒罐,使酒液接触空气后,再进行后发酵
液面有不透明的污点	早期污染醋酸菌	应及早倒桶并添加适量 SO_2,并控制品温,以避免醋酸菌蔓延
后发酵无法进行	前发酵品温升高到 35℃ 导致酵母早衰	添加 20% 发酵旺盛的酒液,其密度应与被补救的酒液相近

（3）苹果酸-乳酸发酵　葡萄酒在酒精发酵后或贮存期间,有时会出现类似 CO_2 逸出的现象,酒质变混,色度降低（红葡萄酒）,如进行显微镜检查,会发现有杆状和球状细菌。这种现象表明,可能发生了苹果酸-乳酸发酵。

苹果酸-乳酸发酵（malolactic fermentation）简称苹-乳发酵（MLF）,可使葡萄酒中主要有机酸之一的苹果酸转变为乳酸和二氧化碳,从而降低酸度,改善口味和香气,提高细菌稳定性。

苹果酸-乳酸发酵在所有生产葡萄酒的地区都会发生,但它并不是各种产地各种葡萄酒都需要,要视当地葡萄的情况、酿酒条件、对酒质的要求而定。一般气候较热的地区葡萄或葡萄酒的酸度不高,进行苹果酸-乳酸发酵会使酒的 pH 值升高,酒味淡薄,容易败坏,大多数白葡萄酒和桃红葡萄酒进行苹果酸-乳酸发酵会影响风味的清新感。对于以上情况要注意采取措施抑制这种发酵。但对气候寒冷的地区,如瑞士、德国、法国、澳大利亚、美国等国家的一些地区的葡萄酸度偏高,一般需要进行苹果酸-乳酸发酵,特别是对法国波尔多地区的优质红葡萄酒和高酸度白葡萄酒,苹果酸-乳酸发酵是十分重要的。

① 苹果酸-乳酸发酵的细菌　苹果酸-乳酸发酵主要是由下面三属的微生物引起的,即明串珠菌属（*Leuconostoc*）、乳杆菌属（*Lactobacillus*）及足球菌属（*Pediococcus*）。根据基质的条件,特别是 pH 和温度不同,它们的作用和活动方式也有所差异。

② 苹果酸-乳酸发酵机理　苹果酸-乳酸发酵是在乳酸菌的作用下,将苹果酸分解为乳酸和 CO_2。其总反应式如下:

苹果酸　　　　　　　　　　丙酮酸　　　　　　　　　乳酸

这一反应主要有两种酶参加:在苹果酸酶作用下,苹果酸首先转化为丙酮酸并放出 CO_2;丙酮酸则在乳酸脱氢酶的作用下被转化为乳酸。

③ 苹果酸-乳酸发酵作用

a. 降酸作用　在这一反应中,1g 苹果酸只能生成 0.67g 乳酸,释放出 0.33g CO_2。因为苹果酸含有两个酸根,而乳酸只有一个,这是葡萄酒降酸的直接原因。因此,将苹果酸转化为乳酸就能使苹果酸的滴定总酸度降低一半。

b. 改善风味　由于苹果酸的感官刺激性明显比乳酸强,苹果酸-乳酸发酵后,酸味尖锐的苹果酸被柔和的乳酸代替,新酒失去酸涩粗糙风味,变得柔和、圆润,香气加浓,加速了红葡萄酒的成熟。另外,苹果酸-乳酸发酵的副产物如双乙酰、乙偶姻、2,3-丁二醇、乙酸乙酯等不仅能增加香气,也有改善口味的作用。

c. 提高细菌稳定性　苹果酸-乳酸发酵后，苹果酸含量降低，瓶装葡萄酒不会再发生苹果酸-乳酸发酵，避免了贮存过程中由于苹果酸-乳酸发酵造成的商品葡萄酒混浊变质。

④ 影响苹果酸-乳酸发酵的因素　在酒精发酵结束以后，如果没有进行苹果酸-乳酸发酵和 SO_2 处理，喝这样的葡萄酒，易生病。根据条件的差异，苹果酸-乳酸发酵可能在酒精发酵结束后立即触发，也可能在几周以后或在翌年春天触发。

因此，应尽量提供良好的条件，促使苹果酸-乳酸发酵尽早进行，以缩短从酒精发酵结束到苹果酸-乳酸发酵触发这一危险期所持续的时间。

a. 温度　进行苹果酸-乳酸发酵的乳酸菌生长的适温为 20℃；在 14～20℃ 范围内，温度越高，苹果酸-乳酸发酵发生得越快，结束得也越早；低于 10℃ 对乳酸菌的生长和苹果酸-乳酸发酵的进行产生抑制作用。

b. pH 值　苹果酸-乳酸发酵的最适 pH 为 4.2～4.5，高于葡萄酒的 pH。若 pH 低于 3.2 时较难进行苹果酸-乳酸发酵。

c. 通风　酒精发酵结束后，对葡萄酒适量通风，有利于苹果酸-乳酸发酵的进行。

d. 酒精　从葡萄中分离出的乳酸菌由于主要在葡萄酒中生长繁殖，所以，具有一定的抗酒精能力。但如果酒精含量达到 10% 以上，就成为苹果酸-乳酸发酵的限制因素。

e. SO_2　SO_2 对乳酸菌有强烈的抑制作用。一般来说，总 SO_2 100mg/L 以上，或结合二氧化硫 50mg/L 以上，或游离二氧化硫 10mg/L 以上，就可抑制葡萄酒中乳酸菌繁殖。向酒精发酵后的葡萄酒中添加 SO_2 30～50mg/L，就能阻止苹果酸-乳酸发酵。

f. 酿造工艺　如带皮浸渍发酵，可促进乳酸菌生长和苹果酸-乳酸发酵的产生。澄清操作如倒酒、离心等愈彻底，就愈难引发苹果酸-乳酸发酵。

g. 其他　将酒渣保留于酒液中，由于酵母自溶而利于乳酸菌生长，故能促进苹果酸-乳酸发酵。红葡萄中的多酚类化合物能抑制苹果酸-乳酸发酵。酒中的氨基酸（尤其是精氨酸）对苹果酸-乳酸发酵具有促进作用。

⑤ 抑制苹果酸-乳酸发酵的主要措施

a. 高度注意工艺和环境卫生，减少乳酸菌的来源。

b. 新酿制葡萄酒在酒精发酵结束后应尽早倒池，除渣，分离酵母。

c. 采取沉淀、过滤、离心、下胶等澄清手段，减少或除去乳酸菌及某些促进苹果酸-乳酸发酵的物质。

d. 添加足够的二氧化硫（总二氧化硫 100mg/L 或游离二氧化硫 30mg/L）。

可考虑的配合措施：

a. 在不影响酒质的前提下调节葡萄酒的 pH 到 3.3 以下。

b. 在低温下（低于 16～18℃）贮酒。

⑥ 自然诱发苹果酸-乳酸的措施

a. 酒精发酵后的新葡萄酒中不再添加二氧化硫，总二氧化硫含量不超过 50mg/L。

b. 不加酸，使 pH 不低于 3.3，保持在苹果酸-乳酸发酵的适宜范围内。

c. 少澄清，不精滤。

d. 适当延长带皮浸渍、发酵的时间。

e. 适当控制酒精含量，不超过 12%（体积分数）。

f. 酒精发酵后不马上除酒脚，延长与酵母的接触时间，增加酒中酵母自溶的营养物质。

g. 在 20℃ 左右贮酒。

⑦ 促进自然发酵的措施：

a. 利用正在进行苹果酸-乳酸发酵的葡萄酒接入待诱发的新酒中，一般在 15%～50%。

b. 将正在进行苹果酸-乳酸发酵的葡萄酒脚接入待诱发的新酒中。

c. 用离心机等回收苹果酸-乳酸发酵末期葡萄酒中的乳酸菌细胞，接入待诱发的新酒中。

⑧ 苹果酸-乳酸发酵的人工诱发　由于发酵条件不同，自然乳酸菌数量及存在状况差别很大，造成发酵不稳定、诱发及质量难控制等问题。可以利用筛选的乳酸优良菌种人工培养后添加到果醪和葡萄酒中，人为地使之发生苹果酸-乳酸发酵，有利于提高苹果酸-乳酸发酵的成功率，便于控制苹果酸-乳酸发酵的速度、时间和质量。

有了足够量的活性强的纯培养苹果酸-乳酸发酵菌体后，人工苹果酸-乳酸发酵的另一个重要问题是在什么时期添加到葡萄酒中去最好。目前没有得出一致性的结论，还是应根据葡萄酒的种类、汁的组成、酵母菌种、作业条件等灵活掌握。例如在酒精发酵后添加，或与酒精酵母同时添加等。

四、红葡萄酒的贮存和调配

新鲜葡萄汁（浆）经发酵而制得的葡萄酒称为原酒。原酒不具备商品酒的质量水平，还需要经过一定时间的贮存（或称陈酿）和适当的工艺处理，使酒质逐渐完善，最后达到商品葡萄酒应有的品质。

葡萄酒在贮存过程中主要经过成熟阶段、老化阶段、衰老阶段，整个过程中发生复杂而又缓慢的化学和物理变化，新葡萄酒由于各种变化尚未达到平衡、协调，酒体显得单调、生硬、粗糙、淡薄，经过一段时间的贮存，使幼龄酒中的各种风味物质（特别是单宁）之间达到和谐平衡，酒体变得和谐、柔顺、细腻、醇厚，并表现出各种酒的典型风格，这就是葡萄酒的成熟。贮酒过程中必须根据各种酒的特性，采用不同的方法加速酒的成熟，提高老化质量，延长酒的"壮年"时代。

1. 红葡萄酒的贮存

（1）贮存容器　贮酒容器主要有橡木桶（图 2-8）、水泥池和金属罐（碳钢或不锈钢罐，图 2-9）三大类。橡木桶是酿造某些特产名酒或高档红葡萄酒必不可少的特殊容器，而酿制优质白葡萄酒用不锈钢罐最佳。随着技术进步，金属罐特别是不锈钢罐和大型金属罐正在取代其他两种容器。

贮酒方式有传统的地下酒窖贮酒、地上贮酒室贮酒和露天大罐贮酒等几种方式。

图 2-8　贮酒橡木桶

图 2-9　贮酒不锈钢罐

（2）贮存条件

① 温度　低温下酒成熟慢，较高的温度能加快酒的成熟，但高温利于微生物的繁殖，不利于酒的安全。恒定的低温对葡萄酒澄清最为有利。地窖贮酒温度一般选择 $12\sim15\,℃$，贮酒效果较好。

② 湿度　最好的空气相对湿度为 85％为宜。过高可采取通风排潮，过低可在地面洒水。

③ 通风　贮酒场所的空气应当保持新鲜，不应有不良的气味，也不应过多积存 CO_2。因此室内或酒窖内要经常通风。通风最好在清晨进行，此时不但空气新鲜，而且温度较低。

2. 葡萄酒的桶贮管理

（1）添桶　在酒贮存过程中，由于温度的降低或酒中 CO_2 气体的释放，以及酒液的蒸发，经常会出现容器中液面下降的现象，这就难免使酒与空气接触，葡萄酒易被氧化，同时容易被细菌污染，必须随时将桶添满。添桶时应采用同质同量的酒，如果没有同质量的酒，可以更换小容器存放，加入消毒的玻璃球，以及用 CO_2 或 SO_2 气体充满桶内空隙，或在液面浇上少量石蜡或凡士林。

添桶的次数和时间，以实际情况和效果而定。半年以内的新酒每隔 25～30 天添加一次。一般添桶多在春、秋和冬季进行。夏季由于温度的升高，葡萄酒受热膨胀，容易溢出，要及时检查并从桶内抽酒，以防溢酒。

（2）换桶　由于酵母、葡萄皮碎片、细小的果梗等悬浮物相互粘连，慢慢地沉积在池底，另外陈酿温度的下降，导致酒石酸盐溶解度降低，形成酒石慢慢沉积在底部，分离出来的沉渣称为酒泥（或酒脚）。换桶是将酒从一个容器换入另一个容器的操作。换桶绝非简单的转移，而是一种沉析过程，去除去酒脚。

① 换桶的目的

a. 分离酒脚，去除桶（池）底部的酵母、酒石等沉淀物质。

b. 使酒和空气接触，调整酒内溶解氧含量。

c. 逸出饱和的 CO_2，同时使过量的挥发性物质挥发逸出。

d. 调整 SO_2 的含量。SO_2 的补加量，视酒龄、成分、氧化程度、病害状况等因素而定，但一般不超过 100mg/L。

② 换桶的次数　因酒的质量和酒龄及品种等因素而异。酒质粗糙、浸出物含量高、澄清状况差的酒，倒桶次数可多些。贮存前期倒桶次数多些。随着贮存期的延长而次数逐渐减少。

一般干红葡萄酒在发酵结束后 8～10 天，进行第 1 次倒桶，去除大部分酒脚。再经 1～2 个月，即当年的 11～12 月，进行第 2 次开放式倒桶，使酒接触空气，以利于成熟，又起均质作用。再过约 3 个月，即翌年春天，进行第 3 次密闭式的倒桶，以免氧化过度。

③ 换桶时应注意如下事项：

a. 对于红葡萄酒，第一次换桶可进行较强的换气，第二次换桶应减少换气量，1 年后应尽量避免接触空气。

b. 新换的容器应先进行处理。

c. 换桶用吸酒管的吸酒端应使用弯管，口朝上，吸取几乎全部的清酒而吸不到酒脚。

d. 换桶最适宜在温度低、气压高和没有风的天气里进行，以免溶解在酒中的气体快速逸出而使酒变得混浊。

3. 葡萄酒的瓶贮

瓶贮是指酒装瓶压塞后，在适宜条件下，卧放贮存一段时间。

瓶贮的主要作用是它能使葡萄酒在瓶内进行陈化，达到最佳的风味。葡萄酒中香味协调、怡人的某些成分，只能在无氧条件下形成，而瓶贮则是较理想的方式。对葡萄酒而言，桶贮和瓶贮是两个不能相互替代或缺少的阶段。

（1）瓶贮机理

① 葡萄酒在瓶中陈酿，是在无氧状态即还原状态下进行的，据测酒在装瓶 4～11 个月后，其氧化还原电位达到最低值。而葡萄酒的香味，只有在低电位下形成。所以，经过瓶贮的葡萄酒显示出特有的风格。

② 葡萄酒在装瓶时偶尔带入的氧消耗之后，将促进香味的形成，但氧并非是瓶中陈酿的促进剂。因此，装瓶软木塞必须紧密，不得漏气。瓶颈空间应较小，使酒瓶中残存氧气很快消耗殆尽。

③ 瓶贮时，酒瓶应卧放，木塞浸入酒中，可起到类似木桶的作用，以改善陈酒的风味。

同时，以免木塞干燥而酒液挥发或进入空气。

（2）瓶贮的影响因素

① 温度　温度影响"瓶熟"的速度。温度高则成熟和老化的速度快，但衰老的速度也快；温度低，酒质可获得全面发展，容易得到细致的香气和舒适协调的口感，并具有较强的生命力。白葡萄酒瓶贮温度一般以 10～12℃ 为宜，红葡萄酒 15～16℃ 为好。

② 光线　光线照射对葡萄酒有不良影响，白葡萄酒较长时间被光线照射后，酒的色泽变深，红葡萄酒则易发生混浊，因此，葡萄酒应采用深色玻璃瓶贮存。贮存的场所要求不透光，平时电灯熄灭，只在取酒时才开灯。

③ 瓶贮时间　酒的类型不同，其组成成分有差异，瓶贮时间也不同。即使同类型的酒，如果酒度、浸出物含量、糖的含量等不同，也应该有不同的贮酒期。一般红葡萄酒的瓶贮时间较长，另外酒度高、浸出物含量高、含糖量高的葡萄酒需要较长的贮存期。最少 4～6 个月。若在净化处理时，采取必要的措施，预防氧化，瓶贮时间可以缩短。一些名贵葡萄酒，则瓶贮期至少 1～2 年。

4. 勾兑调配

因所用的葡萄品种、发酵方法、贮酒时间等不同，葡萄酒的色、香、味也各不一样。调配的目的是根据产品质量标准对原酒混合调整，使酒质均一，保持固有的特点，提高酒质或改良酒的缺点，使产品的理化指标和色、香、味达到质量标准和要求。

调配由具有丰富经验和技巧的配酒师根据品尝和化验结果进行精心调配。干酒一般不必调配。

勾兑是指不同质量特点葡萄原酒在国家葡萄酒标准和法规规定的范围内按比例混合，进而达到消除和弥补葡萄酒质量的某些缺点，使葡萄酒的质量得到最大程度的提升，赋予葡萄酒新的活力。

勾兑调配主要包括色泽、香气和口感的调整。

（1）色泽调整　颜色是红葡萄酒的重要感官指标，通常应具有深宝石红色、宝石红色、紫红色、深红色等。红葡萄酒的色调过浅可以通过以下几个方法进行调整：

① 与色泽较深的同类原酒合理混配，提高酒的色度。

② 添加中性染色葡萄原酒，如烟 73、烟 74 等。一般建议用量为低于配成酒总量的 20％。

③ 添加葡萄皮色素。有浓稠状液体和粉末状两种，液态的使用效果较高，但用量过多会增加酒的残糖和总酸。建议花色素使用量低于 4％。

（2）香气的调整　葡萄酒的香由原始果香、发酵香气、陈酿香气组成。对香气的调整不能通过添加香精、香料来达到增香和调香的目的，应该通过选择优质且香气浓郁的酒进行调配，如：选择成熟度高的葡萄酿造的酒，从国外进口优质原酒进行调配；还可以通过橡木桶贮存增加一些橡木香气，来改善酒的香气。

（3）口感的调整　主要是对酒的酸、甜、酒精含量及涩味的调整，进而使酒的口感平衡、流畅、协调、相容、圆润。

① 酒度　原酒的酒精浓度若低于指标，最好用同品种酒度高的勾兑调配，也可以用同品种葡萄蒸馏酒或精制酒精调配。

② 糖分　甜葡萄酒中若糖分不足，以用同品种的浓缩果汁调配为好，也可用精制砂糖调配。

③ 酸分　酸分不足以柠檬酸补足，1g 柠檬酸相当于 0.935g 酒石酸；过高则用中性酒石酸钾中和。

调配后的酒有很明显不协调的生味，也容易产生沉淀，需要再贮存一段时间。

五、红葡萄酒的后处理

1. 红葡萄酒的澄清

（1）下胶澄清　成品葡萄酒不仅有色、香、味要求，还必须澄清透明，酒体在相当长时间内保持稳定。而葡萄酒是不稳定的胶体溶液，其在陈酿与储存期间会发生微生物、物理、化学及生物学特征的变化，会出现混浊及沉淀等现象。为加速葡萄酒的澄清，可以采用下胶澄清的方法。

所谓下胶澄清就是在葡萄酒内添加一种有机或无机的不溶性成分，使它在酒液中产生胶体的沉淀物，将悬浮在葡萄酒中的大部分浮游物（包括有害微生物在内）一起固定在胶体沉淀上，下沉到容器底部，从而使酒液澄清透明。

下胶的材料有两大类：有机物如明胶、蛋清、鱼胶、干酪素、单宁、橡木屑、聚乙烯吡咯烷酮（PVPP）等；无机物如皂土、硅藻土等。

① 单宁-明胶法　目前国内酒厂普遍使用的方法。单宁带负电荷，而加入的明胶带有正电荷，明胶不仅可以和单宁作用，而且能吸附色素，其上的电荷被中和相互聚集成絮状物而沉至底部，能够减少葡萄酒的粗糙感和某些不良的风味。在红葡萄酒中，明胶加量一般为酒液的 5%～8%，并且补充明胶质量 50%～80% 的单宁，单宁加量要根据酒中单宁含量而定，通常红葡萄酒中单宁含量为 1～3g/L。

下胶前先测定葡萄酒中单宁含量，通过小样试验来确定单宁和明胶用量，然后将明胶粉碎，加水软化浸泡 24h，待明胶吸水膨胀后，加热溶化，趁热加入少量葡萄汁稀释，然后直接倒入酒中，立即搅拌，静止澄清即可。操作过程中避免下胶过量。

② 添加皂土法　皂土是一种胶质粒子，在水中有巨大的膨胀性，吸附性强，澄清效果好。一般用于澄清蛋白质混浊或下胶过量的葡萄酒，效果很好。皂土常与明胶一起使用（明胶用量为皂土的 10%），可提高澄清效果。

使用皂土时，可将皂土配制成 5% 的悬浮液。将此混合物通过一个细筛除去团状物质，即可使用。澄清 10L 葡萄酒约需这种悬浮液 20～100mL。

（2）离心澄清　离心澄清是利用离心机，使杂质或微生物细胞在几分钟之内沉降下来。离心机种类很多，有鼓式、自动除渣式和全封闭式。

2. 葡萄酒的冷处理和热处理

（1）冷处理　冷处理主要是加速酒中的胶体物、过量酒石酸及色素沉淀，有助于酒的澄清，使酒在短期内获得冷稳定性，并缓慢、有效地溶入氧气，与热处理结合，改善和稳定了酒的质量，加速酒的成熟。

冷处理的温度以高于其冰点 0.5～1.0℃为宜。葡萄酒的冰点、酒度与浸出物含量等有关，可根据经验数据查找出相对应的冰点。冷处理的时间的确定与冷冻降温速度有关，冷冻降温速度越快，所需的冷冻时间就越短。通常在 -4～-7℃下冷处理 5～6 天为宜。

冷处理的方法有自然冷冻和人工冷冻两种。人工冷冻有直接冷冻和间接冷冻两种形式。直接冷冻效率高，为大多数葡萄酒厂采用。

（2）热处理　热处理主要使酒能较快地获得良好的风味，也有助于提高酒的稳定性，同时加速酒的老熟，改善酒的品质。通常采用先热处理，再冷处理的工艺。

新酒经过热处理，色香味都能有所改善，挥发酯增加，氧化还原电位下降；能产生保护胶体，使酒变得更为澄清；防止酒石酸氢钾沉淀；可除去有害物质，如酵母、细菌、氧化酶等，达到生物稳定和酶促稳定。

热处理也会给酒带来不利的一面，如酒色变为褐色，果香减弱，严重的可能出现氧化味。

热处理方法：通常在密闭容器内，将葡萄酒间接加热至 67℃，保持 15min；或 70℃，保持 10min 即可。

3. 过滤

要想获得清亮透明的葡萄酒，必须将后处理的葡萄酒过滤。过滤是通过过滤介质的孔径大小和吸附来截留微粒与杂质的。常用的过滤机有棉饼过滤机、硅藻土过滤机、微膜过滤机等。具体操作如表2-6。

葡萄酒的过滤有粗滤和精滤之分，通常须在不同阶段进行三次过滤（表2-6）。

表2-6　葡萄酒的过滤

过滤次数	过滤时机	目　的	方　法
第1次过滤	在下胶澄清或调配后	排除悬浮在葡萄酒中的细小颗粒和澄清剂颗粒	采用硅藻土过滤机进行粗滤
第2次过滤	葡萄酒经冷处理后	分离悬浮状的微结晶体和胶体	在低温下趁冷利用棉饼过滤机或硅藻土过滤机过滤
第3次过滤	装瓶前	进一步提高透明度，防止发生生物性混浊	纸板过滤或超滤膜精滤

一般的小厂，只用棉饼过滤机过滤1次就装瓶，这要求必须"下胶"完全。

综上所述，葡萄酒在不同情况下用相应的处理方法（表2-7）才能收到较好的效果。

表2-7　不同目的的处理方法

处理目的	处理方法
澄清	沉降法处理：下胶、离心 过滤法处理：过滤、吸附或除菌过滤
稳定化和澄清	物理处理：加热、冷冻 化学处理：抗坏血酸、柠檬酸[1]、偏酒石酸、皂土、离子交换剂[1]、亚铁氰化钾、阿拉伯树胶、氧气、植酸钙
增加微生物学稳定性	物理处理：加热 化学处理：二氧化硫、山梨酸[1]
改善色泽	色深时用炭脱色，马德拉化的酒用干酪素脱色

[1] 这些处理方法在有些国家不准许。

六、葡萄酒的包装与杀菌

1. 葡萄酒的包装

葡萄酒的包装在葡萄酒整体质量方面起至关重要的作用。

（1）葡萄酒的包装工艺　如图2-10。

图 2-10　葡萄酒的包装

（2）包装的容器　葡萄酒常见的是瓶装酒（玻璃瓶装、塑料瓶装、水晶瓶装），国外还有采用复合膜袋装干葡萄酒、半干葡萄酒的。

瓶塞有软木塞（一般用于高级葡萄酒和高级起泡葡萄酒）、蘑菇塞（一般用于白兰地等酒的封口，用塑料或软木制成）和塑料塞（一般用于起泡葡萄酒的封口）三类。

常用的包装容器是玻璃瓶，瓶子可以根据需要做成各种颜色和形状。一般包装白葡萄酒使用浅绿色或深绿色的玻璃瓶，包装红葡萄酒则要求深绿色或棕绿色，棕绿色的玻璃能把大部分对葡萄酒有不良影响的光波滤去。对于瓶形的要求是美观大方，便于洗刷，便于消费者携带、使用。

（3）洗瓶　洗瓶大致分为浸泡、刷洗、冲瓶、出水、检查等几个步骤，其中浸泡是关键。浸泡液一般是采用 NaOH 溶液，其作用是杀死细菌芽孢和除去污物。一般浸泡的温度高于 50℃，碱液的浓度应大于 1.5%，浸泡时间不少于 20min。经浸泡的瓶子，用毛刷内外刷洗，除去污物，然后用压力 0.15～0.20MPa 的清水冲淋。冲淋时，瓶口应朝下。冲淋完毕后，将瓶子空干，然后逐个检查是否洗净，剔除破损瓶子。

（4）灌装　包括装酒和封口，根据灌装时的酒液温度，可分为常温装瓶、热装瓶和冷装瓶。常温装瓶就是酒调配好后，常温下贮存一段时间，不再进行冷、热处理即进行灌装，或经冷、热处理后恢复常温再灌装。

2. 葡萄酒的杀菌

酒度在 16% 以上的葡萄酒不必杀菌，低于 16% 的葡萄酒装瓶后应立即加热杀菌。杀菌方法通常采用水浴杀菌。在带假底的木槽中摆好酒，然后加入冷却水至瓶口以下 5～6cm，慢慢开启蒸汽，徐徐升温至要求温度。关闭蒸汽，保温 15min 左右，然后将水慢慢放出，取出冷凉。

3. 检验

验酒是在灯光下检查，挑出混浊、有悬浮物、有恶性夹杂物的不合格品。

4. 贴标

葡萄酒的商标应根据瓶子的外形与大小设计。商标应该美观大方，图案新颖，并标注相关信息。

5. 装箱

装箱多用纸箱，采用瓦楞纸箱和纸格包装，纸箱外应标有厂名、酒名、净重、毛重、"小心轻放"、"防潮防雨"、"防踩踏、防压"等标志。

七、红葡萄酒的质量标准

葡萄酒的感官要求和理化要求应符合国标 GB/T 15037—94 的规定。

1. 感官要求

葡萄酒的感官指标见表 2-8。

表 2-8　葡萄酒的感官指标

项　　目			要　　求
外观	色泽	白葡萄酒	近似无色,微黄带绿、浅黄、禾秆黄、黄金色
		红葡萄酒	紫红、深红、宝石红、红微带棕色、棕红色
		桃红葡萄酒	桃红、淡玫瑰红、浅红色
		加香葡萄酒	深红、棕红,浅红、黄金色、淡黄色
	澄清程度		澄清液体、有光泽、无明显悬浮物(使用软木塞的酒允许 3 个以上不大于 1mm 的软木渣)
	起泡程度		起泡葡萄酒注入杯中时,应有微细的串珠起泡升起,并有一定的持续性
香气与滋味	香气	非加香葡萄酒	具有纯正、优雅、怡悦、和谐的果香和酒香
		加香葡萄酒	具有优美、纯正葡萄酒与和谐的芳香植物香
	滋味	干、半干葡萄酒	具有纯净、优雅、爽怡的口味和新鲜怡悦果味香,酒体完整
		甜、半甜葡萄酒	具有甘香醇厚的口味和陈酿的酒味香,酸甜协调、酒体丰满
		起泡葡萄酒	具有优美、纯正、和谐、怡悦的口味和发酵起泡酒特有的香味,有杀伤力
		加气起泡葡萄酒	具有清新、愉悦、纯正的口味,有杀伤力
		加香葡萄酒	具有醇厚、舒爽的口味和协调的芳香植物香味,酒体丰满
典型性			典型突出

2. 理化要求

葡萄酒的理化指标见表 2-9。

表 2-9　葡萄酒的理化指标

项　目		要　求
酒精度 20℃ (体积分数)/%	甜,加香葡萄酒	11.0～24.0
	其他类型葡萄酒	7.0～13.0
总糖(以葡萄糖计) /(g/L)	平静葡萄酒 干型	≤4.0
	半干型	4.1～12.0
	半甜型	12.0～50.0
	甜型	≥50.1
	干加香	≤50.0
	甜加香	≥50.1
	起泡,加香起泡葡萄酒 天然型	≤12.0
	绝干型	12.1～20.0
	干型	20.1～21.0
	半干型	35.1～50.0
	甜型	≥50.1
滴定酸(以酒石酸计) /(g/L)	甜,加香葡萄酒	5.0～8.0
	其他类型葡萄酒	5.0～7.5
挥发酸(以乙酸计)/(g/L)		≤1.1
游离二氧化硫/(g/L)		≤50
总二氧化硫/(g/L)		≤250
干浸出物/(g/L)	白葡萄酒	≥15.0
	红、桃红、加香葡萄酒	≥17.0
铁/(mg/L)	白加香葡萄酒	≤10.0
	红、桃红葡萄酒	≤8.0
二氧化碳压强(20℃)/MPa	起泡	<250mL/瓶 ≥0.30
	加气起泡	>250mL/瓶 ≥0.35

注：酒精度在表中的范围内，允许误差为±1.0%，20℃。

◆【任务实施】

见《学生实践技能训练工作手册》。

◆【知识拓展】

一、红葡萄生产的新工艺

1. 旋转罐法

旋转罐法是采用可旋转的密闭发酵容器对葡萄浆进行发酵处理的方法，是当今世界上比较先进的红葡萄酒发酵工艺及设备。利用罐的旋转，能有效地浸提葡萄皮中含有的单宁和花色素。由于在罐内密闭发酵，发酵时产生的 CO_2 使罐保持一定的压力，起到防止氧化的作用，同时减少了酒精及芳香物质的挥发。罐内装有冷却管，可以控制发酵温度，不仅能提高质量，还能缩短发酵时间。同时可以采用微机控制，简化了操作程序，节省了人力，同时保证了酒的质量。

旋转罐法与传统法相比，葡萄酒质量明显提高（表 2-10），主要表现在以下几方面：

① 色度升高　红葡萄酒要求清澈透明，呈鲜红的宝石红色。花色素苷对新酿出的葡萄酒的颜色起主要作用，这种作用表现在 520nm 波长时吸光值增加，色度升高。

② 单宁含量适当　红葡萄酒颜色的稳定性在很大程度上取决于单宁。单宁在无氧条件下呈黄色，氧化后则变为棕色，这种氧化受 Fe^{3+} 的催化。单宁也是呈味物质。旋转罐生产

表 2-10 两种方法生产的葡萄酒理化指标对比

项　　目	旋转罐法	传统法	项　　目	旋转罐法	传统法
色度	8.23	1.1	挥发酸含量/(g/L)	0.62	1.13
单宁含量/(g/L)	0.59	1.03	黄酮酸含量/(mg/L)	290	800
干浸出物含量/(g/L)	22	20.8			

（引自：金凤燮.酿酒工艺与设备选用手册.北京：化学工业出版社，2005）

的葡萄酒单宁含量低于传统法，因此，质量较稳定，减少了酒的苦涩味。

③ 干浸出物含量提高　葡萄酒中干浸出物含量高，口感浓厚。传统法皮渣浮于表面，虽时间长，浸渍效果差。旋转罐提高了浸渍效果。

④ 挥发酸含量降低　挥发酸含量的高低能衡量酒质的好坏，是酿造工艺是否合理的重要指标。旋转罐生产的葡萄酒挥发酸含量低。

⑤ 黄酮酚类化合物含量降低　由于旋转罐法皮渣浸渍时间短，黄酮酚类化合物含量大大降低，增加了酒的稳定性。

世界上目前使用的旋转罐有两种形式：一种为罗马尼亚的 Seity 型旋转罐（图 2-11）；一种是法国生产的 Vaslin 型旋转罐（图 2-12）。

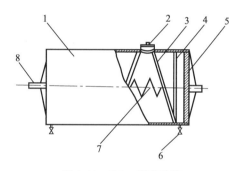

图 2-11　Seity 型旋转罐
（引自：金凤燮.酿酒工艺与设备选用手册.
北京：化学工业出版社，2005）
1—罐体；2—进料排渣口、人孔；3—螺旋板；
4—过滤网；5—封头；6—出汁阀门；
7—冷却蛇管；8—罐体短轴

图 2-12　Vaslin 型旋转罐
（引自：金凤燮.酿酒工艺与设备选用手册.
北京：化学工业出版社，2005）
1—出料口；2—进料口；3—螺旋板；4—
冷却管；5—温度计；6—罐体；7—链轮；
8—出汁阀门

（1）Seity 型旋转罐发酵工艺

① 工艺流程　见图 2-13。

图 2-13　Seity 型旋转罐法生产红葡萄工艺流程

② 操作要点　葡萄破碎后，输入罐中。在罐内进行密闭、控温、隔氧并保持一定压力的条件下，浸提葡萄皮上的色素物质和芳香物质，当诱起发酵、色素物质含量不再增加时，即可进行分离皮渣，将果汁输入另一发酵罐中进行纯汁发酵。前期以浸提为主，后期以发酵为主。旋转罐的转动方式为正反交替进行，每次旋转 5min，转速为 5r/min，间隔时间为

25～55min。最佳浸提温度 26～28℃，浸提时间因葡萄品种及温度等条件而异，如玫瑰香为 30h，佳丽酿等需 24h，以葡萄浆中花色素的含量不再增加作为排罐的依据。

（2）Vaslin 型旋转罐发酵工艺

① 工艺流程　见图 2-14。

图 2-14　Vaslin 型旋转罐法生产红葡萄工艺流程

② 操作要点　葡萄破碎后输入罐中，在罐内进行色素及香气成分的浸提，同时进行酒精发酵，发酵温度 18～25℃，待残糖为 0.5g/L 左右时，压榨取酒，进入后发酵罐发酵。

发酵过程中，旋转罐每天旋转若干次，转速为 2～3r/min，转动方向、时间间隔可自行调节。

2. CO$_2$ 浸渍法（carbonic maceration）

CO$_2$ 浸渍法（简称 CM 法）酿制红葡萄酒，是把整粒葡萄放到充满 CO$_2$ 的密闭罐中进行浸渍，然后破碎、压榨，再按一般方法进行酒精发酵。

CO$_2$ 浸渍法不仅用于红葡萄酒的酿造，还用于桃红葡萄酒和一些原料酸度较高的白葡萄酒的酿造。

（1）工艺流程　见图 2-15。

（2）操作要点

① 葡萄原料的处理　葡萄在采收和运输过程中防止果实的破损和挤压，尽量降低浆果的破损率是保证成品质量的首要条件。整粒葡萄原料不进行除梗处理。

② 浸渍阶段　浸渍罐内预先充满二氧化碳，整粒葡萄称重后置于罐中，在此过程中继续充二氧化碳，使其达到饱和。

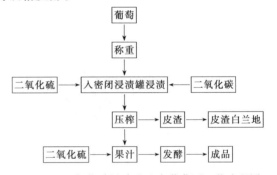

图 2-15　二氧化碳浸渍法生产葡萄酒工艺流程图

浸渍多采用不锈钢罐，浸渍罐下部设有一筛板（假底），用来及时排出果实破裂流出的果汁，防止浸渍过程中梗中有害成分浸出。

不同的葡萄酒品种浸渍温度和浸渍时间不同：酿制红葡萄酒时，浸渍温度为 25℃，时间为 3～7 天；酿制白葡萄酒时，浸渍温度为 20～25℃，时间为 24～28h。每天测定浸渍温度、发酵液相对密度、总酸、苹果酸等指标，观察色泽、香气及口味的变化，以便及时控制，并决定出罐时间。

③ 酒精发酵阶段　浸渍后将整粒葡萄进行压榨，尽快分离自流汁和压榨汁，防止氧化。将自流汁和压榨汁混合，加入二氧化硫 50～100mg/L，进行纯汁发酵。

3. 热浸提法

热浸提法是将整粒葡萄或破碎的葡萄在开始发酵前加热，使其在一定温度下保持一段时间，充分提取果皮和果肉中的色素和香味物质，然后压榨分离皮渣，纯汁进行酒精发酵。这种发酵方法不仅能更完全地提取果皮中的色素、酚类和其他物质，而且可以抑制酶促反应。热浸提法用于生产红葡萄酒，特别适合于用常规工艺难以浸出色素的红葡萄酒生产。

热浸提与传统的红葡萄酒生产具有以下优点：

① 加热破坏多酚氧化酶，杀死了大多数杂菌，能有效地防止酒的酶促褐变与氧化，利于进行纯种发酵。

② 酒挥发酸含量低，成品酒质量高。

③ 加热加快了色素的浸提，成品酒色泽较传统法深，呈艳丽的紫红色。

④ 苦涩物质浸出少，酒体丰满，醇厚味正，后味净爽。

⑤ 纯汁发酵，可节省罐容积 15%～20%。

⑥ 酒体成熟快。

但由于设备一次性投资大，耗能多，成品酒果香弱，有时有"焙烤"味，果胶酶的使用增加了成本，货架期短等，还没有得到广泛应用。

（1）工艺流程　见图 2-16。

（2）操作要点　热浸提法的方式有三种：一是全果浆加热，即葡萄破碎后全部果浆都经过热处理；二是部分果浆加热，即分离出约 40%～60%果浆进行加热处理；三是整粒加热。

加热浸提工艺分两种：低温长时间加热，即 40～60℃，0.5～24h；高温短时间，即 60～80℃，5～30min。例如意大利 Padovan 热浸提设备的工艺为：全部果浆在 50～52℃下浸提 1h；SO_2 用量为 80～100mg/L；再取自流汁及压榨汁进行前发酵。

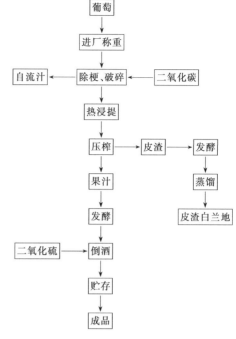

图 2-16　浸渍提法生产红葡萄酒工艺流程图

4. 连续发酵法

连续发酵法是指连续供给原料并连续输出产品的一种发酵方法。连续发酵的罐内，葡萄浆总是处于旺盛发酵状态。

连续发酵的优势是简化了菌种的扩大培养、发酵罐的多次灭菌、清洗、出料，缩短了发酵周期，提高了设备利用率，降低了人力、物力的消耗，提高了生产效率。连续发酵法虽具有上述优点，但其设备投资大，杂菌污染的概率也大。

（1）连续发酵法工艺及操作要点

① 罐的准备　投料前罐体内部各处均刷洗干净，无死角。

② 发酵管理　葡萄浆用泵从下部进料口送入发酵罐，进行发酵。第一批葡萄浆发酵后，即可连续进料，连续排料，进行连续发酵。每日进料量需与排酒量、果渣及籽的排放量相适应。

发酵期间皮渣上浮在液面上部，不利于色素等物质的溶出，故可以定期将发酵液通过循环喷淋管从上部进入，喷洒在皮渣盖的表面。当皮盖过于坚硬时，开动皮盖表面搅拌器，使其疏松。

（2）注意问题

① 酵母要求　进行连续发酵使用的酵母必须具有强的凝聚性。连续发酵灭菌较困难，故需选育杀伤性酵母，防止野生酵母的污染。

② 在进行连续发酵的时候既要浸提色素，又要排渣，故可采用"热浸提-连续发酵法"，即果浆在 70～75℃浸提 3～5min，压榨后再进行连续发酵。

二、白兰地的生产

白兰地是英文 Brandy 的译音，意思是"葡萄酒的灵魂"。白兰地是以水果为原料，经发酵、蒸馏、贮存而酿制的具有一定香气和口味特征的烈性蒸馏酒。其酒精含量一般在 40%（体积分数）左右，色泽金黄透明，具有幽雅细腻的果香和浓郁的橡木香，酒质醇厚，口味甘洌、醇美协调，余香萦绕不散。

白兰地具有悠久的历史，最早起源于法国。现已发展成为世界性的饮料酒。世界上法国的可涅克（Cognac）地区与阿尔马涅克（Armagnac）地区生产的白兰地最为著名。我国生产白兰地的历史悠久，在"元时始有"，但由于我国栽培产葡萄品种和产量不能适应白兰地生产发展的需要，所以我国的白兰地与国外名牌白兰地相比，还有不小差距。据调查，在香港市场上，每年销售的白兰地中，法国白兰地占95％，我国只占3％左右，在销售价格上也有很大的差距，还有待发展。

1. 白兰地的种类

白兰地可分为葡萄白兰地及果实白兰地。通常所说的白兰地，是指以葡萄为原料，经发酵、蒸馏、橡木桶贮存、配制生产的蒸馏酒。

以其他水果酿成的白兰地，应以原料水果的名称命名，如樱桃白兰地、苹果白兰地、李子白兰地等。

2. 白兰地的特点

葡萄经过发酵、蒸馏而得到的是原白兰地，无色透明，酒性较烈。原白兰地必须经过橡木桶的长期贮藏，调配勾兑，才能成为真正的白兰地。白兰地的特征是，具有金黄透明的颜色，并具有愉快的芳香和柔软协调的口味。

3. 白兰地生产原料

应采用白葡萄品种，宜选择糖度较低（120～180g/L），酸度较高（≥6g/L），具有弱香和中性香、高产抗病菌的葡萄品种。主要品种有白玉霓、白福儿、鸽笼白等。目前我国适合酿造白兰地的品种有红玫瑰、白羽、白雅、龙眼、佳丽酿等。

4. 白兰地的生产工艺及操作要点

用来蒸馏白兰地的葡萄酒，叫做白兰地原料葡萄酒，简称白兰地原酒。白兰地生产工艺流程见图 2-17。

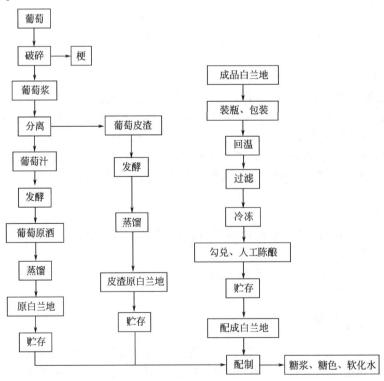

图 2-17　白兰地生产工艺流程图

（1）白兰地原酒的酿造　白兰地原酒的酿造过程与传统法生产白葡萄酒相似。但原酒加工过程中禁止使用 SO_2，SO_2 的加入使得蒸馏出来的原白兰地带有硫化氢、硫醇类物质的臭味，并且 SO_2 对蒸馏设备具有一定的腐蚀作用。

白兰地原酒是采用自流汁发酵，原酒应含有较高的滴定酸度，一方面可以保证发酵的正常进行，同时能保证在贮酒过程中不易被微生物侵染，还能使得原酒口味纯正、爽快。发酵一般温度控制在 30～32℃，时间 4～5 天。当发酵完全停止时，白兰地原酒残糖≤0.3％，挥发酸≤0.05％时，在罐内进行静止澄清，然后将上部清酒与酒脚分开，取出清酒即可进行蒸馏，得到质量很好的原白兰地。酒脚要单独蒸馏。

（2）白兰地的蒸馏　酒精发酵液中存在不同沸点的各种醇类、酯类、醛类、酸类等物质，白兰地中的芳香物质，主要通过蒸馏获得。

白兰地是一种具有特殊风格的蒸馏酒，它对于酒度要求不高，原白兰地要求蒸馏酒精含量达到 60％～70％（体积分数），保持适当量的挥发性混合物，以奠定白兰地芳香的物质基础。正因为如此，在白兰地生产中，至今还采用传统的简单蒸馏设备和蒸馏方法。

目前普遍采用的蒸馏设备是夏朗德式蒸馏锅（又叫壶式蒸馏锅），世界著名的法国可涅克白兰地就是用夏朗德式蒸馏锅蒸馏的，需要进行两次蒸馏，第一次蒸馏白兰地原料酒得到粗馏原白兰地，然后将粗馏原白兰地进行重蒸馏，掐去酒头和酒尾，取中馏分，即为原白兰地，它无色透明，酒性较烈。此外，常用的蒸馏设备还有带分馏盘的蒸馏锅和塔式蒸馏设备，都是经一次蒸馏就可得到原白兰地的。但是生产出来的白兰地，都不如壶式蒸馏锅生产出来的好（图 2-18）。

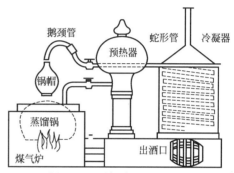

图 2-18　夏朗德壶式蒸馏锅
（引自：张宝善 . 果皮加工技术 .
北京：中国轻工业出版社，2000）

（3）白兰地的勾兑和调配　原白兰地是一种半成品，品质粗糙，香味尚未圆熟，一般不能直接饮用，需经调配，然后经橡木桶短时间贮存，再经勾兑方可出厂。陈酿就是将原白兰地在木桶里经过多年的贮藏老熟，使产品达到成熟完美的程度。勾兑是将不同品种、不同桶号、不同酒龄的原白兰地按比例进行混合，以求得质量一致并使酒具有一种特殊的风格。调配就是指调酒、调糖、调色和加香等调整成分的操作。

不同的国家和工厂，生产白兰地的工艺有所不同，勾兑和调配也不相同。法国是以贮藏原白兰地为主的工艺，按这种工艺，原白兰地需经过几年时间的贮藏，达到成熟后，经过勾兑、调整，再经过橡木桶短时间的贮藏，然后把不同酒龄、不同桶号的成熟白兰地勾兑起来，经过加工处理，即可装瓶出厂。我国的白兰地生产，是以配成白兰地贮藏为主。原白兰地只经过很短时间的贮藏，就勾兑、调配成白兰地。配成白兰地需要在橡木桶里经过多年的贮藏，达到成熟以后，经过再次的勾兑和加工处理，才能装瓶出厂。

无论以哪种方式贮藏，都要经过两次勾兑，即在配制前勾兑和装瓶前进行勾兑。

① 浓度稀释　国际上白兰地的标准酒精含量是 42％～43％（体积分数），我国一般为40％～43％（体积分数）。原白兰地酒精含量较成品白兰地高，因此要加水稀释，加水时速度要慢，边加水边搅拌。

② 加糖　目的是增加白兰地醇厚的味道。加糖量应根据口味的需要确定，一般控制白兰地含糖范围在 0.7％～1.5％。糖可用蔗糖或葡萄糖浆，其中以葡萄糖浆最好。

③ 着色　白兰地着色是在白兰地中添加用蔗糖制成的糖色，用量应根据糖色色泽的深浅，通过小试验决定。添加糖色应在白兰地加水稀释前，在过滤、下胶等过程中得到处理。

④ 脱色　白兰地在木桶中贮存过久，或用的桶是幼树木料制造的，白兰地会有过深的色泽和过多的单宁，此时白兰地发涩、发苦，必须进行脱色。色泽如果轻微过深，可用骨胶或鱼胶处理，否则除下胶以外，还得用最纯的活性炭处理。下胶和活性炭处理的白兰地，应在处理后 12h 过滤。

⑤ 加香　高档白兰是不加香的，但酒精含量高的白兰地，其香味往往欠缺，须采用加香法提高香味。白兰地调香可采用天然的香料、浸膏、酊汁。凡是有芳香的植物的根、茎、叶、花、果，都可以用酒精浸泡成酊，或浓缩成浸膏，用于白兰地调香。

(4) 自然陈酿　白兰地都需要在橡木桶里经过多年的自然陈酿，其目的在于改善产品的色、香、味，使其达到成熟完善的程度。

① 在贮存过程中，橡木桶中的单宁、色素等物质溶入酒中，使酒颜色逐渐转为金黄色。

② 由于贮存时空气渗过木桶进入酒中，引起一系列缓慢的氧化作用，致使酸及酯的含量增加，产生强烈的清香。

③ 酸是由木桶中单宁酸溶出及酒精缓慢氧化而致，贮存时间长，会产生蒸发作用，导致白兰地酒精含量降低，体积减小，为了防止酒精含量降至 40% 以下，可在贮存开始时适当提高酒精含量。

贮藏容器、贮藏过程的管理及存放条件对白兰地的自然陈酿有很大影响。贮藏的期限决定于白兰地的称号和质量。贮藏的时间越长，得到的白兰地质量也就越好，有长达 50 年之久的，但一般说来，贮藏到 4～5 年，就可以获得优美的品质特征了。

(5) 冷冻、过滤　白兰地中含有不易溶于水的高级脂肪酸乙酯或高级脂肪酸盐，这些物质在低温下易于析出，使酒产生混浊或沉淀。为了提高白兰地酒的稳定性，将白兰地在 10℃ 的条件下处理 24h，然后用纸板过滤机过滤。

(6) 包装　冷冻过滤后的酒经检验合格后方可包装。白兰地酒多采用不透光的瓶包装，然后再用纸箱包装。

5. 白兰地的质量标准

我国白兰地国家标准 GB 11856—89 规定了白兰地酒的技术要求，见表 2-11 和表 2-12 所示。

表 2-11　白兰地感官要求

项　目	优级(V.S.O.P.)	一级(V.O.)	二级
外观	澄清透明、晶亮、无悬浮物、无沉淀		
色泽	金黄色至赤金黄色	金黄色	浅金黄色至赤金黄色
气味	具有和谐的葡萄品种香、陈酿的橡木香、醇和的酒香，幽雅浓郁	具葡萄品种香、橡木及酒香，香气协调、浓郁，无刺激感	具原料品种香、酒香、橡木香，无明显的刺激感和异味
口味	醇和、甘洌、沁润、细腻、丰满、绵延	醇和、甘洌、完整、无杂味	纯正、无杂味

表 2-12　白兰地的理化要求

项目	优级(V.S.O.P.)	一级(V.O.)	二级
酒精(体积分数)(20℃)/%	38.0～44.0		
总酸(以乙酸计)/(g/L)	≤0.6		≤0.8
总酯(以乙酸乙酯计)/(g/L)	0.4～2.5		
总醛/(g/L)	≤0.15		≤0.25
铁/(mg/L)	≤1		
铜/(mg/L)	≤0.5		
甲醇/(g/L)	≤0.8		

注：1. V.O. 是 Very Old 的缩写，表示"很老"；V.S.O.P. 是 Very Superior Old Pale 的缩写，表示"最老"；X.O.（或 E.O.）是 Extra Old 的缩写，表示"超老"。

2. V.O. 和 V.S.O.P. 白兰地，规定贮陈期（即酒龄）不低于 5 年。

三、味美思的生产

味美思起源于希腊，发展于意大利，定名于德国。我国按"Vermouth"发音译成"味美思"。

味美思是一种世界性饮料，具有葡萄酒的酯香和多种药材浸渍久贮后形成的特有香气与陈酒香味。香气浓郁，药味协调醇厚，酒稍苦且柔和爽适。这类酒因加有多种名贵药材，适量常饮具有开胃健脾、祛风补血、助消化、强筋骨、滋阴肾、软化血管等功效。

除了直接饮用外，味美思还是调配鸡尾酒的优良酒种。这是因为味美思含糖量高，所含固形物较多，相对密度大，酒体醇浓。

我国味美思属于意大利型，在近百年的生产中，通过中草药配比和加工工艺等多方面的摸索，使产品独具风格，已自成一个体系，可称为中国型。张裕公司的味美思，色棕红，药香突出，味微苦，醇厚，酒精度为18%（体积分数），糖度为15%。

1. 味美思的种类

味美思按糖分含量可甜型（含糖140～160g/L）和干型（含糖140g/L以下）。

按色泽分为红、桃红、白三种。

按生产地分为意大利型、法国型和中国型三种类型。意大利型味美思药料以苦艾为主，酒基是麝香葡萄酒，苦艾较重。法国型味美思以白葡萄酒为酒基，只加药不加糖，味道较淡。我国的味美思以龙眼葡萄酒为原酒，配以我国独有的多种中药，制造巧妙，色味香佳。

2. 原料

（1）味美思原酒　应为白色，酸度合适，酒质纯正、老熟、稳定。生产原酒应该选择弱香型的葡萄为原料，通常选用白羽、龙眼、佳丽酿等。玫瑰香葡萄为主要调配品种。生产工艺同干白葡萄酒。不同的成品根据其特点，采用不同的方法进行贮藏。

（2）酒精　制备味美思所用的酒精是纯度很高、极度中性、特别精炼的粮谷酒精。酒精含量为11%～12%的原酒，须加原白兰地或食用脱臭酒精调整到酒精度为16%～18%。

（3）糖　一般用精制白砂糖、糖浆、甜白葡萄酒来调节酒的甜度。白味美思可用砂糖、糖浆或甜白葡萄酒调整糖度；红味美思通常用糖浆调整糖度。

（4）焦糖色　红味美思的色度可用焦糖色来调整，一般呈琥珀色。焦糖色由蔗糖加热制成。在味美思中不允许使用人工着色剂。

（5）药材　主要有苦艾、石蚕、橙皮、百里香、龙胆、勿忘草、鸢尾根、香草、白芷、丁香、矢车菊、肉桂、紫菀、豆蔻、菖蒲等。

药材的配方多种多样，下为意大利式味美思药材配方之一（400L酒液中加量）：苦艾450g，勿忘草450g，龙胆根40g，肉桂300g，白芷200g，豆蔻50g，紫菀450g，橙皮50g，菖蒲根450g，矢车菊450g。

药材可采用直接浸泡法、浸提液法或加香发酵法进行处理。前两种方法使用较多。

3. 味美思原酒

味美思原酒选择弱香型的葡萄原料，按干葡萄酒工艺生产。不同的产品根据其特点，可采用不同方法贮藏。

对于白味美思，特别是清香产品，一般采用新鲜的、贮存期短的白葡萄原酒，为此，贮存期间应添加 SO_2，以防止酒的氧化，一般控制游离 SO_2 40mg/L。红味美思和酒香、药香为特征的产品往往是氧化型白葡萄原酒，原酒贮存期较长，部分产品的原酒需在橡木桶中贮存，原酒贮存期间可以不加或少加 SO_2。

新木桶中鞣质及可浸出物含量高，原酒贮存时间不宜过长，一般在新木桶中贮存一段时间后移到老木桶中继续贮存。原酒经稳定性处理（澄清与降酸），若色泽较深，可采用脱色剂进行处理。

4. 味美思的加香处理

常采用的方法是先将药材制成浸提液，再与原酒配合加香。国外已生产出商品味美思调和香料，一些小生产厂可直接购买，用于生产。

(1) 直接浸泡法　直接浸泡法酿造味美思是普遍采用的工艺，其工艺流程如图 2-19。

图 2-19　直接浸泡法酿造味美思工艺流程

① 常温浸泡　药材处理后，定量与原酒混合，每天搅拌 1～2 次，浸泡时间一般需 15～20 天。

② 高温浸泡　药材处理后，用原酒浸泡。原酒间接加热到 60℃左右，搅拌、冷却，反复几次，浸泡需几天时间。

(2) 浸提液的制备法

① 白兰地提取法　用 70％左右的原白兰地浸泡药材。药材可混合浸泡，也可分类分别浸泡，浸泡量按体积比 1∶(2～4)（药材、白兰地），浸泡时间一般需要 10 天。

② 热水浸泡　热水控制在 60℃左右，浸泡时间视药材特性而定，药材可分类分别浸泡，也可混合后一次性浸泡，一般要几小时至 10h。

③ 加强原酒浸泡　将原酒的酒精含量加强到 18％～30％（体积分数），对药材进行浸泡，用量为：药材∶原酒体积比为 1∶(2～4)，浸泡 10 天左右。

④ 酒精浸泡　用食用酒精按①法浸泡。

(3) 蒸馏法　将药材用白兰地或食用酒精浸泡，用蒸馏法提取馏液作为调香用料。味美思配方中常用的香料品种：苦艾、龙胆草、白芷、紫菀、菖蒲根、勿忘草、肉桂、豆蔻、橙皮、矢车菊、金鸡纳皮、丁香、当归等。配方可根据地方习惯、民族特点，进行设计。

5. 味美思的调配

味美思的调配分两个方面：一是药香的调配；二是糖酸、色度的调配。经调配的原酒再经冷处理、澄清过滤等工序即为成品。

(1) 葡萄原酒的澄清处理　用作酒基的白葡萄酒或干白葡萄酒，由于放置时间长，会有混浊或轻度的失光，故需要进行澄清处理，以得到晶亮透明的酒液。一般添加 20～50g 的 PVPP（聚乙烯吡咯烷酮）或 0.2～0.4g/t 的活性炭吸附几天后过滤备用。

(2) 调配　调配主要是两个方面：一方面是药香的调配；一方面是糖、酒、酸、色度的调配。

先将白砂糖溶解在葡萄酒中（或把糖浆加入到葡萄酒中），再加入高纯度的优质酒精或脱臭酒精，然后分批分期加入芳香抽出物，最后加焦糖色调色。以极慢的搅拌速度进行搅拌，获得均匀一致的混合液。整个混合过程需在密闭系统中进行，以保留各种配料应有的芳香和口味强度。

(3) 贮存　调配好的味美思需贮存半年以上。白味美思可用不锈钢罐或者木桶贮存，但不宜在木桶中贮存时间过长，以免色泽和苦味加重。红味美思应先在新木桶中进行短期贮存后，再转入老木桶中继续贮存。高档红味美思应在木桶中贮存至少 1 年以上。

(4) 冷处理　酒液要经过冷冻处理，使酒中的大量胶质成分及部分酒石酸盐沉淀，以改善成品酒的风味及稳定性。冷处理温度为高于味美思冰点 0.5℃ 以上，时间为 7～10 天左右。

（5）澄清处理 味美思中含有药材带来的胶质成分，故黏度较高，不利于澄清处理。但有些胶质成分对具有胶体溶液特性的酒液起保护作用，若澄清、过滤操作得当，成品酒可存放 10 年以上而不产生沉淀，且口感更柔顺。可选用如下方法进行澄清处理：

① 下胶 添加 0.03％ 左右的鱼胶，准确的用量应经小试而定。搅匀后静置 2 周。此法效果很好。

② 加皂土 用量为 0.04％ 左右，实际用量经小试确定。搅匀后静置 2 周。

③ 鱼胶与皂土以 1∶1 的比例并用。

（6）过滤、杀菌 将上述经澄清处理后的酒液进行过滤。为了使酒体更加稳定，还可以将酒液进行巴氏杀菌（如法国式的味美思酒）。即将酒液加热到 75℃，并维持 12min，以杀死酵母等微生物和破坏酶的活性。最后再过滤一次，即可装瓶。

工作任务 2-2　白葡萄酒生产

❖【知识前导】

一、白葡萄酒生产的原料

酿造白葡萄酒选用白葡萄或红皮白肉葡萄品种。我国使用的优良品种有龙眼、贵人香（Italian Riesling）、雷司令（Gray Riesling）、白羽、李将军（Pinot Gris）、长相思（Sauvignon Blanc）、米勒（Muller Thurgau）、红玫瑰、巴娜蒂（Banati Riesling）、泉白、黑品乐、白雷司令（White Riesling）等。

1. 霞多丽（Chardonnay）

霞多丽别名查当尼、莎当妮，原产于法国，是酿造白葡萄酒的良种。主要在法国、美国、澳大利亚等国家栽培。我国最早于 1979 年由法国引入河北沙城，以后又多次从法国、美国、澳大利亚引入。目前河北、山东、河南、陕西和新疆等地有栽培。该品种为法国白根地（Burgundy）地区的干白葡萄酒与香槟酒的良种，我国青岛、沙城均以它为酿造高档干白葡萄酒原料。果粒中等大小，绿黄色，近圆形，百粒重 198g。果皮中厚，果肉稍硬，果汁较多，风味酸甜。果实出汁率 76％ 以上，果汁可溶性固形物 18.2％～19.5％，含酸量 0.6％～0.68％。酿成的酒浅金黄色，微绿晶亮，味醇和，回味好，适于配制干白葡萄酒和香槟酒。

2. 龙眼

龙眼又名秋紫、紫葡萄等，属亚欧种，是我国的古老品种，为华北地区主栽品种之一，西北、东北也有较大面积的栽培。浆果含糖量 120～180g/L，含酸量 8～9.8g/L，出汁率 75％～80％。这种葡萄既适于鲜食，又是酿酒的良种，用它酿造的葡萄酒为淡黄色，酒香纯正，具果香，酒体细致，柔和爽口。贮存两年以上，出现醇和酒香，陈酿 5～6 年的酒，滋味优美爽口，酒体细腻而醇厚，回味较长。也可酿造甜白葡萄酒。

3. 雷司令（Gray Riesling）

雷司令属亚欧种，原产于德国，是世界著名品种。1892 年我国从西欧引入，在山东烟台和胶东地区栽培较多。浆果含糖量 170～210g/L，含酸量 5～7g/L，出汁率 68％～71％。它所酿之酒为浅禾黄色，香气浓郁，酒质纯净。主要酿制干白、甜白葡萄酒及香槟酒。

二、白葡萄酒生产工艺流程

白葡萄酒用酿造白葡萄酒的葡萄品种为原料，经过果汁分离、果汁澄清、控温发酵、贮存陈酿及后加工处理而成。其工艺流程如图 2-20。

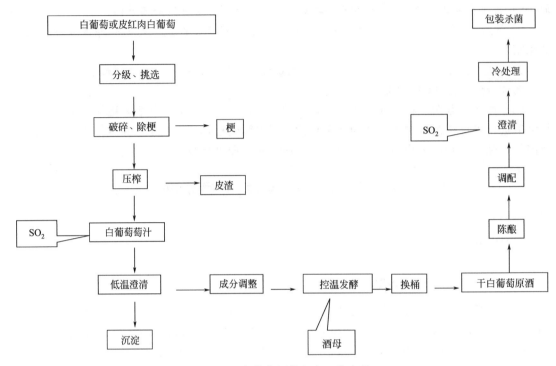

图 2-20　白葡萄酒的生产工艺流程

三、白葡萄汁的分离及发酵

1. 果汁分离

白葡萄酒与红葡萄酒前加工工艺不同。白葡萄酒是原料葡萄经破碎（压榨）或果汁分离，果汁单独进行发酵，而红葡萄酒加工是皮汁共同发酵，先发酵后压榨。

果汁分离是酿造白葡萄酒的重要工序。葡萄破碎后经淋汁取得自流汁，再经压榨取得压榨汁，为了提高果汁质量，一般采用二次压榨分级取汁。自流汁和压榨汁质量不同，应分别存放，作不同用途。

果汁分离一般可采用机械分离的方法（图 2-21），主要的方法有螺旋式连续压榨机分离果汁、气囊式压榨机分离果汁、果汁分离机分离果汁、双压板压榨机分离果汁等。现代化葡萄酒厂中的白葡萄压榨见流程图。果汁机分离机出汁率可达 60％，汁内残留的果肉等纤维物质较小，有利于澄清。

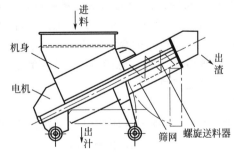

图 2-21　果汁分离机示意图

果汁分离时应注意葡萄汁与皮渣分离速度要快，缩短葡萄汁与空气接触时间，减少葡萄汁的氧化。果汁分离后需立即进行二氧化硫处理，每 100kg 葡萄加入 10～15g 偏重亚硫酸钾（相当于 SO_2 50～75mg/kg），以防果汁氧化。

破碎后的葡萄浆应立即压榨分离出果汁，皮

渣单独发酵蒸馏得白兰地。

2. 果汁澄清

葡萄汁澄清处理是酿造高级干白葡萄酒的关键工序之一。自流汁或经压榨的葡萄汁中含有果胶质、果肉等杂质，因此混浊不清，应尽量将之减少到最低含量，以避免杂质发酵给酒带来异杂味。

葡萄汁的澄清可采用 SO_2 低温静置澄清法、果胶酶澄清法、皂土澄清法和高速离心分离澄清法等几种方法。

（1）二氧化硫静置澄清　采用适量添加二氧化硫来澄清葡萄汁，其操作简单，效果较好，在澄清过程中 SO_2 主要起三个作用：

① 可加速胶体凝聚，对非生物杂质起到助沉作用。

② 葡萄皮上长有野生酵母、细菌、霉菌等微生物，在采收加工过程中也可能感染其他杂菌，使用 SO_2 起到抑制杂菌的作用。

③ 葡萄汁中酚类化合物、色素、儿茶酸等易发生氧化反应，使果汁变质，当葡萄汁中有游离 SO_2 存在时，首先与 SO_2 发生氧化反应，可防止葡萄汁被氧化。

具体采用低温澄清法。根据 SO_2 的使用量和果汁总量，准确计算加入 SO_2 的量。加入后搅拌均匀，然后静置 16～24h，待葡萄汁中的悬浮物全部下沉后，以虹吸法或从澄清罐高位阀门放出清汁。如果有制冷条件，可将葡萄汁温度降至 15℃ 以下，不仅可加快沉降速度，而且澄清效果更佳。

（2）果胶酶法　果胶酶可以软化果肉组织中的果胶质，使之分解生成半乳糖醛酸和果胶酸，使葡萄汁的黏度下降，原来存在于葡萄汁中的固形物失去依托而沉降下来，以增强澄清效果，同时也有加快过滤速度、提高出汁率的作用。目前果胶酶已有商品出售。

① 使用方法

a. 果胶酶使用量的选择　果胶酶的活力受温度、pH、防腐剂的影响。澄清葡萄汁时，果胶酶能在混浊条件下进行酶解作用。一般情况下 24h 左右可使果汁澄清。如果温度低，酶解时间需延长。根据以上特性，在使用前应做小试验，找出最佳的使用量。

b. 果胶酶粉剂的使用　确定使用量后，将酶粉放入容器中，用 4～5 倍的温水（40～50℃）稀释均匀，放置 2～4h，输送到葡萄汁中，搅拌、静置数小时后，果汁开始出现絮状物，并逐渐沉于容器底部，取上层澄清果汁即可。一般用量在 0.5%～0.8% 范围内。

② 果胶酶法优点　保持原葡萄果汁的芳香和滋味，降低果汁中总酚和总氮的含量，有利于干酒质量的提高。果汁分离前或澄清时加入果胶酶能够提高出汁率 3% 左右，并且易于分离过滤。

（3）皂土澄清法　皂土，亦称膨润土，是一种由天然黏土精制的胶体铝硅酸盐，以二氧化硅、三氧化铝为主要成分，其他还有氧化镁、氧化钙、氧化钾等成分。其为白色粉末，溶解于水中的胶体带负电荷，而葡萄汁中蛋白质等微粒带正电荷，正负电荷结合使蛋白质等微粒下沉。它具有很强的吸附力，用来澄清葡萄汁可获得最佳效果。各地生产的皂土其组成不同，因此，性能也存在差异。

由于葡萄汁所含成分和皂土性能不同，皂土使用量也不同，因此，使用前应做小型试验，确定其用量。以 10～15 倍水慢慢加入皂土中，浸润膨胀 12h 以上，然后补加部分温水，用力搅拌成浆液，然后以 4～5 倍葡萄汁稀释，用酒泵循环 1h 左右，使其充分与葡萄汁混合均匀。根据澄清情况及时分离，若配合使用，效果更佳。

用皂土澄清后的白葡萄汁干浸出物含量和总氮含量均有减少，有利于避免蛋白质混浊。注意皂土处理不能重复使用，否则有可能使酒体变得淡薄，降低酒的质量。一般用量为 1.5g/L。

（4）机械澄清法　利用离心机高速旋转产生巨大的离心力，使葡萄汁与杂质因密度不同而得到分离。离心力越强，澄清效果越好。它不仅使杂质得到分离，也能除去大部分野生酵母，为人工酵母的使用提供有利条件。

使用前在果汁内先加入皂土或果胶酶，效果更好。

机械澄清法优点是短时间达到澄清，减少香气的损失，全部操作机械化、自动化，既可提高质量又降低劳动强度。但价格昂贵，耗电量大。

3. 发酵

葡萄汁经澄清后，根据具体情况决定是否进行改良处理，之后再进行发酵。

（1）酵母的添加　白葡萄酒发酵多采用添加入工培育的优良酵母（或固体活性酵母）进行低温密闭发酵。酵母的选择除具有酿酒风味好这一重要条件外，还应具有能适应低温发酵、保持发酵平稳、有后劲、发酵彻底、不留较多残糖、酵母凝聚能力强的特点，使酒液易澄清。

（2）低温发酵　低温发酵有利于保持葡萄中原果香的挥发性化合物和芳香物质。

① 发酵设备　白葡萄酒发酵设备目前常采用密闭夹套冷却的钢罐，它发酵时降温比较方便。也有采用密闭外冷却后再回到发酵罐发酵的。此外，还有采用其他方式冷却发酵液的。

② 发酵工艺　发酵分成主发酵和后发酵两个阶段。

a. 主发酵　一般温度控制在 16～22℃为宜，发酵期 15 天左右。发酵温度对白葡萄酒的质量有很大影响，低温发酵有利于保持葡萄中原果香的挥发性化合物和芳香物质。温度过高，使白葡萄酒易于氧化；降低果香；低沸点芳香物质易于挥发，从而降低酒香；易感染杂菌，降低酵母活力。因此，控制发酵温度是白葡萄酒发酵管理的一项重要工作。白葡萄的发酵容器通常附带冷却装置。

b. 后发酵　主发酵后残糖降低至 5g/L 以下，即可转入后发酵。后发酵温度一般控制在 15℃以下，发酵期约 1 个月。在缓慢的后发酵过程中，葡萄酒香和味形成更为完善，残糖继续下降至 2g/L 以下。

发酵期间的操作、各项管理内容、酒液成分指标及异常发酵现象的处置措施等，均同红葡萄酒发酵工艺。

c. 发酵结束的判断

ⅰ. 感官要求　后发酵结束感官要求发酵液面较平静，发酵温度接近室温。酒体呈浅黄色、浅黄带绿色或乳白色，有悬浮的酵母混浊，有明显的果实香、酒香、CO_2 气味和酵母味，无异味，品尝有刺舌感，酒质纯正。

ⅱ. 理化要求　酒精含量 9%～11%（体积分数）；残糖 5g/L 以下；相对密度 1.01～1.02；挥发酸 0.4g/L 以下（以醋酸计）；总酸：自然含量。

③ 苹果酸-乳酸发酵　是提高其感官质量和稳定性的必需过程。但对于果香味浓和清爽感良好的干白葡萄酒，则应避免苹果酸-乳酸发酵。随着国际酿酒工艺的不断发展进化，也出现一些白葡萄酒品种进行苹果酸-乳酸发酵，如莎当妮，其控制可参考红葡萄酒。不进行苹果酸-乳酸发酵的白葡萄酒应在发酵结束后立即添加 SO_2，添加量一般为 40～60mg/L。

四、白葡萄酒的贮存、调配及后处理

1. 添桶和换桶

（1）添桶　葡萄酒主发酵结束后，由于 CO_2 排除缓慢，发酵罐内酒液减少，为防止氧化，尽量减少原酒和空气的接触面积，应及时添加同质同量的葡萄酒，使桶或发酵罐体积保持在 90%～95%。开始每周添桶一次，1 个月后，桶中的发酵作用已完全终止，再次添桶必须完全添满，不留一点空隙，并用桶塞盖严封好，进行葡萄酒的贮放，使新酒中的酒石和沉淀物逐渐析出，从而得到澄清透明的新葡萄酒。

（2）换桶　干白葡萄酒的生产中，为防止氧化，保持酒的原有果香，必须采用密闭的方式进行换桶。多采用密闭自流或外加气体换桶法。下面介绍一下密闭自流法：

当发酵桶为卧式排放时，可利用上层发酵桶与下层桶的高位差，使上层桶中的酒借助重力自然流入下层桶中。下层桶在装葡萄酒前，必须按操作规程，进行严格的清洗和硫磺熏蒸。待酒液全部流入下层桶后，根据工艺要求补加一定量的 SO_2。使其达到贮酒工艺要求的 SO_2 浓度。第一次换桶时，少量的换气有助于酒的成熟和质量的保持。

2. 白葡萄酒的澄清

发酵结束后满罐静置 1 个月后，要对白葡萄酒进行澄清处理，其原理及操作方法与红葡萄酒相似，可参照红葡萄酒。但白葡萄酒与红葡萄酒使用的澄清剂有所区别。常用的白葡萄酒澄清剂为皂土、酪蛋白、鱼胶。

3. 白葡萄酒防氧化措施

白葡萄酒中含有多种酚类化合物，如色素、单宁、芳香物质等，这些物质具有较强的嗜氧性，与空气接触时，它们很容易被氧化，生成棕色聚合物，使白葡萄酒的颜色变深，酒的新鲜感减少，甚至造成酒的氧化味，从而引起白葡萄酒外观和风味的不良变化。

白葡萄酒氧化现象存在于生产过程的每一个工序，如何掌握和控制氧化是十分重要的。白葡萄酒生产中的防氧措施见表 2-13。

表 2-13　白葡萄酒生产中的防氧措施

防氧措施	内　容
选择最佳采收期	选择最佳葡萄成熟期进行采收，防止过熟霉变
原料低温处理	葡萄原料先进行低温处理（10℃以下），然后再压榨分离果汁（有条件的企业可采用），一般来讲，在保证葡萄健康、未氧化的情况下，不采用此处理
快速分离	快速压榨分离果汁，减少果汁与空气接触时间
低温澄清处理	将果汁进行低温处理（8～10℃），加入二氧化硫，进行低温澄清
控温发酵	果汁转入发酵罐中，将品温控制在 14～18℃，进行低温发酵
皂土澄清	应用皂土澄清果汁（或原酒），减少氧化物质和氧化酶的活性，如果果汁新鲜、健康，不建议采用皂土处理
避免与铁、铜等金属物接触	凡与酒（汁）接触的铁、铜等金属工具、设备、容器均需有防腐蚀涂料，最好全部使用不锈钢材质
添加二氧化硫	在酿造白葡萄酒的全部过程中，适量添加二氧化硫
充加惰性气体	在果汁澄清、发酵前后、下胶、冷冻处理、贮存、灌装等过程中，应充加氮气或二氧化碳气，以隔绝葡萄酒（汁）与空气的接触
添加抗氧剂	白葡萄酒装瓶前，添加适量抗氧剂，如二氧化硫、维生素 C 等

◆ **【任务实施】**

见《学生实践技能训练工作手册》。

◆ **【知识拓展】**

一、桃红葡萄酒生产

桃红葡萄酒是近年来国际上新发展起来的葡萄酒类型，其色泽和风味介于红葡萄酒和白葡萄酒之间，颜色为淡红、橘红、桃红、砖红等，大多是干型、半干型或半甜型酒。

桃红葡萄酒不仅是通过色泽来定义的，它的生产工艺既不同于红葡萄酒又不同于白葡萄酒，确切地说，是介于果渣浸提与无浸提之间。

1. 酿造桃红葡萄酒的优良品种

有玫瑰香、法国蓝、黑品乐、佳丽酿、玛大罗（Mataro）、阿拉蒙（Aramon）等。

2. 桃红葡萄酒酿造特点

桃红葡萄酒酿造特点见表 2-14。

表 2-14　桃红葡萄酒酿造特点

与红葡萄酒相似之处	与白葡萄酒相似之处	与红葡萄酒相似之处	与白葡萄酒相似之处
① 可利用皮红肉白的生产红葡萄酒的葡萄品种	① 可利用浅色葡萄生产	③ 酒色呈淡红色	③ 要求有新鲜悦人的果香
② 有限浸提	② 采用果汁分离、低温发酵	④ 诱导苹果酸-乳酸发酵	④ 保持适量的苹果酸

桃红葡萄酒的单宁含量一般为 0.2～0.4g/L，酒精度以 10%～20%（体积分数）为宜，含糖量为 10～30g/L，酸度 6～7g/L，游离 SO_2 含量为 10～30g/L，干浸出物含量 15～18g/L。一般情况下，桃红葡萄酒适宜在其年轻时饮用，不宜陈酿，因为在陈酿的过程中明艳的颜色会变黄，新鲜的果香味会变淡、消失，其品质会受到很大影响。

3. 桃红葡萄酒的酿造工艺

为生产出具有良好新鲜感觉，果香清新、色泽适度的优质桃红葡萄酒，应挑选适合的葡萄品种，并选择恰当的生产工艺。下面就桃红葡萄酒的主要生产方法加以介绍。

（1）带皮浸提发酵　见图 2-22。

图 2-22　带皮浸提发酵生产桃红葡萄酒

佳丽酿、玫瑰香两葡萄品种适于此工艺。以佳丽酿葡萄为原料，葡萄浆添加 SO_2 100mg/L、静置 4h，再取汁发酵；以玫瑰香葡萄为原料，添加 SO_2 50mg/L、静置 10h 后，再取汁发酵。SO_2 加量多，浆的 pH 低，有利于葡萄皮中色素等成分浸出。

（2）红葡萄和白葡萄果浆混合浸提发酵　见图 2-23。

图 2-23　红葡萄和白葡萄果浆混合浸提发酵生产桃红葡萄酒

红葡萄与白葡萄的比例，通过小试而定，以葡萄品种而异，通常，红葡萄与白葡萄的用量为 1:3。葡萄混合破碎后，添加 SO_2，静置一段时间后，再取汁发酵。

（3）冷浸法取汁发酵　见图 2-24。

图 2-24　冷浸法取汁发酵生产桃红葡萄酒

适用于此法的葡萄为皮红肉白的品种。葡萄浆添加 50mg/L SO_2 后，在 5℃ 条件下浸提

24h，再取汁于 20℃下发酵。

（4）采用 CO_2 浸提法取汁发酵　此方法同红葡萄酒的 CO_2 浸渍法。浸渍温度为 15℃，时间为 48h。

（5）原酒调配法生产桃红葡萄酒　用玫瑰香或佳丽酿酿酒时可采用此法。

以佳丽酿葡萄为原料，先采用带皮发酵法制取红原酒，以纯汁发酵制取白原酒，再以干白原酒与干红原酒 1∶1 的比例调和；若以玫瑰香葡萄为原料，则干白原酒与干红原酒按 1∶3 的比例调和。

二、起泡酒的生产

起泡葡萄酒（sparkling wine）是一种富含二氧化碳的优质白葡萄酒，酒体中的二氧化碳可以由加糖发酵生产或人工压入，其含量在 0.3MPa 以上（20℃），酒精含量一般为 11%～13%（体积分数）。

香槟酒已有 300 多年的历史。目前世界上有 30 多个国家生产起泡葡萄酒，其中法国是起泡葡萄酒的主要生产国，其生产的香槟酒（Champagne）起源于法国香槟省而得名。法国的酒法规定：只有香槟地区采用特定的葡萄品种和独特工艺酿造的含 CO_2 的白葡萄酒才能称为香槟酒。我国生产气泡葡萄酒的主要有张裕葡萄酒公司和长城葡萄酒公司。

酿造葡萄在欧洲主要品种有黑品乐、霞多乐等。

1. 起泡酒生产的原料

用于生产起泡葡萄酒的葡萄品种主要有以下几种：

（1）黑品乐　黑皮白汁，制造的原酒质地醇厚，酒体丰满有骨架，陈酿以后，酒香扑鼻。

（2）霞多丽　白葡萄品种，能酿出高质量黄绿色的葡萄酒，酿制的香槟酒具有精细洁白的泡沫。

（3）白山坡（品乐漠尼埃 Pinot Meunien）　这个品种酿制的原酒果香优美，陈酿迅速，但品味较淡。

（4）其他品种　白福尔（Folle Blanche）能生产优良品质的香槟。Burger 具有天然风味，但比较谈。鸽笼白（French Colombard）具有合适的较高的酸度，但香味稍许突出，有些人不喜欢它。白羽霓（Chenin Blanche）及 Veltliner 都用于生产原酒。白雷司令（White Riesling）虽低产，但在美国用于生产香槟酒。我国主要采用龙眼葡萄。要求葡萄的含糖量在 200g/L 左右，总酸在 5～8g/L。

2. 起泡酒生产工艺及操作要点

起泡葡萄酒按生产方法分两种：一种是瓶式发酵起泡葡萄酒，葡萄原酒在瓶内经二次发酵而成；另一种是罐式发酵起泡葡萄酒，葡萄原酒在大罐中发酵而成。

（1）瓶式发酵起泡葡萄酒　见图 2-25。

起泡葡萄酒中的高档产品——香槟是采用传统瓶式发酵法酿制的，其操作要点如下：

① 加糖浆　要保证起泡葡萄酒二氧化碳的压力符合质量标准，需要加入糖。每升添加 4g 糖可

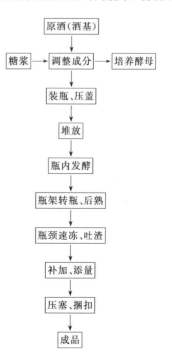

图 2-25　瓶式发酵起泡葡萄酒生产工艺流程

产生 0.1MPa 的气压。因此，在原酒残糖含量不高的情况下每升添加 24g 糖，可使起泡酒达到 0.6MPa 的气压。加糖必须准确计算和计量，加入糖量不足，酒中二氧化碳的含量达不到要求；加糖量过高，瓶内产生的二氧化碳压力太大，酒瓶容易爆破。糖是以糖浆的形式加入的。一般将蔗糖溶解于葡萄酒中，经过滤除杂质后，加入澄清的酒液中，其含糖量为 500～625g/L。

② 酵母的添加　二次发酵所需的酵母采用低温香槟酵母，它必须具备良好的凝聚性、耐压性、抗酒精能力。在酒中的二氧化碳压力达 0.2MPa 以上，酒精含量 10% 时能继续进行二次发酵。同时在低温（10℃）能进行发酵，且酵母能产生良好的风味。酵母培养液的添加量为 5%。

③ 辅助物的添加　为了更好地进行二次发酵，在原酒混合的时候还需添加两类物质：一类是有利于酒精发酵的营养物质，主要是铵态氮，磷酸氢铵用量一般为 15mg/L，也可用 50mg/L 硫酸铵替代，有的还添加维生素 B_1；另一类是有利于澄清和去渣的物质，主要是皂土（0.1～0.5g/L）。

④ 瓶内二次发酵　将调整成分的原料酒装入瓶内，接入酵母培养液，加塞后在酒窖中进行瓶内发酵。瓶子要水平堆放，以免瓶塞干而漏气。发酵温度 10～15℃。堆放时间 9 个月至 20 年。在这一期间主要发生三大变化：首先是酒精发酵，把糖变成酒精和二氧化碳，二氧化碳溶于酒中；其次酵母自溶，产生酵母香气，增加其浓稠感；第三是产生酒香。

⑤ 堆放　主发酵后，要进行一次倒堆，就是将瓶子一个一个地倒一下。在倒堆的时候，用手将瓶子用力晃动一下，使沉淀于瓶底的酵母重新浮悬于酒液中，目的是将仅有的一点残糖继续消耗。对于有些澄清困难的酒，在晃动的过程中，所有沉淀都会浮悬于酒液中，使酒石酸盐下沉时结合成大颗粒，便于沉降。通过摇晃，对原来分散的蛋白质分子和其他杂物起到下胶的作用，有利于酒的澄清。

⑥ 瓶架转瓶和后熟　当堆放发酵结束后，二氧化碳含量达到所规定的标准，此时就要放在一个特别的酒架上后熟。后熟的目的是将酒中的酵母泥和其他杂物集中沉淀于瓶口处，以便除去。酒架呈 "人" 字形，角度为 35°。酒瓶倒放在木架的孔中，木架的倾斜度是可以调节的，最终使酒瓶垂直，倒立在木架上。在此期间要人工转瓶，瓶子从下方转到上方，使所有粘在瓶壁上的沉淀物能脱离开来，全部凝集。每天转动一次，1 周转动一圈，持续 4～5 周。在此过程中瓶内沉渣逐渐地集中沉淀在瓶颈，酒自然澄清，并伴随着酯化反应和复杂的生化反应，最终使酒的滋味丰满、醇和、细腻。

⑦ 瓶颈速冻与吐渣　从酒架上取下酒瓶，以垂直状态进入低温操作室，瓶颈倒立于 −22～−24℃ 的冰液中，浸渍高度可以根据瓶颈内聚集沉淀物的多少而调节，使瓶口的酒液和沉积物迅速形成一个小冻冰塞状。将瓶子握成 45° 斜角，瓶口上部插入一开口特殊的铜瓶套中，迅速开塞，利用瓶内二氧化碳的压力，将瓶塞顶住，冰塞状沉淀物随之排出。

⑧ 补液　以同类原酒补充喷出损失的酒液，一般补量为 30mL 左右（3% 的量）。整个过程要在低温室中操作（5℃ 左右）。虽然冷冻可限制二氧化碳涌出，但去塞时仍会减少部分压力，一般二氧化碳压力损失为 0.01 MPa。

⑨ 调整成分　一般来讲，按照生产类型和产品标准，加入糖浆、白兰地、防腐剂来调整产品的成分。如果生产干型起泡葡萄酒，可用同批号原酒或同批号起泡酒补充；生产半干、半甜、甜型起泡酒，可用同类原酒配制的糖浆补充，使酒的糖酸比协调。并在调糖浆的同时加二氧化硫，使总二氧化硫含量达到 80～100mg/L。若要提高起泡酒的酒精含量，可以补加白兰地。

⑩ 封盖　成分调整后迅速压盖和软木塞，捆上铁丝扣。

(2) 罐式发酵起泡葡萄酒　瓶式发酵法工艺复杂，投资大，技术要求高，劳动强度大，适用于生产质量及价格较高的名牌产品。罐式发酵即大型容器密闭发酵，它所用的酒基与酿造瓶式起泡酒的酒基相同，但在设备、工艺上都比瓶式起泡酒先进。其生产周期短，生产效率高，酿造工序简单，原酒损失少，且可以通过控制发酵温度来掌握发酵速率，酒的质量比较均匀一致。许多国家采用此法生产起泡葡萄酒。发酵工艺流程图见图 2-26。

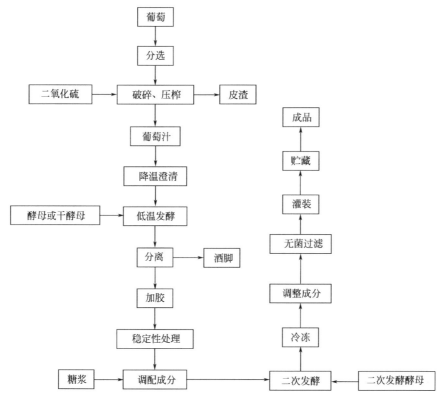

图 2-26　罐式发酵起泡葡萄酒生产工艺流程

操作要点：

① 原酒的生产、酵母制备、糖浆准备、添加剂等同瓶式发酵法。

② 二次发酵　起泡葡萄酒的二次发酵在发酵罐内进行。发酵罐为带有冷却夹套的不锈钢罐，并配装压力计、测温计、安全阀、加料阀、出酒阀等设施，有的还配备低速搅拌器。

原酒及配料从发酵罐底部进入，装液量为 95%，留下 5% 空隙作为发酵过程中体积膨胀所占的体积。凝聚酵母培养液的接种量为 5%。由于在较高温度下，二氧化碳在酒中吸收性差，故采用低温凝聚酵母进行低温发酵。控制发酵温度在 15~18℃，每天降糖为 0.15%~0.2%。密闭发酵 15~20 天，压力达到 0.6MPa。

③ 冷冻过滤　通过夹层冷却，使已被二氧化碳饱和的葡萄酒冷冻到 −4℃，保持 7~14 天，趁冷过滤到另一罐中，使酒液澄清透明。罐事先用二氧化碳或氮气背压，防止空气混入而使酒老化。

④ 调整成分　澄清的葡萄酒根据产品质量要求，加入糖浆调整糖度，补充二氧化硫。

⑤ 无菌过滤及灌装　用滤菌纸板过滤，达到无菌的目的，然后进行等压装瓶。

3. 起泡酒的质量标准

国家技术监督局批准颁布的国家标准 GB/T 15037—94 规定了起泡葡萄酒的感官指标（表 2-15）和理化指标（表 2-16）。

表 2-15　起泡酒葡萄酒的感官要求

项　　目		要　　　　　求
外观	色泽	近似无色、微黄带绿、浅黄、禾秆黄、金黄色
	澄清程度	澄清透明、有汹涌、无明显悬浮物（使用软木塞封口的酒允许有 3 个以下≤1mm 的软木渣）
	起泡程度	起泡葡萄酒注入杯中时，应有细微的串珠状气泡升起，并有一定的持续性
香气滋味	香气	具有纯正、优雅、怡悦、和谐的果香与酒香
	滋味　起泡葡萄酒	具有优美醇正、和谐悦人的口味和发酵起泡酒的特有香味，有杀口力
	加气起泡葡萄酒	具有清新、愉快、纯正的口味，有杀口力
典型性		典型突出，明确

表 2-16　起泡葡萄酒的理化指标

项　　目			要　　求
酒精度（体积分数）（20℃）/％			8.3～13.5
总糖（以葡萄糖计）/（g/L）	起泡、加气起泡葡萄酒	天然型	≤12.0
		绝干型	12.1～20.0
		干型	20.1～35.0
		半干型	35.1～50.0
		甜型	≥50.1
滴定酸（以酒石酸计）/（g/L）	甜葡萄酒		5.0～8.0
	其他类型葡萄酒		5.0～7.5
挥发酸（以乙酸计）/（g/L）			≤1.1
游离二氧化硫/（mg/L）			≤50
总二氧化硫/（mg/L）			≤250
干浸出物/（g/L）	白葡萄酒		≥15.0
	红、桃红葡萄酒		≥17.0
铁/（mg/L）	白葡萄酒		≤10.0
	红、桃红葡萄酒		≤8.0
二氧化碳（20℃）/MPa	起泡、加气起泡	＜250mL/瓶	≥0.30
		≥250mL/瓶	0.35

注：1. 酒精度在上表的范围内，允许误差为±1.0％，20℃。

2. 卫生要求：铅、细菌指标按 GB 2758 执行。

三、葡萄酒的品评

葡萄酒的品评又叫感官检验，是指通过人们的感觉器官对葡萄酒的色泽、香气、滋味及典型性等感官特征进行感觉，然后经过大脑的分析，综合比较，对葡萄酒的质量优劣作出客观、公正的评价。

葡萄酒是供人饮用和鉴赏的，所以葡萄酒的质量好坏，必须通过感官品尝来判断。一种葡萄酒的质量好坏，首先取决于它的色、香、味等综合质量指标，给人感觉的满意程度。一种好的葡萄酒，必须使人感到愉悦、惬意，给人美的感受。所以，只有感官品尝，才能对葡萄酒众多成分的协同作用结果，做出综合分析和评价。这就像一部美好的乐章，是由众多单一音符，巧妙地组合搭配而成的，而组合搭配得是否美妙，需要靠人的听觉器官来鉴赏和评价。葡萄酒的感官品尝，才是评价葡萄酒质量的有效手段，也是评价葡萄酒质量的最终手段。

1. 葡萄酒品评项目

（1）葡萄酒的外观和颜色　品尝葡萄酒的第一关是举杯齐眉，以手持杯底或用手握住玻璃杯柱，对葡萄酒的外观进行仔细的观察和分析，即在适宜的光线下（非直射阳光）下，看葡萄酒的澄清度，看葡萄酒的颜色和色调。葡萄酒的外观，对评酒结论非常重要。正如看一个人的脸面，可以看出一个人的性别、年龄、修养和内涵那样，看一种葡萄酒的外观，也能认识萄酒的好坏。

对葡萄酒的外观，主要从两个方面进行观察和描述：其一是葡萄酒的澄清度；其二是葡萄酒的颜色。

① 葡萄酒的澄清度　对于质量好的葡萄酒，其澄清、透亮、有光泽是给人的第一感觉，也是健康葡萄酒的基本素质。常用的描述葡萄酒的澄清度的术语如表 2-17 所示。澄清的葡萄酒由失光到混浊、沉淀是一个渐进的过程。描述这个过程时，可以加不同的副词，以表达程度的差别。

表 2-17　葡萄酒的澄清度常用术语

项　　目		术　　语
澄清度		清亮透明、晶莹透明、有光泽、光亮
混浊度		略失光、失光、欠透明、微混浊、混浊、极混浊、雾状混浊、乳状混浊等
沉淀		有沉淀、有纤维状沉淀、有颗粒状沉淀、有酒石结晶，有片状沉淀、有块状沉淀等
颜色	白葡萄酒	无色(如水)、淡黄绿色、浅黄色、禾秆黄色、金黄色、黄色、棕黄色、蓝黄色、淡琥珀色、琥珀色
	桃红葡萄酒	浅桃红色、玫瑰红色、砖红色、黄玫瑰红色、橙玫瑰红色、橙红色、洋葱皮红色、紫玫瑰红色
	红葡萄酒	洋葱皮红色、棕带红色、宝石红色、鲜红色、深红色、暗红色、紫红色、瓦红色、砖红色、黄红色、黑红色、血红色、石榴皮红色、淡宝石红色

② 葡萄酒的色泽　葡萄酒的颜色和色调取决于葡萄品种、酿造工艺和贮藏年限。

人们按葡萄酒的颜色不同，把葡萄酒分为白葡萄酒、桃红葡萄酒和红葡萄酒。其颜色特征及描述如下：

a. 白葡萄酒　好的白葡萄酒应该是无色透明的、深金色的；近似无色的；或微带麦秆黄色，微带橄榄绿色。有缺陷的白葡萄酒呈金黄色、暗黄色、深黄色等，并且陈酿的时间越长，颜色越深。总的说来、颜色较淡的酒产自于较凉爽的地区，颜色较深的酒产自于气候温暖的地区。但高甜度的葡萄酒例外，其代表有著名的经过贵腐作用后再放入橡木桶中陈酿的白葡萄酒，它们的颜色都比较深。新的白葡萄酒可以染上绿色。棕色的葡萄酒则可能是变质了。白葡萄酒装瓶时间长了，花色素苷被氧化，颜色由浅到深，发生程度不同的变化。所以，从白葡萄酒的颜色和色调，就能判断白葡萄酒的氧化程度和质量好坏（图 2-27）。

b. 桃红葡萄酒　这是由红葡萄品种采用白葡萄酒的工艺发酵而成的葡萄酒，风格介于红白葡萄酒之间。桃红葡萄酒的颜色一般为桃花红色或玫瑰红色，或洋葱皮红色、浅红色。

c. 红葡萄酒　描述红葡萄酒颜色的词汇有：宝石红色、鲜红色、深红色、暗红色、紫红色、瓦红色、砖红色、棕红色等。

红酒的颜色变化，从粉红到近似黑色不等。这主要是由葡萄的品种决定的。但其他因素，如陈酿的时间和出产地也起一定的作用。新酿成的红葡萄酒为鲜红色或紫红色。主要是花色素苷引起的。成熟的葡萄酒呈宝石红色、砖红色、瓦红色。装瓶多年的葡萄酒呈棕红色或暗红色，是色素氧化的结果。与白葡萄酒不同的是，红酒越陈越有光泽。酒的边缘处越呈棕色，且颜色越淡（最好通过将杯朝品酒人对面方向倾斜来观察），就说明该酒越成熟。气候温暖的地区通常能酿出颜色深的葡萄酒。而在橡木桶中陈酿的葡萄酒与在瓶中陈酿的葡萄酒相比，失去的颜色更多些。红酒的颜色见图 2-28。

③ 黏滞度　若想进一步探究所品尝的酒的品质，可以研究其黏滞度。即摇动酒液后，观察其粘在酒杯壁上的"腿"和"眼泪"。如果留有突出的痕迹，就说明该酒酒精度或含糖

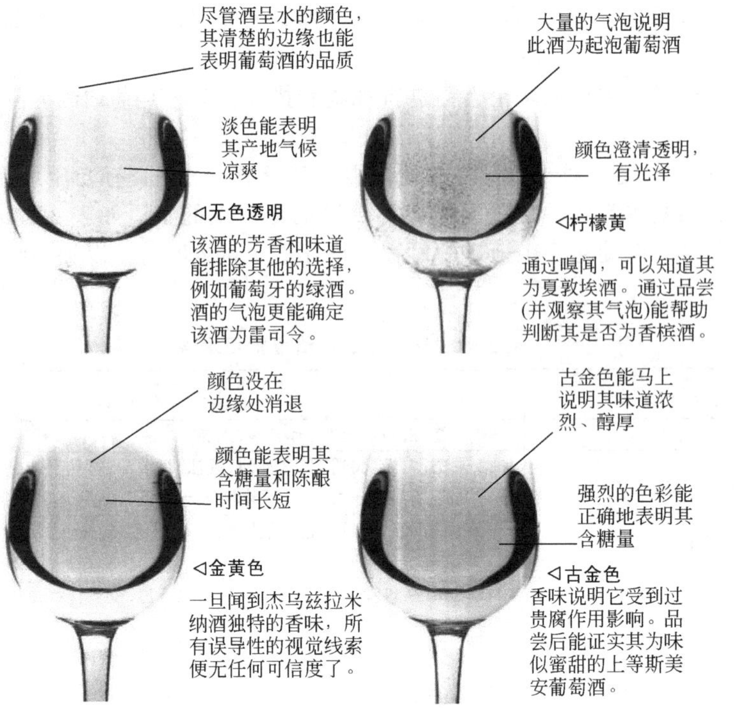

尽管酒呈水的颜色，其清楚的边缘也能表明葡萄酒的品质

淡色能表明其产地气候凉爽

◁无色透明

该酒的芳香和味道能排除其他的选择，例如葡萄牙的绿酒。酒的气泡更能确定该酒为雷司令。

大量的气泡说明此酒为起泡葡萄酒

颜色澄清透明，有光泽

◁柠檬黄

通过嗅闻，可以知道其为夏敦埃酒。通过品尝（并观察其气泡）能帮助判断其是否为香槟酒。

颜色没在边缘处消退

颜色能表明其含糖量和陈酿时间长短

◁金黄色

一旦闻到杰乌兹拉米纳酒独特的香味，所有误导性的视觉线索便无任何可信度了。

古金色能马上说明其味道浓烈、醇厚

强烈的色彩能正确地表明其含糖量

◁古金色

香味说明它受到过贵腐作用影响。品尝后能证实其为味似蜜甜的上等斯美安葡萄酒。

图 2-27　白葡萄酒的颜色（见彩图）

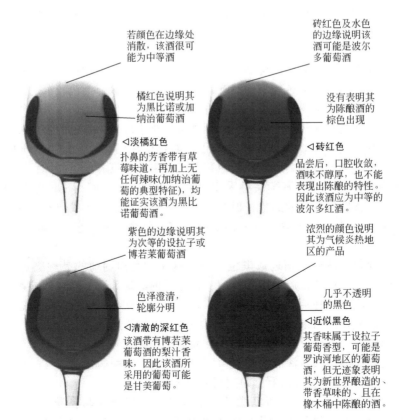

若颜色在边缘处消散，该酒很可能为中等酒

橘红色说明其为黑比诺或加纳治葡萄酒

◁淡橘红色

扑鼻的芳香带有草莓味道，再加上无任何辣味（加纳治葡萄的典型特征），均能证实该酒为黑比诺葡萄酒。

砖红色及水色的边缘说明该酒可能是波尔多葡萄酒

没有表明其为陈酿酒的棕色出现

◁砖红色

品尝后，口腔收敛，酒味不醇厚，也不能表现出陈酿的特性。因此该酒应为中等的波尔多红酒。

紫色的边缘说明其为次等的设拉子或博若莱葡萄酒

色泽澄清，轮廓分明

◁清澈的深红色

该酒带有博若莱葡萄酒的梨汁香味，因此该酒所采用的葡萄可能是甘美葡萄。

浓烈的颜色说明其为气候炎热地区的产品

几乎不透明的黑色

◁近似黑色

其香味属于设拉子葡萄香型，可能是罗讷河地区的葡萄酒，但无迹象表明其为新世界酿造的、带香草味的、且在橡木桶中陈酿的酒。

图 2-28　红葡萄酒的颜色（见彩图）

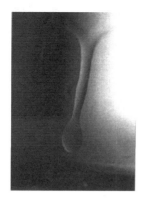

图 2-29　酒杯壁上的"腿"和"眼泪"

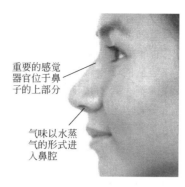

重要的感觉器官位于鼻子的上部分

气味以水蒸气的形式进入鼻腔

图 2-30　葡萄酒闻香

量高，或者两者均高（图 2-29）。

（2）葡萄酒的闻香与描述　先在静止状态下多次用鼻嗅香，然后将酒杯捧握在手掌中，使酒微微加热，同时轻轻摇动酒杯，使杯中酒样分布于杯壁上。慢慢地将酒杯置于鼻孔下方，仔细嗅闻其挥发香气，分辨果香、酒香或其他异香（图 2-30）。葡萄酒嗅觉常用术语见表 2-18。

表 2-18　葡萄酒闻香常用术语

术　语	说　明
芬芳馥郁	一种葡萄酒是否符合这个条件,决定于葡萄固有香料和芳香物之间的配组,与土壤和发酵工艺都有关系,要使酒味的全貌充分反映出来,这是葡萄酒应该具有的优美风格的基本条件
清新的	清新的酒充分保持了葡萄本身的果实香味,它丰满、可爱,有时微带酵母香的味道。由于蛋白质的缘故,而使饮用者情绪活泼。特别是它一般保留二氧化碳较多,说明没有老化。清新的酒可能还免不了有其他的缺点
温馨的	浆浓厚,花香浓,含情之酒。所谓满口的酒,使人感觉它富饶、美不胜收
刺痒的	一切新酒都含有二氧化碳,刺痒的酒则会含更多些,属于发酵不彻底。但总的说来已经接近于珍珠酒的程度。它的风味特别令人愉快,但不能持久,时常几天或几个星期就已失去了这个优点。刺痒也表示一定程度的不稳定性,因此难于长期保存,容易败坏
香料味的	指带有各种香料味的葡萄酒。从前习惯用勾兑香料酒,现在葡萄酒中有用带很重香料味的葡萄制成的葡萄酒
香气优雅	葡萄酒的香气舒适、和谐、雅致
香气怡悦	葡萄酒的香气怡神、悦心、优美
果香浓郁	来源于葡萄品种的香气有的是花香型,有的是果香型,新葡萄酒的果香尤为突出
香气纯正	香气纯正是葡萄酒闻香最具备的基本要素,即葡萄酒只应该具有葡萄品种香、酵母发酵香或陈酿香
有异味	硫化氢味,二氧化硫味,臭酒脚味,霉臭味等

葡萄酒的不良气味有以下几种：①含 SO_2 和硫醇的酵母臭；②使用发霉原料葡萄和生过霉的容器，造成酒液带有霉味；③红葡萄酒高湿发酵所产生的糟粕臭；④由乳酸菌发酵致使葡萄酒带有乳酸；⑤由醋酸菌发酵造成的不良气味。

人的嗅觉器官是非常灵敏的，通过嗅闻，可以对葡萄酒的质量好坏有大致的了解。在很多的情况下，葡萄酒之间的质量差异，尝不出来，能闻出来。

一般情况下，闻葡萄酒分三步进行：第一步，倒入杯中的葡萄酒在静止的情况下闻香，这样闻到的香味较淡，只是葡萄酒中易挥发的芳香成分被闻到；第二步，摇动葡萄酒的酒杯，在葡萄酒旋转运动中，使挥发性弱的芳香物质也能释放出来，这样闻到的芳香更浓郁；第三步，使劲地摇动葡萄酒杯，使葡萄酒处于激烈的运动中，这样可鉴别葡萄酒的缺陷、葡萄酒不愉快的气味，如醋酸乙酯味、硫化氢味、霉味等都能被鉴别出来。

与口味相比，气味更难以描述，评酒者必须集中精力捕捉。描述葡萄酒的香气，常用的词汇如表2-18。

干白葡萄酒的闻香应该做如下描述：具有新鲜怡悦的果香和酒香；果香浓郁，香气纯正；果香和酒香雅致，协调。

对单品种酿造的干白葡萄酒应该把该品种的特点表达出来，如：雷司令干白葡萄酒闻香的特点是果香优雅，有明快的野果香；霞多丽干白葡萄酒的闻香特点是果香浓郁，苹果香中带新鲜的奶油香。

目前市场上流行的干白葡萄酒，大多是按新工艺酿造的，生产周期短，强调新鲜感，突出果香味。干红葡萄酒大多是按传统工艺酿造的，生产周期长，原酒要经过长时间的贮藏，不仅要有好的果香，而且要求有和谐的酒香和陈酿香。

干红葡萄酒的闻香应该作如下描述：具有怡悦的果香和酒香；果香浓郁，酒香丰满；橡木香和陈酿香；优雅、和谐，果香、酒香、陈酿香，诸香协调。

对单品种酿造成的干红葡萄酒，也应该把闻香的特点描述出来，例如：用解百纳型葡萄酿造的干红葡萄酒，具有清淡悦人的青草香；用玫瑰香葡萄酿造成的干红葡萄酒，具有浓郁的玫瑰香香气。

对于干白葡萄酒或干红葡萄酒闻香上的缺陷的程度，实事求是地准确描述和表达。

（3）葡萄酒的口感与描述　人的舌头和口腔中，长有许多的味蕾，味觉细胞包在其中。味蕾是味觉刺激的承受器。酸、甜、苦、咸是人们的味觉器官能感受到的四种基本味觉。除了酸、甜、苦、咸以外，人们感受到的其他味觉，应视为酸甜苦咸四种基本味觉的不同组合和搭配，见图2-31。

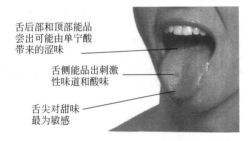

舌后部和顶部能品尝出可能由单宁酸带来的涩味

舌侧能品出刺激性味道和酸味

舌尖对甜味最为敏感

图2-31　舌头各部位味觉

从葡萄酒的呈味物质中，我们可以知道，酸、甜、苦、咸四种基本味觉在葡萄酒中都存在，只是在不同品种的葡萄酒中，因各种呈味物质的含量不同，使葡萄酒呈现不同的口味。葡萄酒的味感，取决于四种基本味觉之间的平衡。味感质量则主要取决于这些味觉之间的和谐程度。酸度、酒精度、水果味和单宁酸协调均衡的酒才是理想的葡萄酒。酸度不够会导致酒味不浓（味淡且不持久）。同样的，酸度过高会使酒粗糙、辣口，单宁酸含量过高会使酒有涩味。但适量的酸度和单宁酸含量可使酒果味清新，风味持久。另外，酒的平衡性也会随着时间的改变而发生变化。浓度指的是酒精含量。酒体指的是水果味和酒精味的混合，即口感。酒体完整的酒应既有酒味又有水果味。清淡型葡萄酒酒味清新，酒精含量低。

白葡萄酒中几乎不含有呈苦涩味的单宁，所以白葡萄酒的味感平衡比较简单，主要是酒精与甜、酸之间的平衡。

红葡萄酒中含有丰富的单宁和色素物质，苦味和涩味是红葡萄酒特有的味感。所以红葡萄酒的味感平衡就比较复杂，既有甜味与酸味、苦味的平衡，又有酒精与甜、酸、苦味的平衡。

品尝葡萄酒时，一般一次吸10mL左右的葡萄酒，在口腔内旋转运动，使含在口内的葡萄酒充分地与舌头和口腔的各部位接触，然后把酒咽下，体会和描述各种感觉。

首先葡萄酒各组分之间的相互平衡，使人感到口味协调，令人愉快。常用的术语（表2-19）有：口感纯净，幽雅，酸甜适口，微酸爽口，口味圆润，酒质肥硕，酒体丰满。对有缺陷的葡萄酒来说，有的口味淡薄或口味粗糙，有的过酸或过腻，有的口味不净或有异味。

酒的风味在吞咽后仍留在口中，这叫酒味持久。这是对酒的一种正描述；风味的强度和持久程度能反映酒的质量。吞咽后，仍留在口中的酒的芳香和风味被称为余味。将余味的质量和它带来的乐趣，与酒味的持久程度综合起来，可用来描述该酒完美无缺的品质。这种完

表 2-19　葡萄酒味觉常用术语及说明

术　　语	说　　明
滑润的	所谓滑润是对一种柔和、协调的葡萄酒而言。由于葡萄酒经过窖藏、澄清和过滤处理,故而显出"滑润"。滑润的酒容易被认为是一般的葡萄品种酿制的
涩味的	含单宁太多就涩。特别在红葡萄酒中这种酒为数较多。饮这种酒涩的感觉较之甜、酸来得更快。但发涩的酒不一定就是有缺点的酒。经过窖藏,涩味会降低,特别是反映苦涩的色素物质含量会降低,尤其是对红葡萄酒
果实味的	带有各种水果的味道,诸如桃、杏、梨以及苹果的味等
纯正的	纯正的好酒应有一个重要的条件。所谓纯正不仅是酒中主香物质要有美妙的组合,更重要的是酒中使人感到愉快的酸应当为形成酒的整幅图景的主导因素。酸的后味较长。甜在纯正的葡萄酒中占主导作用,然而若和酸配合不好的话,就不会收到相得益彰的效果。纯正的酒从来不带酒精后味,而它的酸总是对舌头起着愉快和清凉的作用。纯正的酒应归入清凉酒类
纯净的	气味和味道均无瑕疵的酒才是纯净的,它既可以是天然葡萄酒,又可以是改善酒。无论天然酒还是改善酒,都可以按照"国家标准"、"国际标准"达到纯净的水平。那就是说,只要酒中不含任何丑恶的东西或者是过分的东西,且酒可口的话,那么就可以称它达到纯净的标准了
天鹅绒状的	丰满柔和的名酒不仅色泽美丽,而且多汁,甚至使人觉不出什么酒精味。这样,人们形容它为天鹅绒状酒。这种酒一入口轻拂舌头,给人一种如同用手抚摸在天鹅绒上面一样的感觉。窖藏的葡萄酒是最容易产生这种情调的
干净的	被称为干净的酒是指人们对它指不出缺点。也就是说它是已达到正常标准的酒。倘若有一种酒人们觉出其含有土气味,或者觉出它有木桶味或软木塞的味,这种酒基本就可称为干净的酒。"干净"是人们对于上市葡萄酒的起码要求。酵母成分会把酒搞得不干净,不过这不针对于新酒。因为新酒要经过几道澄清,所以新原酒有酵母味为自然。但是如果放置一年以后仍有酵母味,那就算不上是干净的酒了,说明酒后阶段的处理不正确或不及时、不彻底
含脂肪的	这样的酒表现为满口而多汁,它给人留下的不是显著年轻的味道,而是走向成熟的味道。其丰满、优美,饶有余味
酒尾	当酒经过上腭进入咽道时,它的味道图景逐渐减弱,行家称其为酒尾。它可以是愉快的,也可以是不愉快的,也就是谓之尾巴优美或者丑陋。另外还有小尾巴的说法,那是指它味太弱,这样的酒仍然可认为可爱;但是如果酒味在咽喉处一扫而过,这就认为此酒没有尾巴,也就是后味过于贫乏。更进一步地说,酒味所应有的饱满和美丽如果忽然一去无踪,那么就根本不在美酒之列了
飞溅的	一种葡萄酒如果二氧化碳含量高,那么,在斟杯时,不仅使人"尝"到它,而且还可以看到它。行家将这种酒称为飞溅的酒
强烈的	特点在于酒精味浓,在酒味整体图中酒精味最突出。假若酒精强烈到"威胁"的程度,那已造成"烧酒味",使人们认为是酒精饮料了,这种葡萄酒要不得
甜味的	指有些葡萄酒品种遗留着未转化的糖,饮时明显感觉出甜味来。这主要和原料及生产工艺有关
满口的	倘若酒中所含的甘油和它的全部浆液融合得特别好,那么就可以称满口的。满口的酒总为多汁的酒,它的酒精度比较高,而酒精味又不突出,那就是人们称之为可以放在嘴里"嚼"的葡萄酒

美品质有时也能反映该酒的陈酿程度。质量差的酒一定不会有令人激动的结果。

描述白葡萄酒口味的词汇有:微酸爽口,柔和细腻,甜润适口。

描述红葡萄酒口味的词汇有:醇厚柔和,酒体丰满,口味细腻,肥硕圆润。

对有缺陷的葡萄酒应根据感觉到的缺陷程度,如实地描述和表达。在对葡萄酒色香味——进行感官鉴定后,再把各项鉴定结果汇总起来,对葡萄酒的质量作出综合评价。那些使人感到舒适愉快,给人享受,给人美感的葡萄酒,像一种艺术品一样,有自己的风格,有自己的个性。

（4）感官检验步骤　葡萄酒的专业感官检验是由经过专门训练的品酒员进行的。品酒员在感官检验前应选择好合要求的品尝室,适用不同要求的合适品酒杯。感官检验的一般步骤如下:

① 明确检验的任务。

② 取样　开启样品,同时注意绝不允许有任何物质落入酒中,并将震动减少到最低程度。然后将被检测样品徐徐注入杯中,注入的容量一般不超过杯容的 1/4～1/3,起泡和加气起泡葡萄酒的高度为 1/2。

③ 检验外观　在适宜的光线下，观其颜色，作好记录。

④ 检验香气　先不摇动酒杯，嗅酒的香气，紧握杯脚，摇转酒杯让葡萄酒打转，以释放出它具有的各种香气，探鼻入杯中，短促地轻闻几下，不是长长的深吸，因为嗅觉容易钝化，尤其是评试几种浅嫩的红酒时。红葡萄酒的香味挥发得很慢，摇动后香味就很容易被挥发出来，因此对于红葡萄酒而言，摇与不摇对反映出的香气有一定差异。嗅后先写评语，再打分。

⑤ 检验滋味　深啜一口酒，约 6～10mL 酒样，同时吸入酒上方的空气，让酒在口中打转，使它到达口腔的各个部位，使酒液布满舌头，仔细分析品味，辨别特点和协调情况。在品尝时，有些感觉会很快消失，所以要及时捕捉并记录其风味特点，作出评语，打分。

⑥ 确定风格　根据外观、香气、滋味的特点，综合其特点与回忆到的典型性作比较，最后确定出酒的风格（典型性），再写出评语，给出分数。

⑦ 定结论　将各项分值汇总，得出被检样品的总得分，并写出最终评语。

2. 葡萄酒的品评标准

我国葡萄酒的品评标准如表 2-20 所示。

表 2-20　我国葡萄酒品评标准

项目		评语	葡萄酒	香槟酒及汽酒
色泽		澄清透明,有光泽,具有本品应有的光泽,悦目协调	20 分	15 分
		澄清透明,具有本品应有的色泽	18～19 分	13～14 分
		澄清,无夹杂物,与本品色泽不符	15～17 分	10～12 分
		微混,失光或人工着色	15 分以下	10 分以下
香气		果香酒香浓郁,幽郁协调,怡悦	28～30 分	18～20 分
		果香酒香良好,尚怡悦	25～27 分	15～17 分
		果香与酒香较小,但无异味	22～24 分	11～14 分
		香气不足或不怡悦,或有异香	18～19 分	9～10 分
		香气不足使人厌恶	18 分以下	9 分以下
口味		酒体丰满,有新鲜感,醇厚,协调,舒服爽口	38～40 分	38～40 分
		酸甜适口,柔细轻快,回味绵延	34～37 分	34～37 分
		酒体协调,纯正无杂	30～33 分	30～33 分
		略酸,较甜腻,绝干带甜,欠浓郁	25～29 分	25～29 分
		酸涩,苦,平淡,有异味	25 分以下	25 分以下
风格		典型,完美,风格独特,优雅无缺	10 分	10 分
		典型,明确,风格良好	9 分	9 分
		有典型性,不够优雅	7～8 分	7～8 分
		失去本品典型性	7 分以下	7 分以下
气与泡沫	(1)响声与气压(5分)	香槟酒:响声清脆	无	4～5 分
		响声良好		3～3.5 分
		失声		0.5～2.5 分
		失声		0 分
		汽酒:气足泡涌		4～5 分
		起泡良好		3～3.5 分
		气不足,泡沫少		0.5～2.5 分
		没有起泡		0 分
	(2)泡沫性状(4分)	洁白细腻		3.5～4 分
		尚洁白细腻		2.5～3 分
		不够洁白细腻,发暗		1.5～2 分
		泡沫较粗,发黄		1 分
	(3)泡持性(6分)	香槟酒:泡沫在 2～3min 以上不消失		4.5～6 分
		泡沫不到 2min 消失		1～4 分
		汽酒:泡沫在 1～2min 以上不消失		4.5～6 分
		泡沫不到 1min 消失		1～4 分

3. 感官检验的注意事项

（1）品尝室的要求　品尝室应便于清扫，并且远离噪声，最好是隔音的。应有适宜的光线，使人感觉舒适，室内光线应为均匀的散射光，光源可用自然日光或日光灯。墙壁的颜色最好是能形成轻松气氛的浅色。室内无任何气味，并便于通风和排气。室内应保持使人舒适的温度和湿度，如可能，温度控制在 20～22℃，相对湿度保持在60％～70％。

（2）品尝杯的要求　葡萄酒标准品尝杯是由法国标准化协会制定的。标准杯是由无色透明的含铅玻璃制成，必须均匀光滑，不能有任何印痕和气泡、颜色或装饰图案。使用腹大杯口小的玻璃杯，因为这种杯形利于集中香味。葡萄酒杯身应向内弯曲，使杯口收缩，形状像削平的蛋壳形，容量为 200～225mL。

酒杯是品酒员工作的唯一工具，必须洁净或无痕迹。

（3）感官检验酒样的顺序　葡萄酒感官检验的排列顺序是否合适，直接关系到品尝结果。一般来讲，如果需要一次品尝多个酒样，必须按以下原则排列酒样顺序：先白后红，先干后甜，先淡后浓，先新后老，先低度后高度。为了保证品酒结论的客观、正确，在品评时，首先要按顺序将样品编号，并在酒杯下部注明同样编号。每轮品酒的数量不能超过 5 个酒样，在一天内品尝的数量不能超过 30 个。在每轮酒品完后，要隔 5～10min 后再进行第二轮品评，以便使品酒员感觉器官得到适当休息。另外，具有可比性的葡萄酒才能相互比较。

（4）酒温　因为品酒员是带着挑剔的眼光品尝葡萄酒，并力求发现葡萄酒的缺陷，而人们在饮用葡萄酒时希望在最佳质量的温度下消费，所以葡萄酒的品尝温度和消费温度不同。品尝红葡萄酒时酒温要稍高些，过低会使单宁感加强。红葡萄酒在不同温度下对感官的反应为：15℃时单宁有强烈感，18℃时适中，22℃时有较烈的酒精感。葡萄酒的品尝温度在10～20℃。不同葡萄酒的消费温度不同，红葡萄酒的最佳消费温度在 14～18℃，白葡萄酒的最佳消费温度在 10～12℃，起泡葡萄酒的最佳消费温度在 8～10℃。

一般要求见表 2-21 所示。

表 2-21　几种葡萄酒品尝的温度范围

酒类别	温度/℃	酒类别	温度/℃
香槟酒	9～10	优质白葡萄酒	13～15
干白葡萄（一般）	10～11	干红葡萄酒	16～18
桃红葡萄酒	12～14	浓甜葡萄酒	18℃左右

（5）品尝时间　品尝时间最好安排是在饭前，有点饥饿感时，一般上午 10：00～12：00。因为这时各种感觉都比较灵敏，而且其他食物、饮料的影响也最小。

（6）酒杯的拿法　品尝葡萄酒时，应用中指和无名指夹住酒杯的脚，将杯身握在手心里，不可用手握住杯身。这样会将手纹印在杯上，影响视线和透明度。

（7）杯的容量　往酒杯里倒酒时，不能倒得太满，倒酒量应该占杯容量的 1/3，不能超过杯容量的 2/5。这样在摇动酒杯时，才不会使酒溅出杯外，在酒杯的上部空间里才能充满葡萄酒的香气物质，便于分析鉴赏酒的香气成分。

（8）其他　品酒员在评酒前不能吸烟、喝酒，不能食用过咸、过辣等刺激性食物（如生葱、生蒜、韭菜、辣椒等），也不应吃油性多的肉类、有腥臭味的食品（如鱼、虾、臭豆腐等）以及较甜的食物，以免影响自己品酒。不要擦香水，因为其他的香味会起干扰作用。在每品一种酒之前，一定要用水漱口。

在品酒时，要保持安静，品酒员要集中注意力，不可与别人交谈，更不能议论品酒内容，交换品酒意见。一定要记录对各种酒的印象。要遮盖所有的酒标签，这样就不会受标签上信息的影响。

四、葡萄酒的病害与防治

葡萄酒像其他有生命的物质一样，健康无病的酒总比有病的好。因此，不要等葡萄酒有病时再来治，而应首先掌握葡萄酒病害的原因及处理方法，才能预防葡萄酒各种病害的产生。

1. 葡萄酒的生物病害

（1）葡萄酒酿造过程中要预防有害微生物的繁殖　葡萄酒是一种营养价值非常高的饮料，微生物在葡萄汁及低酒精度的葡萄酒中极易生长繁殖，其中一些有害菌会使酒发生病害，从而使得葡萄酒的生物稳定性下降。因此，在酿造过程中，不仅要按时进行微生物检查，而且要注意以下事项，以防有害微生物的繁殖：

① 葡萄采收时，要严格进行分选，将有病的和腐烂的葡萄另外存放。

② 采收葡萄的容器和发酵、贮藏以及装酒等所用的工具必须经过合理的杀菌处理。

③ 葡萄采摘后要迅速运输、及时加工，从采摘到加工最好不超过24h。

④ 葡萄酒发酵时，适当加入人工培养的优良酵母，并注意随时调节品温，不得超过30℃。

⑤ 红葡萄酒发酵时，要注意倒桶搅拌，使皮渣浸入醪液中。

⑥ 贮酒管理要按时添桶，保持满桶贮存，要注意不可用有病的酒添桶。

⑦ 在整个酿造过程中要适当应用二氧化硫，这样可以防止有害微生物的感染。

（2）葡萄酒中最常见的生物病害及防治方法　葡萄酒中最常见的有害微生物有醋酸菌、酒花菌。这两种菌在显微镜下观察如图2-32和图2-33所示。

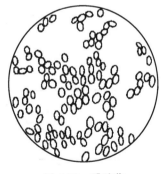
图 2-32　醋酸菌

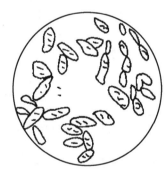
图 2-33　酒花菌

① 醋酸菌的病害　醋酸菌是酿酒工业的头号敌人。如果在酿造过程中对其重视不够，任其发展，将会使酒变成醋，因此这种菌的危害最大。患这种病的酒在液面上会产生一层浓灰色薄膜，最初是透明的，以后变暗出现波纹，逐渐沉入桶底，形成一种黏性的稠密物体，俗称"醋蛾"，尝时有一股醋酸味并有刺舌感。醋酸菌可分几种，葡萄酒中常见的醋酸杆菌比酒花菌小得多，一般 $0.5\mu m\times1\mu m$，形状为小球形，有时像链锁一样，在有氧的条件下醋酸菌能使葡萄酒中的酒精氧化成醋酸，最后再将醋酸分解成二氧化碳和水，其反应式如下：

$$C_2H_5OH+O_2 \longrightarrow CH_3COOH+H_2O$$
$$CH_3COOH+2O_2 \longrightarrow 2CO_2+2H_2O$$

ａ．预防方法

ｉ．严格控制发酵温度，最高不超过30℃。

ⅱ．要注意满桶贮存，按时添满不得留有空隙。

ⅲ．酒窖注意卫生，及时熏硫，彻底消灭果蝇。

ｂ．治疗方法　开始发现醋酸菌感染时，唯一的治疗方法是采取加热杀菌，加热温度为 68～72 ℃，保持 15min，杀菌后立即放入已杀过菌的贮酒桶中贮存。如果没有杀菌设备，可以采取加醇提高酒度达到 18％以上。根据美国法规规定：干白葡萄酒和浓甜葡萄酒中的挥发酸（以醋酸为主）含量不能超过 1.2g/L，红葡萄酒不能超过 1.4g/L。我们国家规定的标准是：优质红葡萄酒和优质白葡萄酒、干红葡萄酒、干白葡萄酒均不超过 1.1g/L，挥发酸若超过标准，只有用蒸馏法处理。

② 酒花菌病害　"白膜"，当贮酒桶不满时葡萄酒与空气接触，在酒的液面上有一层灰白色薄膜，开始薄膜光滑，时间长了渐渐形成皱纹，有时薄膜破裂扩散到酒中，使酒变混，甚至酒度降低，口味平淡，并带有不愉快的怪味。引起这种病的病菌即是酒花菌（产膜酵母）。在显微镜下观察，它的形状很像酵母菌。但比酵母菌长略扁，大小 $(3～10)\mu m\times(2～4)\mu m$，不产生孢子形态，能使糖发酵，好气性菌，没有空气不能繁殖，并能利用空气中的氧将酒精分解成二氧化碳和水。据杜克洛研究结果：酒花菌分解 80g 酒精需要氧气 100L，因此有了大量的空气它才能繁殖，其反应式如下：

$$C_2H_5OH+3O_2\longrightarrow 2CO_2+3H_2O$$

ａ．预防方法　最简单的方法是保持贮酒容器装满不留空隙，如无同品种酒添桶时，可采用下列的方法预防：

ⅰ．用二氧化硫或亚硫酸气体封桶。

ⅱ．使葡萄酒液面有一层高度酒精。

ｂ．治疗方法　如发现葡萄酒在贮藏过程中液面有一层酒花菌时，应立即除去。去除方法是将长柄漏斗插入酒花菌的桶中，再添加同品种同质量的无病酒，使酒花菌随酒上升流出桶外，同时用槌敲打桶口四边，使附在桶壁上的酒花菌随酒流出，将酒花菌全部除净，再将液面上的酒抽出 2～3L，然后用高度酒精添满封桶。

③ 苦味菌病害　苦味菌多为杆状，形态如图 2-34 所示。这种菌侵入葡萄酒后会使酒变苦。

这种病害主要发生在红葡萄酒中，白葡萄酒中发现较少，且老酒中发生较多。苦味主要来源是从甘油生成丙烯醛，或是由于形成了没食子酸乙酯造成。

预防措施和治疗：主要是采用二氧化硫杀菌及防止酒温很快升高。一旦染上苦味菌应马上进行加热灭菌，然后采取下述方法处理：

ⅰ．进行下胶处理 1～2 次。

ⅱ．把新鲜酒脚按 3％～5％量加入病酒中，充分搅拌，沉淀后可除去苦味菌（酒脚洗涤后使用）。

图 2-34　苦味菌

也可采用下法处理：将一部分新鲜酒脚同酒石酸 1kg、溶化的砂糖 10kg 进行混合，一齐放入 1000L 病酒中，同时接纯种酵母培养发酵，发酵完毕再在隔绝空气下过滤。

将病酒与新鲜葡萄皮渣浸渍 1～2 天，也可获得较好的效果。

染了苦味菌的病酒在换桶时一定要注意不要与空气接触，因为一接触空气就会增加葡萄酒的苦味。

2. 葡萄酒的非生物病害

葡萄酒的非生物病害，是由于化学或酶的反应而造成的。葡萄酒是不稳定的胶体溶液，在其陈酿和贮存期间会发生物理、化学方面的变化，导致出现混浊甚至沉淀现象，影响到成品葡萄酒的品质澄清透明，破坏葡萄酒的稳定性。下面讨论一下几种结晶性沉淀和葡萄酒的破败病：

（1）酒石酸盐的结晶沉淀　葡萄酒装瓶后遇到天冷或贮藏在冷库内，将瓶倒转后常出现一些发亮的晶体，这种现象经常在贮存时间不长的新酒中发现。这种晶体多半是酒石，其次是酒石酸钙、草酸钙等。产生这种晶体的原因是由于在澄清过程中使用较次的过滤棉或者贮存在未经过处理的水泥池中，使酒增加了钙离子与酒石酸的结合生成酒石酸钙。草酸钙部分来源于葡萄，也可能是野生酵母或霉菌的副产物。常见的晶体有如下几种：

① 酒石（酒石酸氢钾）晶体　葡萄酒中酒石酸氢钾的结晶一般很粗糙，不像其他晶体那么透明，呈不规则外形，表面有许多不定形的麻点。由于不规则的外形吸附着酒的色泽，因此在显微镜下观察晶体上的麻点非常清楚。

② 酒石酸钙晶体　葡萄酒中酒石酸钙晶体外形不规则，在显微镜下观察多呈尖锐的外形，有强烈的反光现象。晶体能均匀地吸附葡萄酒的色泽，因此它的色泽随酒的颜色而定。晶体形成时间长，能互相连成"链状"或形成"晶丛"。

③ 草酸钙晶体葡萄酒中草酸钙晶体比较小，是白色粉状或中等大小的晶体，显微镜观察呈简单的尖锐的纯晶形，外缘明显，反光强烈，表面有明显的光彩，晶体吸附的色泽均匀，但比酒石酸氢钾和酒石酸钙含量低。

防止成品酒中产生酒石、酒石酸钙、草酸钙沉淀必须注意下列事项：

a. 新酒必须经过冷冻处理方可与老酒混合调配制成成品酒装瓶。

b. 葡萄要经过分选，红葡萄酒发酵时尽量把果梗除去。

c. 装酒前的瓶子洗刷时最好用较软的水。

d. 采用冷冻处理防止酒石沉淀：酒石酸氢钾在不同温度和不同酒度下的溶解度是不相同的（表 2-22），温度低、酒精度高则酒石酸氢钾的溶解度低；反之则高。

表 2-22　酒石酸氢钾在水和酒精中的溶解度　　　　单位：g/100mL

温度/℃	酒精度（体积分数）/%					
	10	11	12	13	14	15
−4	5.6	5.2	4.8	4.6	4.3	3.7
0	6.7	6.2	5.4	5.4	5.2	4.6
5	8.4	7.9	7.4	7.0	6.6	5.9
10	11.7	10.2	9.6	9.1	8.6	7.8
15	13.0	12.5	11.9	11.3	10.8	9.7
20	16.4	15.5	14.7	14.0	13.3	12.0
25	18.7	18.4	17.0	16.1	15.3	13.8

葡萄酒中加入偏酒石酸也可以防止酒石酸盐沉淀。偏酒石酸对酒的风味无影响，用量多少可根据酒的种类和组成来确定。

（2）葡萄酒的破败病　破败病是由法文"casse"翻译来的，正常的葡萄酒是澄清透明无沉淀，患有破败病的酒不但影响到酒的外观和色泽，如混浊、沉淀、褪色等，有时也影响到酒的风味。

① 破败病的种类和发生原因

a. 棕色破败病　腐烂的葡萄中含有大量的氧化酶，因此使用这种葡萄酿造的葡萄酒，一旦与空气接触，酒中的氧化酶就使色素氧化浮于酒的液面发生"虹彩"，酒液开始混浊失光，最后变成棕黄色，并有一部分不溶解的棕色沉淀物析出。由于变色酒和沉淀物均出现棕色，因此这种病称为"棕色破败病"。

b. 蓝色破败病　这种破败病发生的原因是由于葡萄酒中含有过多的铁，使单宁、铁、酸三者发生不平衡，低价铁与单宁化合成单宁酸亚铁，它与空气接触时，由于氧的作用，使单宁酸亚铁氧化生成不溶性的单宁酸铁，而使酒混浊产生蓝色沉淀，因此这种病称为"蓝色破败病"。

如果酒中含有足量的酸，可以与铁生成化合物，破败病即可消失（表 2-23）。因此，控制酒中总酸的含量是有必要的（表 2-23）。

表 2-23　总酸与蓝色破败病的关系

总酸/(g/100mL)	蓝色破败病程度	总酸/(g/100mL)	蓝色破败病程度
0.577	严重混浊沉淀（有病）	0.811	未发现混浊沉淀（无病）
0.613	混浊沉淀（有病）	0.875	未发现混浊沉淀（无病）
0.676	混浊沉淀（有病）		

c. 白色破败病　这种病发生的原因也是由于酒中铁量过多所致，但是酒中的铁不与单宁结合而是与酒中的磷酸根化合变成磷酸亚铁，当酒与空气接触时，磷酸亚铁就会被氧化成不溶解的磷酸铁，即白色沉淀。因此这种病称为白色破败病。

② 破败病的检查方法

a. 检查葡萄酒是否有破败病　将葡萄酒样品在隔绝空气的条件下进行仔细过滤，取滤清的酒样 50mL 放入 100mL 的烧杯中，暴露在空气中，每天定时观察，经过 4～5 天后，酒液仍然澄清透明，即证明该酒健康无病；如果发生混浊或微混，即证明该酒有破败病。

b. 检查葡萄酒患病的方法　取酒样 500mL，过滤后分别做以下试验：

ⅰ. 取酒样 50mL，加热杀菌 70℃，10min。

ⅱ. 取酒样 50mL，加偏重亚硫酸钾 0.5g。

ⅲ. 取酒样 50mL，加酒石酸 0.5g。

ⅳ. 取酒样 50mL，加柠檬酸 0.5g。

将以上处理过的酒样分别放入 100mL 的烧杯中，暴露于空气中，每天检查，经过 4～5 天，如果 ⅰ、ⅱ 清亮，ⅲ、ⅳ 混浊，即为棕色破败病；若 ⅰ、ⅱ 混浊，ⅲ、ⅳ 清亮，即为蓝色破败病；如 ⅰ、ⅱ 混浊，ⅳ 清亮，则为白色破败病。详见表 2-24。

表 2-24　破败病的防治及效果

破败病	杀菌后	加偏重亚硫酸钾	加酒石酸	加柠檬酸
棕色破败病	阻止	阻止	无用	无用
蓝色破败病	无用	无用	阻止	阻止
白色破败病	无用	无用	无用	阻止

③ 检查病时应注意的事项

a. 样品在未加入药品或杀菌前，尽量避免与空气接触，否则试验结果不可靠，往往出现重病者变轻，轻病者变无，所以取样品后要严格密封。

b. 一般检查时可做两种检验。

ⅰ. 取酒样 50mL，加偏重亚硫酸钾 0.5g。

ⅱ. 取酒样 50mL，加酒石酸 0.5g。

c. 加入偏重亚硫酸钾的样品，往往在很短的时间内发生混浊，但这时不能肯定是破败病现象，因为偏重亚硫酸钾与酒中的酒石酸化合成酒石酸氢钾及亚硫酸。如果酒有病，则酒液永不澄清；如果酒没病，静置几天，杯底有酒石酸结晶沉淀，而酒液澄清透明。

d. 检查时温度应在 10～25℃，温度过低酒受冷发生混浊，温度过高细菌容易繁殖。

④ 破败病的治疗方法　见表 2-24。

a. 棕色破败病的治疗

ⅰ．巴斯德杀菌法　70～72℃加热，经 15min，氧化酶被破坏。但注意杀菌前的酒必须过滤澄清，在杀菌过程中尽量使酒不接触空气。

ⅱ．加亚硫酸（或偏重亚硫酸钾）处理　根据病的轻重，每 100L 酒中加入亚硫酸（或偏重亚硫酸钾）8～10g，利用析出游离的二氧化硫阻止氧化酶的活动，此法应结合下胶以除去酒中的浮游物和酒石酸氢钾的细小沉淀，同时下胶也可以使一部分氧化酶被吸附而沉于桶底。

b．蓝色破败病的治疗　发生蓝色破败病和白色破败病的原因都是铁的含量偏高引起的，所以治疗的方法也相同。主要去铁方法有：植酸钙处理法、亚铁氰化钾处理法、添加柠檬酸处理法、维生素 C 还原法。

ⅰ．植酸钙处理法　植酸钙除铁的机理是植酸钙与葡萄酒中的高铁离子形成难溶于水的植酸铁沉淀，通过过滤或下胶将植酸铁沉淀与葡萄酒分离。其操作方法为：按除去 1mg 高铁需要植酸钙 5mg 计算加入量（最好通过小型试验选择合理的用量）。确定植酸钙的用量后，加入少量的葡萄酒中，制成一种均匀的胶悬液（加少量的柠檬酸易溶解）。将制好的植酸钙胶悬液加入葡萄酒中，充分搅拌使酒中的高铁离子形成植酸铁沉淀。静置 4～5 天再加胶澄清。

这种方法很适用于红葡萄酒。事实上，它是法国唯一准许使用的除铁方法。

ⅱ．亚铁氰化钾处理法　亚铁氰化钾是除铁最彻底的方法，但此法具有一定的风险：一方面，亚铁氰化钾长时间与葡萄酒接触，对酒的风味造成不利的影响；另一方面，亚铁氰化钾过量会产生氢氰酸中毒。一般来说，沉淀 1mg 铁离子需要 6～8mg 亚铁氰化钾，沉淀 1mg 亚铁离子需要 3～7mg 的亚铁氰化钾。在实际中，亚铁氰化钾因沉淀蛋白质等会损失一部分，所以应经过试验再确定亚铁氰化钾的用量。

先用冷水使药品溶解，加入葡萄酒时应使其混匀，避免局部过量。处理之后最后配合下胶操作，下胶剂可选蛋白质材料或血粉，其目的是加速絮凝，沉降亚铁氰化铁，也为了加速澄清。亚铁氰化钾处理之后需要经过硅藻土过滤。过滤最好在处理 4 天后，因为沉降时间过短时澄清困难，但沉降时间过长，葡萄酒与亚铁氰化钾长时间接触，对酒的口味也是不利的。

一般认为，这种处理方法只能作为补救措施。亚铁氰化钾只适用在不能用其他方法（尤其是添加柠檬酸和抗坏血酸）处理的情况下采用。

ⅲ．添加柠檬酸处理法　这并不是由于提高了酸度的作用而能医治铁破败病，因为实际上一些更强的酸并不具有同样的性质，而是由于柠檬酸是铁的螯合剂，形成了柠檬酸铁，而起到增溶作用。但处理后的酒最终柠檬酸浓度不得超过 1g/L。添加柠檬酸的处理方法只适用于那些产生破败病倾向小、含铁量不超过 18mg/L、酒的口味能容许这种酸化作用的葡萄酒。然而，并不是在所有情况下都要采用最高添加量。预先的破败病试验可以证明，添加 0.2～0.3g/L 一般已经足够，如果准许使用柠檬酸钾，则也有同样的效果，而没有酸化作用。

ⅳ．维生素 C 还原法　维生素 C（又称抗坏血酸）是一种还原剂，它能夺取酒中的氧而被氧化，从而保护了铁。当酒中的维生素 C 达 60～90mg/L 时，就可以有效地防止铁破坏病的发生，对酒的稳定性起很大作用。

ⅴ．麸皮除铁法　小麦麸皮中含有丰富的植酸盐，此法原理与添加植酸钙相同。

自测题

1．葡萄酒的主要分类方法有哪些？各有哪些特点？

2．葡萄汁的成分调整包括哪些方面？是如何操作的？

3. 葡萄酒酿制过程中二氧化硫的作用是什么？如何确定二氧化硫的添加方法？

4. 为什么要进行葡萄酒酵母的扩大培养？简述其培养工艺。

5. 如何判断红葡萄酒前发酵结束？

6. 红葡萄酒的生产工艺如何？有何特点？

7. 白葡萄的生产工艺如何？有何特点？

8. 苹果酸-乳酸的发酵机理是什么？对葡萄酒的品质有何影响？

9. 桃红葡萄酒的生产工艺如何？有何特点？

10. 白葡萄酒的发酵新技术有哪些？各自特点是什么？

11. 红葡萄酒的后处理技术有哪些？

12. 如何进行葡萄酒的品评？

13. 白兰地的生产工艺要点是什么？

14. 起泡葡萄酒的生产方法有哪些？各自有何特点？

15. 葡萄酒的破坏病有哪些？如何进行防治？

项目3

白酒生产

 学习目标

● 能够正确进行白酒的生产。
● 会对白酒的质量进行评定。
● 能够正确分析和解决白酒的生产中出现的问题。

概　　述

一、白酒的定义

白酒因能点燃而又名烧酒。它是以粮谷为原料，以酒曲、酵母和糖化酶等为糖化发酵剂，经蒸煮、糖化发酵、蒸馏、贮存、勾调而制成的蒸馏酒。白酒是我国传统的蒸馏酒，与白兰地、威士忌、伏特加、朗姆酒、金酒并列为世界六大蒸馏酒。但我国白酒生产中所特有的制曲技术、复式糖化发酵工艺和甑桶蒸馏技术等在世界各种蒸馏酒中独具一格。

二、白酒的命名与分类

1. 白酒的命名

我国的白酒品种繁多，其名称多种多样。有的按产地命名，如茅台酒（产于贵州仁怀市茅台镇）、汾酒（产于山西汾阳县）、西凤酒（产于陕西凤翔县）、泸州老窖（产于四川泸州市）、洋河大曲（产于江苏泗阳县洋河镇）等；也有的按生产原料命名，如高粱酒、薯干酒、五粮液（用高粱、玉米、小麦、大米和糯米五种粮食酿制而成）等；还有的按其他方法命名。

2. 白酒的分类

（1）按用曲种类分类

① 大曲酒　利用以小麦、大麦、豌豆等原料制成的砖形大曲为糖化发酵剂，进行平行复式发酵，发酵周期达 15～120 天或更长，贮酒期为 3 个月至 3 年。该类酒的质量较好，但淀粉出酒率低，成本高，产量约为全国白酒总产量的 20%，其中名优酒占不到 10%。

② 小曲酒　以大米等为原料制成球形或块状的小曲为糖化发酵剂，用曲量一般在 3% 以下。大多采用半固态发酵法。淀粉出酒率为 60%～80%。

③ 麸曲酒　以纯粹培养的曲霉菌及酵母制成的散麸曲（快曲）和酒母为糖化剂。发酵期为 3～9 天。淀粉出酒率高达 70％以上。这类酒产量最大。

（2）按香型分类

① 酱香型　酱香柔润为其特点，又称茅香型白酒，以茅台酒为代表。采用超高温制曲、晾堂堆积、清蒸回酒等工艺，用石壁泥底窖发酵。

② 浓香型　浓香甘爽为其特点，又称泸香型白酒，以泸州特曲酒为代表。采用混蒸续渣等工艺，利用陈年老窖或人工老窖发酵。

③ 清香型　具有清香纯正的特点，又称汾香型白酒，以汾酒为代表。采用清蒸清渣等工艺及地缸发酵。

④ 米香型　以米香纯正等为其特点，又称蜜香型白酒，以广西桂林三花酒为代表。以大米为原料，小曲为糖化发酵剂。

⑤ 兼香型　采用上述香型白酒的某些工艺或其他特殊工艺，酿制成混合香型或特殊香型的白酒，如西凤酒、董酒、白沙液等。

（3）按原料分类

① 粮谷酒　如高粱酒、玉米酒、大米酒。粮谷酒的风味优于薯干酒，但淀粉出酒率低于薯干酒。

② 薯干酒　鲜薯或薯干酒。这类酒的甲醇含量高于粮谷酒。

③ 代粮酒　指以含淀粉较多的野生植物和含糖、含淀粉较多的其他原料制成的酒。如甜菜、金刚头、木薯、高粱糖、粉渣、糖蜜酒等。

（4）按酒度高低分类

① 高度白酒　酒度为 41％～65％（体积分数）。

② 低度白酒　酒度一般为 40％（体积分数）以下。

三、固态法白酒生产的特点

饮料酒生产（如啤酒和葡萄酒等酿造酒），一般都是采用液态发酵，另外白兰地、威士忌等蒸馏酒也是采用液态发酵后，再经蒸馏而成。而我国白酒采用固态酒醅发酵和固态蒸馏传统操作，是独特的酿酒工艺。固态法白酒生产特点有以下几点：

1. 低温双边发酵

采用较低的温度，让糖化作用和发酵作用同时进行，即采用边糖化边发酵工艺。生产上糖化和发酵处于同样的低温条件，可以防止发酵过程中的酸败；防止微生物所产生的酶的钝化；有利于酒香味的保存和甜味物质的增加。

2. 配醅蓄浆发酵

生产上常采用减少一部分酒糟，增加一部分新料，配醅蓄浆继续发酵，反复多次。一般新料：醅为 1∶（3～4.5）。生产上这样做的目的：①使得淀粉充分利用，因为一次发酵淀粉发酵不彻底，需反复发酵；②能调节酸度及淀粉的浓度；③增加微生物营养及风味物质。

3. 多菌种混合发酵

固态法白酒的生产，在整个生产过程中都是敞口操作，空气、水、工具、窖地等各种渠道都能把大量、多种多样的微生物带入到料醅中，它们将与曲中的有益微生物协同作用，产生丰富的香味物质，因此固态发酵是多菌种混合发酵。

4. 固态蒸馏

固态法白酒的蒸馏是将发酵后的固态酒醅以手工方式装入传统的蒸馏设备——甑，进行蒸馏，蒸出的白酒产品质量较好，这是我国人民的一大创造。这种简单的固态蒸馏方式，不仅是浓缩分离酒精的过程，而且是香味的提取和重新组合的过程。

概
述

国外的白兰地、威士忌等蒸馏酒的生产，一般采用液态发酵和液态蒸馏的生产工艺。

5. 界面复杂

白酒固态发酵时，窖内气相、液相、固相 3 种状态同时存在，这个条件有力地支配着微生物的繁殖与代谢，形成白酒特有的芳香。

四、外国蒸馏酒简介

1. 白兰地

白兰地是以葡萄或其他水果为原料，经发酵、蒸馏、橡木桶贮存、调配而成的蒸馏酒。白兰地（Brandy）一词由荷兰"烧酒"转化而来，有"可烧"的意思。在欧洲，"白兰地"指"用葡萄酒蒸馏而成的烈酒"；在美国，白兰地的定义不仅限于葡萄，而是指"葡萄等水果发酵后蒸馏而成的酒"。

"Brandy"一词虽然来源于英语，但它的主要产地为盛产葡萄的法国可涅克（Cognec），大约起源于公元 13～14 世纪。在法国，"可涅克烈酒"被称为"生命之泉"，后来可涅克成了世界性葡萄白兰地的代名词。目前市场上常见的可涅克白兰地有轩尼诗（Hennessy）、马爹利（Martell）、人头马（RemyMartin）、告域沙（Courvuoisier）等。

除法国外，世界上许多国家都生产白兰地，其中产量较大的有意大利、西班牙、德国、美国、澳大利亚等。用葡萄酒蒸馏生产高度酒，在我国已有悠久的历史，而白兰地的真正工业化生产则是在 1892 年烟台张裕葡萄酒公司建立后才开始的。

2. 威士忌

威士忌（Whisky 或 Whiskey）在英国被称为"生命之水"（water of life），是以谷物及大麦为原料，经发酵、蒸馏、贮存、调兑而成的蒸馏酒，酒精含量为 40％～42％。

威士忌已有悠久的历史，大约在公元 12 世纪已开始生产。最早的产地是爱尔兰，目前盛产于苏格兰和爱尔兰，在美国、加拿大、日本等地也有较大的产量。威士忌颇受世界各地消费者的欢迎，在国际市场上销量很大。最著名的苏格兰威士忌有红牌约翰走路威士忌（Johnnie Waler Red）、珍宝威士忌（J & LB Rare）、百龄坛威士忌（Ballantien's）等。

我国最早生产威士忌的是青岛葡萄酒厂。20 世纪 70 年代后，有关单位对威士忌的生产进行了研究，取得了一定的成果。但由于该酒不符合我国人民的饮用习惯，一直没有大的进展。

3. 朗姆酒

朗姆酒（Rum）是以甘蔗汁或甘蔗糖蜜为原料，经发酵、蒸馏、贮存和勾调而成的蒸馏酒，酒精含量一般在 40％以上。

朗姆酒的主要生产特点是：选择特殊的产酯酵母、丁酸菌等共同发酵，蒸馏后酒精含量高达 75％，新酒在橡木桶中经长年贮存后再勾兑成酒精含量为 40％～43％的成品酒。

朗姆酒盛产于西印度群岛的牙买加、古巴、海地、多米尼加及圭亚那等加勒比海国家，是国际上的畅销产品，也是世界上消费量较大的酒种之一。常见的朗姆酒有皮尔陶里乐朗姆酒（Puerto Rico Rum）、维京岛朗姆酒（Virgin Island Rum）、牙买加朗姆酒（Jamaican Rum）、巴贝多朗姆酒（Barbado Rum）等。

4. 俄得克

俄得克又名伏特加，是俄语"Vodka"的译音，有"可爱之水"的意思。俄得克主要以小麦、大麦、马铃薯、糖蜜等为原料，经发酵蒸馏成食用酒精，然后以食用酒精为酒基，经桦木炭脱臭、除杂后加工制成产品。成品酒要求无色、晶莹透明，具有洁净的醇香，味柔和，干爽，无异味。

俄得克源于俄罗斯和波兰，深受这两个国家人们的喜爱，人均饮用量居世界之冠。俄得克属于国际性的重要酒精饮料，除东欧地区外，美、英、法等国家的消费量也很大。

我国山东青岛葡萄酒厂生产俄得克的历史较长，产品在国内历届评酒中均获奖。20世纪80年代后，新疆、安徽、内蒙古等地开始生产俄得克，其产品主要出口俄罗斯和中亚国家。

5. 金酒

金酒（Gin）也叫琴酒，又名杜松子酒，酒精含量在35％以上。金酒是以食用酒精为酒基，加入杜松子及其他香料（芳香植物类）共同蒸馏而制成的蒸馏酒。

金酒起源于荷兰，但发展于英国。在荷兰，由于杜松子具有利尿作用，金酒最初被视为特效药用饮料，传入英国后逐渐发展成为饮料酒中的一种定型产品。世界最负盛名的金酒是荷兰金酒和英国金酒，此外，法国、德国、比利时等国均生产各具特色的金酒产品。

6. 其他蒸馏酒

世界上其他的蒸馏酒有：用蒸馏酒浸泡果实、香料、药材等调配成的利口酒，如：墨西哥的龙舌兰酒，北欧、东欧的白兰地烈酒和直布罗加酒等。

工作任务 3-1　浓香型白酒生产

◆【知识前导】

大曲白酒是采用大曲作为糖化、发酵剂，以含淀粉物质为原料，经固态发酵和蒸馏而成的一种饮料酒。包括浓香、清香、酱香、凤香、兼香和特型六大香型酒。由于白酒消费的民族性、地区性及习惯性，各种香型大曲酒的生产也具有明显的地域性。一般浓香型酒以四川省及华东地区为多；清香型酒以山西省及华北、东北、西北地区为主；酱香型酒主要在贵州省；凤香型酒以陕西省为主；兼香型酒产于湖北省、黑龙江省；特香型酒产于江西省。

大曲白酒酿造分为清渣和续渣两种方法，清香型大多采用清渣法，而浓香型和酱香型则采用续渣法生产。根据原料蒸煮和酒醅蒸馏时配料不同，又可以分为清蒸清渣、清蒸续渣、混蒸续渣等工艺。清蒸清渣的特点突出在"清"字，一清到底。操作上做到渣子清，醅子清，渣子和醅子要严格分开，不能混杂。工艺上采用原料、辅料清蒸，清渣发酵，清渣蒸馏。清蒸续渣是原料的蒸煮和酒醅的蒸馏分开进行，然后混合进行发酵。混蒸续渣是将发酵成熟的酒醅，与粉碎的新料按比例混合，然后在甑桶内同时进行蒸粮蒸酒，这一操作又称为"混蒸混烧"。出甑后，经冷却、加曲，混渣发酵，如此反复进行。

一、浓香型白酒生产的原料

1. 浓香型白酒生产的原料

生产浓香型白酒是以优质高粱为原料，各地用的高粱品种不同，但对高粱总的要求是成熟饱满、干净、淀粉含量高。以小麦、大麦、豌豆等原料制成的砖形大曲为糖化发酵剂，根据制曲过程中控制曲坯最高温度的不同，可将大曲分为高温大曲、偏高温大曲和中温大曲三大类。

（1）高温大曲　制曲最高品温达60℃以上。高温大曲主要用于生产酱香型大曲酒，如茅台酒（60～65℃）、长沙的白沙液大曲酒（62～64℃）。

（2）偏高温大曲　制曲最高品温50～60℃。浓香型大曲酒以往大多采用中温或偏低的制曲温度，但从20世纪60年代中期开始，逐步采用偏高温制曲，将制曲最高品温提高到55～60℃，以便增强大曲和曲酒的香味，如五粮液（58～60℃）、洋河大曲（50～60℃）、泸州老窖（55～60℃）和全兴大曲（60℃）；少数浓香型曲酒厂仍采用中温制曲，如古井贡酒（47～50℃）。

（3）中温大曲　制曲最高品温 50℃以下。中温大曲主要用于生产清香型大曲酒，如汾酒（45～48℃）。

2. 偏高温大曲生产工艺

（1）工艺流程

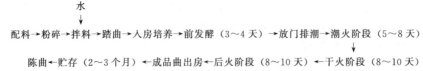

（2）操作要点

① 配料　以小麦、大麦、豌豆为原料，其配比为 7 : 2 : 1 或 6 : 3 : 1，也有用 5 : 4 : 1，根据具体作适当调整。这种配料比例既保证曲坯黏结适度，营养丰富，又能增强曲香味。

② 粉碎拌料　原料经破碎，通过 40 目筛的细粉占 50% 左右，保证曲坯具有一定的黏性。粉料再添加 40%～43% 的水搅拌均匀。

③ 成型排列　曲料拌匀后送入曲模踩或压成砖块状，略干后送入曲房排列。曲房应具备保温、保湿、通风排潮条件，每平方米约可容纳 150kg 原料的曲块。地坪上铺 3～5cm 的稻壳，上面铺芦席。曲坯侧立放置，曲块间距 5～10mm，俗称"似靠非靠"，先排两层曲坯，在其上面及四周盖上潮湿的稻草或麻袋，封闭门窗，保温培菌。

④ 前酵阶段　在适宜的温、湿度下，微生物很快繁殖起来。第 1 天曲块表面开始出现白色斑点和菌丝体；2～3 天后，白色菌丝体已布满 80%～90% 的曲块表面，此时品温上升很快，可达 50℃以上。完成此阶段夏季需 3～4 天，冬季需 4～5 天，曲坯此时应显棕色，表皮有白斑和菌丝，断面呈棕黄色，发酵透，无生面，略带酸味。当温度达到 55℃时，可放门降温排潮，将上下层曲块倒翻一次，把原来两层加高成三层，并适当加大曲块间距，除去湿草换上干草。目的是降低发酵温度，排除部分水汽，换取新鲜空气，控制微生物生长速度。

及时放门翻曲是制好大曲的重要环节，翻曲太早，曲块发酵不透，翻曲太迟，曲块温度太高，挂衣太厚，曲皮起皱，内部水分难以排出，后期微生物生长不易控制。要注意品温不能下降太多，一般要求在 27～30℃以上，否则影响后阶段的潮火发酵，水分排除也不应过早，否则曲块外皮干硬，影响中后期的培养。

⑤ 潮火阶段　放门换草后的 5～7 天，此阶段温度可控制在 30～55℃之间，视温度情况，每天或隔天翻曲一次，翻曲时要使曲块底朝上，里调外，并由三层改为四层。此时，水分挥发以每天每块失重 100g 左右为宜。由于微生物大量繁殖，呼吸代谢极为强烈，曲房空气相当潮湿，微生物由表皮向内部生长。

⑥ 干火阶段　入房 12 天左右开始进入干火阶段。此阶段一般维持 8～10 天左右，品温控制在 35～50℃之间。由于微生物在曲块内部生长，曲块外部水分大部分已散失，很容易发生烧曲现象，故特别要注意品温的变化情况，每天或隔天翻曲一次，曲层加高至 4～5 层，还应采用开闭门窗来调节曲室温度。

⑦ 后火阶段　干火过后，品温逐渐下降，此时须将曲块间距缩小，进行拢火，使曲块温度再次回升，让它内部的水分继续散发，最后含水量达 15% 以下。若后期温度控制过低，曲块内部水分散发不出来，会发生中心泡水，形成黑圈或生心现象。后火阶段一般控制温度在 15～30℃之间，隔 1 天或 2 天翻曲一次。要注意保温，使曲温缓慢下降到常温，让曲心部分的余水充分散发。

⑧ 贮存　成品曲出房后，在阴凉通风处贮存 3 个月左右，成为陈曲后再使用。

⑨ 成品曲质量　大曲质量主要以感官检测为主，要求表面多带白色斑点和菌丝，断面茬口整齐，菌丝生长良好均匀，呈灰白色或淡黄色，无生心、霉心现象，曲香味要浓。

二、浓香型白酒的生产工艺

1. 常用概念

蒸：在白酒生产中一般是将原料蒸煮称为"蒸"。

烧：将酒醅的蒸馏称为"烧"。

渣：粉碎的生原料一般称为"渣"。

酒醅：经固态发酵后，含有一定量酒精度的固体醅子。

2. 浓香型大曲酒的基本特点

浓香型大曲酒，因以泸州老窖为典型代表，故又名泸型酒。整个浓香型大曲酒的酒体特征体现为窖香浓郁，绵软甘洌，香味协调，尾净余长。

浓香型大曲酒酿造工艺的基本特点为：以高粱为制酒原料，以优质小麦、大麦和豌豆等为制曲原料制得中、高温曲，泥窖固态发酵，续糟（或渣）配料，混蒸混烧，量质摘酒，原酒贮存，精心勾兑。其中最能体现浓香型大曲酒酿造工艺独特之处的是"泥窖固态发酵，续糟（或渣）配料，混蒸混烧"。

所谓"泥窖"，即用泥料制作而成的窖池。就其在浓香型大曲酒生产中所起的作用而言，除了作为蓄积酒醅进行发酵的容器外，泥窖还与浓香型大曲酒中各种呈香呈味物质的生成密切相关。因此，泥窖固态发酵是浓香型大曲酒酿造工艺的特点之一。

不同香型大曲酒在生产中采用的配料方法不尽相同，浓香型大曲酒生产工艺中则采用续糟配料。所谓续糟配料，就是在原出窖糟醅中，投入一定数量的新酿酒原料和一定数量的填充辅料，拌和均匀进行蒸煮。每轮发酵结束，均如此操作。这样，一个发酵池内的发酵糟醅，既添入一部分新料、排出部分旧料，又使得一部分旧糟醅得以循环使用，形成浓香型大曲酒特有的"万年糟"。这样的配料方法（续糟配料），是浓香型大曲酒酿造工艺特点之二。

所谓混蒸混烧，是指在要进行蒸馏取酒的糟醅中按比例加入原料、辅料，通过人工操作将物料装入甑桶，先缓火蒸馏取酒，后加大火力进一步糊化原料。在同一蒸馏甑桶内，采取先以取酒为主，后以蒸粮为主的工艺方法，这是浓香型大曲酒酿造工艺特点之三。

在浓香型大曲酒生产过程中，还必须重视"匀、透、适、稳、准、细、净、低"的八字诀。

匀，指在操作上，拌和糟醅，物料上甑，泼打量水，摊晾下曲，入窖温度等均要做到均匀一致。

透，指在润粮过程中，原料高粱要充分吸水润透；高粱在蒸煮糊化过程中要熟透。

适，则指糠壳用量、水分、酸度、淀粉浓度、大曲加量等入窖条件，都要做到适宜于与酿酒有关的各种微生物的正常繁殖生长，这才有利于糖化、发酵。

稳，指入窖、转排配料要稳当，切忌大起大落。

准，原料、辅料、水分、大曲等用量要准确。

细，凡各种酿酒操作及设备使用等，一定要细致而不粗心。

净，指酿酒生产场地、各种工用器具、设备乃至糟醅、原料大曲、生产用水都要清洁干净。

低，指填充辅料、量水尽量低限使用；辅料、入窖糟醅，尽量做到低温入窖，缓慢发酵。

3. 浓香型大曲酒的基本生产工艺类型

（1）原窖法工艺　又称为原窖分层堆糟法。采用该工艺类型生产浓香型大曲酒的厂家，有泸州老窖、全兴大曲等。

原窖就是指本窖的发酵糟醅经过加原料、辅料后，再经蒸煮糊化、打量水、摊晾下曲后仍然放回到原来的窖池内密封发酵。分层堆糟是指窖内发酵完毕的糟醅在出窖时须按面糟、母糟两层分开出窖。面糟出窖时单独堆放，蒸酒后作扔糟处理。面糟下面的母糟在出窖时按由上而下的次序逐层从窖内取出，一层压一层地堆放在堆糟坝上，即上层母糟铺在下面，下层母糟覆盖在上面，配料蒸馏时，每甑母糟的取法像切豆腐块一样，一方一方地挖出母糟，然后拌料蒸酒蒸粮，待撒曲后仍投回原窖池进行发酵。由于拌入粮粉和糠壳，每窖最后多出来的母糟不再投粮，蒸酒后得红糟，红糟下曲后覆盖在已入原窖的母糟上面，成为面糟。

原窖法的工艺特点：面糟母糟分开堆放，母糟分层出窖、层压层堆放，配料时各层母糟混合使用，下曲后糟醅回原窖发酵，入窖后全窖母糟风格一致。

原窖法工艺是在老窖生产的基础上发展起来的，它强调窖池的等级质量，强调保持本窖母糟风格，避免不同窖池，特别是新老窖池母糟的相互串换，所以俗称"千年老窖万年糟"。在每排生产中，同一窖池的母糟上下层混合拌料，蒸馏入窖，使全窖的母糟风格保持一致，全窖的酒质保持一致。

（2）跑窖法工艺　又称跑窖分层蒸馏法工艺。使用该工艺类型生产的，以四川宜宾五粮液最为著名。

所谓"跑窖"，就是在生产时先有一个空着的窖池，然后把另一个窖内已经发酵完成的糟醅取出，通过加原料、辅料、蒸馏取酒、糊化、打量水、摊晾冷却、下曲粉后装入预先准备好的空窖池中，而不再将发酵糟醅装回原窖。全部发酵糟蒸馏完毕后，这个窖池就成了一个空窖，而原来的空窖则盛满了入窖糟醅，再密封发酵，依此类推。此方法称为跑窖法。

跑窖不用分层堆糟，窖内的发酵糟醅可逐甑取出进行蒸馏，而不像原窖法那样不同层的母糟混合蒸馏，故称之为分层蒸馏。

跑窖法工艺的特点：一个窖的糟醅在下一轮发酵时装入另一个窖池（空窖），不取出发酵糟进行分层堆糟，而是逐甑取出分层蒸馏。

跑窖法工艺中往往是窖上层的发酵糟醅通过蒸煮后，变成窖下层的粮糟或者红糟，有利于调整酸度，提高酒质。分层蒸馏有利于量质摘酒、分级并坛等提高酒质的措施的实施。跑窖法工艺无需堆糟，劳动强度小，酒精挥发损失小，但不利于培养糟醅，故不适合发酵周期较短的窖池。

（3）混烧老五甑法工艺　混烧是指原料与出窖的香醅在同一个甑桶同时蒸馏和蒸煮糊化，老五甑操作法就是每次出窖蒸酒时，将每个窖的酒醅拌入新投的原料，分成五甑蒸馏，蒸后其中四甑料重新入窖内发酵，另一甑料作为废糟扔出，这种操作概括为"蒸五下四"。入窖发酵的四甑料，按加入新料的多少，分别被称为大渣、二渣、小渣，配入新料多的称大渣，一般大渣、二渣所配的新料分别占新投原料总量的 40% 左右，剩下的 20% 左右原料拌入小渣，具体比例可根据需要调整。不加新料只加曲的称作回糟，回糟发酵蒸馏后即变成丢糟。老五甑操作时，每个窖内总有大渣、二渣、小渣和回糟四甑酒醅存在，它们在窖内的排列顺序，各地不同，根据工艺来定。

新建的窖池第一次投产发酵，称作立渣。立渣时，逐步添加新料，扩大酒醅数量，最后达到每个窖内持有四甑酒醅，这时称作圆排。圆排后转入正常的五甑循环操作。一般立渣要经过四排操作才完成。第一排，根据甑桶容积和窖的大小，决定每次投料的数量，然后加入原料量 30%～40% 的填充料，配入来自其他老窖池的酒醅或酒糟 2～3 倍，拌匀蒸料，打量水，晾后下曲入窖发酵，立出 2 甑料；第二排，将首排发酵完毕的 2 甑酒醅做成 3 甑，取部分首排发酵的酒醅加入占总粮 20％左右的新料，蒸酒蒸粮后加入曲粉入窖发酵，得 1 甑小渣，剩余的酒醅均分为 2，各加入 40％左右新料，蒸酒蒸粮后加入曲粉入窖发酵得 2 甑大渣；第三排，共做 4 甑，将第二排得到的 1 甑小渣不加新原料，蒸馏后直接入窖发酵成为回糟，将第二排得到的 2 甑大渣按照第二排中的操作方法重新配成 2 甑大渣和 1 甑小渣，分层入窖发酵；第四排，在老五甑法中，此排称圆排，将第三排得到的回糟蒸酒后作丢糟处理，将第三排得到 1 甑小渣和 2 甑大渣按第三排的方法配成 1 甑回糟、1 甑小渣和 2 甑大渣，经过蒸馏后，加曲入窖发酵，这样从第四排起就圆排了。以后的操作即转入正常的五甑循环操作。

老五甑工艺具有"养糟挤回"的特点。窖池体积小，糟醅与窖泥的接触面积大，有利于培养糟醅，提高酒质，此谓"养糟"；淀粉浓度从大渣、小渣到回糟逐渐变小，残余淀粉被充分利用，出酒率高，又谓"挤回"。此外，老五甑工艺还有一个明显的特点，即不打黄水坑，不滴窖。

老五甑操作法的优点：①原料经过多次发酵（一般三次以上），原料中淀粉得到充分的利用，出酒率较高；②在多次发酵过程中，有利于积累香味物质，特别容易形成己酸乙酯为主的窖底香，有利于浓香型大曲酒的生产；③如采用混蒸混烧，热能利用率高，成本低；④老五甑操作法的适用范围广，高粱、玉米、薯干类含淀粉 45％以上的原料均可使用。

4. 泸州大曲酒生产工艺

浓香型大曲酒之所以又称为泸型酒，是因为泸州大曲酒具有浓香型大曲酒生产工艺的代表性。泸州大曲酒产于四川省泸州市泸州酒厂。该酒以高温小麦曲为糖化发酵剂，以当地产的糯高粱为原料，以稻壳为辅料。采用熟糠拌料、低温发酵、回酒发酵、双轮底发酵、续渣混蒸等工艺（图 3-1）。

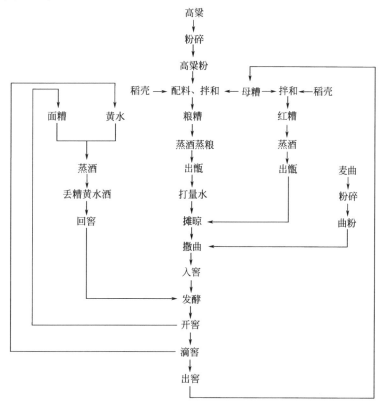

图 3-1　泸州大曲酒生产工艺流程

（1）原辅料质量要求及处理　高粱以糯高粱为好，要求成熟饱满，干净，淀粉含量高；麦曲要求曲块质硬、内部干燥、有浓郁曲香味，曲断面整齐，边皮薄，内呈灰白色，有较强液化力、糖化力和发酵力；稻壳要新鲜干燥，金黄色，无霉变，无异味。

高粱原料须先粉碎，目的是增加原料的表面积，利于淀粉颗粒的吸水膨胀、蒸煮糊化和与微生物的接触面积，为糖化发酵创造条件。粉碎程度以通过 20 目筛孔的占 70％左右为宜。粉碎度不够，则蒸煮糊化不够，曲子作用不彻底，造成出酒率低；粉碎过细，蒸煮时易压气，酒醅发腻，会加大糠壳用量，影响成品酒的风味质量。加之大曲酒采用续糟配料，糟醅经多次发酵，因此高粱也无需粉碎较细。

大曲在使用生产前要经过粉碎。曲粉的粉碎程度以未通过 20 目筛孔的占 70％为宜。如果粉碎过细，会造成糖化发酵速度过快，发酵没有后劲；若过粗，接触面积小，糖化速度慢，影响出酒率。

新鲜稻壳用作填充剂和疏松剂，要求预先将稻壳清蒸 20～30min，直到蒸汽中无怪味为止，然后出甑晾干备用。

（2）开窖起糟　开窖起糟时要按照剥窖皮、起面糟、起上层母糟、滴窖、起下层母糟的顺序进行。操作时要注意搞好各步骤之间、各种糟醅之间的卫生清洁工作，避免交叉污染。起糟时要注意不触伤窖池，不使窖壁、窖底的老窖泥脱落。

出窖起糟到一定深度，就会出现黄水，应停止出窖，收集黄水。在起窖时留出窖下部的粮糟进行"滴窖降水"、"滴窖降酸"操作，滴窖的目的是防止母糟酸度过高，酒醅含水太多，造成稻壳用量过大影响酒质，滴窖时要注意滴窖时间，以 10h 左右为宜，时间过长或过短，均会影响母糟含水量。

在滴窖期间，要对该窖的母糟、黄水进行技术鉴定，以确定本排配料方案及采取的措施。

（3）配料与润粮　浓香型大曲酒的配料，采用的是续糟配料法。即在发酵好的糟醅中投入原料、辅料进行混合蒸煮，出甑后，摊晾下曲，入窖发酵。因是连续、循环使用，故工艺上称之为续糟配料。续糟配料可以调节糟醅酸度，既利于淀粉的糊化和糖化，适合发酵所需，又可抑制杂菌生长，促进酸的正常循环。续糟配料还可以调节入窖粮糟的淀粉含量，使酵母菌在一定的酒精浓度和适宜的温度条件下生长繁殖。

配料时做到"稳、准、细、净"。每甑投入原料的多少，视甑桶的容积而定。比较科学的粮糟比例一般是 1∶（3.5～5），以 1∶4.5 左右为宜。辅料的用量，应根据原料的多少来定。正常的辅料糠壳用量为原料淀粉量的 18％～24％。量水的用量，也是以原料量来定。正常的量水用量为原料量的 80％～100％。这样可保证糟醅含水量在 53％～55％之间，才能使糟醅正常发酵。

在蒸酒蒸粮前 50～60min，要将一定数量的发酵糟醅和原料高粱粉按比例充分拌和，盖上熟糠，堆积润粮。润粮是使淀粉能够充分吸收糟醅中的水分，以利于淀粉糊化。在上甑前 10～15min 进行第 2 次拌和，将稻壳拌匀，收堆，准备上甑。配料时，切忌粮粉与稻壳同时混入，以免粮粉装入稻壳内，拌和不匀，不易糊化。拌和时要低翻快拌，以减少酒精挥发。

除拌和粮糟外，还要拌和红糟（下排是丢糟）。红糟不加原料，在上甑 10min 前加糠壳拌匀。加入的糠壳量依据红糟的水分大小来决定。

（4）蒸酒蒸粮　白酒蒸馏的设备——甑（图 3-2）

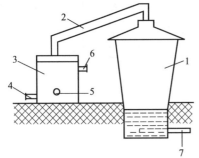

图 3-2　甑桶及冷凝器的连接装置图
1—甑桶；2—过气管；3—冷凝器；
4—冷水进口；5—流酒出口；
6—热水出口；7—加热蒸汽管

是一种不同于世界上其他酒蒸馏器的独特蒸馏设备，是根据固态发酵酒醅这一特性而设计发明的，自白酒问世以来，千百年来一直沿用至今。

甑桶蒸馏可以认为是一个特殊的填料塔。含有 60% 水分及酒精和数量众多的微量香味成分的固态发酵酒醅，通过人工装甑逐渐形成甑内的填料层。在蒸汽不断加热下，使甑内酒醅温度不断升高，下层醅料的可挥发性组分浓度逐层不断变小，上层醅料的可挥发性组分浓度逐层变浓，使含于酒醅中的酒精及香味成分经过汽化、冷凝、汽化，而达到多组分浓缩、提取的目的。少量难挥发组分也同时带出蒸入酒中。

装甑技术，醅料松散程度，蒸汽量大小及均衡供汽，分量质摘酒等蒸馏条件是影响蒸馏得率及质量的关键因素。人们在长期生产实践中总结了装甑操作的技术要点，即装甑六字诀"松、轻、准、薄、匀、平"。即醅料要疏松，装甑动作要轻巧，撒料要准确，醅料每次撒得要薄层、均匀，甑内酒气上升要均匀，酒醅料层由下而上在甑内要保持平面。

① 蒸面糟　先将底锅洗净，加够底锅水，并倒入黄浆水，然后按上甑操作要点装甑，装甑时间控制在 35～40min，边装甑，边进汽，要求轻撒薄铺，见汽撒料，上甑均匀。满甑时，四周醅层略高于中间，防止闪边漏汽。蒸得的"黄水丢糟酒"，稀释到 20%（体积分数）左右，泼回窖内重新发酵，达到以酒养窖、促进酯化增香的目的。

② 蒸粮糟　蒸丢糟黄浆水后的底锅要彻底洗净，然后加水，换上专门的蒸粮糟的蒸箅，上甑蒸酒。要求均匀进汽，缓火蒸馏，低温流酒。一般要求蒸酒温度 25℃ 左右（不超过30℃），流酒时间（从流酒到摘酒）为 15～20min。流酒温度过低，会让乙醛等低沸点杂质进入酒内；流酒温度过高，会增加酒精和香气成分的挥发损失。开始流酒时，截去酒头约 0.5kg 左右，然后量质摘酒，先后流出的各种质量的酒分开接取、分质储存。断花时应截取酒尾，酒尾要用专门容器盛接。待酒花满面时则断尾，时间约 30～35min，断尾（蒸酒结束）后，应加大火力蒸粮，以达到促进淀粉糊化和降低酸度的目的。蒸酒蒸粮时间，从流酒到出甑约为 60～70min。对蒸粮的要求是达到"熟而不黏，内无生心"，也就是既要蒸熟蒸透，又不起疙瘩。

③ 蒸红糟　由于每次要加入粮粉、曲粉和稻壳等新料，所以每窖都要增长 25%～30%的甑口，增长的甑口，全部作为红糟。红糟不加粮，蒸馏后不打量水，作封窖的面糟。

（5）入窖发酵

① 打量水　粮糟出甑后，堆在甑边，立即打入 85℃ 以上的热水。出甑粮糟虽在蒸粮过程中吸收了一定的水分，但尚不能达到入窖最适宜的水分要求，因此必须进行打量水操作，以增加其水分含量，有利于正常发酵。量水的温度要求不低于 80℃，才能使水中杂菌钝化，同时促进淀粉细胞粒迅速吸收水分，使其进一步糊化。所以，量水温度越高越好。量水温度过低，泼入粮糟后将大部分浮于糟的表面，吸收不到粉粒的内部，入窖后水分很快沉于窖底，造成上层糟醅干燥，下层糟醅水分过多的现象。

② 摊晾撒曲　摊晾也称扬冷，是使出甑的粮糟迅速均匀地降温至入窖温度，并尽可能地促使糟子的挥发酸和表面水分挥发。但是不能摊晾太久，以免感染更多杂菌，一般夏季40～60min，冬季 20min。摊晾操作，传统上是在晾堂上进行，后逐步为晾糟机等机械设备代替，使得摊晾时间有所缩短。对于晾糟机的操作，要求撒铺均匀，甩撒无疙瘩，厚薄均匀。

晾凉后的粮糟即可撒曲。每 100kg 粮粉下曲 18～22kg，每甑红糟下曲 6～7.5kg，要根据季节调整用曲量，夏季少，冬季多。用曲太少，造成发酵困难；而用曲过多，糖化发酵加快，升温太猛，容易生酸，易杂菌污染，使酒的口味变粗带苦。

撒曲温度要略高于窖温，冬季高出 3～6℃，其他季节与窖温相同或高 1℃。

③ 入窖发酵　摊晾撒曲完毕后即可入窖。在糟醅达到入窖温度时，将其运入窖内。入

窖时，每窖装底糟 2～3 甑，其品温为 20～21℃，粮糟品温为 18～19℃；红糟的品温比粮糟高 5～8℃。每入一甑即扒平踩紧。全窖粮糟装完后，再扒平，踩窖。要求粮糟平地面，不铺出坝外，踩好。红糟应该完全装在粮糟的表面。

④ 封窖发酵 装完红糟后，将糟面拍光，将窖池周围清扫干净，随后用窖皮泥（优质黄泥与老窖皮泥混合踩揉熟而成）封窖。封窖的目的在于杜绝空气和杂菌侵入，同时抑制窖内好气性细菌的生长代谢，也避免了酵母菌在空气充足时大量消耗可发酵性糖，影响正常的酒精发酵。因此，严密封窖是十分必要的。

窖池封闭进入发酵阶段后，要对窖池进行严格的发酵管理工作。每天都要清窖，因为发酵酒醅下沉而使封窖泥出现裂缝，应及时抹严，直到定型不裂为止。还要在窖顶中央留一吹口，利于发酵产生的 CO_2 逸出。

大曲酒生产历来强调"低温入窖"和"定温发酵"，发酵阶段要求其温度变化有规律地进行，即前缓、中挺、后缓落。发酵前期，由于入窖温度低，糖化较慢，酵母发酵也慢，母糟升温缓，即前缓；封窖后 3～4 天，发酵温度达到最高峰，说明酒醅已进入旺盛的酒精发酵，一般能维持 5～8 天，要求在 30～33℃左右时间长些，所谓中挺，是发酵彻底。高温持续 1 周左右，会稍微下降，约在 27～28℃左右。封窖后 20 天之内，旺盛的酒精发酵基本结束，此后窖温缓慢下降，直至出窖为止，称后缓落，最后品温降至 25～26℃或更低。

（6）贮存与勾兑 刚蒸馏出来的酒只能算半成品，具有辛辣味和冲味，必须经过一定时间的储存，在生产工艺上称此为白酒的"老熟"或"陈酿"。名酒规定储存期一般为 3 年，一般大曲酒也应储存半年以上。成品酒在出厂前还须经过精心勾兑。

三、浓香型白酒质量标准（GB/T 10781.1—2006）

1. 感官要求

见表 3-1 和表 3-2。

表 3-1　高度酒感官要求

项　　目	优　　级	一　　级
色泽和外观	无色或微黄，清亮透明，无悬浮物，无沉淀	
香气	具有浓郁的乙酸乙酯为主体的复合香气	具有较浓郁的乙酸乙酯为主体的复合香气
口味	酒体醇和协调，绵甜爽净，余味悠长	酒体较醇和协调，绵甜爽净，余味较长
风格	具有本品典型的风格	具有本品明显的风格

注：当酒的温度低于 10℃时，允许出现白色絮状沉淀物质或失光，10℃以上时应逐渐恢复正常。

表 3-2　低度酒感官要求

项　　目	优　　级	一　　级
色泽和外观	无色或微黄，清亮透明，无悬浮物，无沉淀	
香气	具有较浓郁的乙酸乙酯为主体的复合香气	具有乙酸乙酯为主体的复合香气
口味	酒体较醇和协调，绵甜爽净，余味较长	酒体较醇和协调，绵甜爽净
风格	具有本品典型的风格	具有本品明显的风格

注：当酒的温度低于 10℃时，允许出现白色絮状沉淀物质或失光，10℃以上时应逐渐恢复正常。

2. 理化要求

见表 3-3 和表 3-4。

表 3-3　高度酒理化要求

项　目		优　级	一　级
酒精度(体积分数)/%		41～68	
总酸(以乙酸计)/(g/L)	≥	0.40	0.30
总酯(以乙酸乙酯计)/(g/L)	≥	2.00	1.50
己酸乙酯/(g/L)		1.20～2.80	0.60～2.50
固形物/(g/L)	≤	0.40	

注：酒精度（体积分数）41%～49%的酒，固形物可小于或等于0.50g/L。

表 3-4　低度酒理化要求

项　目		优　级	一　级
酒精度(体积分数)/%		25～40	
总酸(以乙酸计)/(g/L)	≥	0.30	0.25
总酯(以乙酸乙酯计)/(g/L)	≥	1.50	1.00
己酸乙酯/(g/L)		0.70～2.20	0.40～2.20
固形物/(g/L)	≤	0.70	

注：酒精度（体积分数）41%～49%的酒，固形物可小于或等于0.50g/L。

【任务实施】

见《学生实践技能训练工作手册》。

【知识拓展】

一、其他浓香型大曲酒生产工艺简介

1. 五粮液

五粮液产于四川省宜宾市。五粮液酿造用水取自岷江的江心。原料配比为：小麦31%，大米28%，高粱24%，玉米10%，糯米7%。制曲原料为小麦，曲的外形和制曲工艺较特殊，曲块中间隆起，称为"包包曲"。成品曲霉菌生长充分，曲块皮薄并具有独特香气。发酵时使用陈年老曲。发酵采用跑窖法工艺，使用老窖，窖底为坚实的黄黏土，窖盖用柔熟的陈泥封平，部分酒发酵期可长达90天。五粮液风味独特，其特点是："香气悠久，喷香浓郁，味醇厚，入口甘美，入喉净爽，各味协调，恰到好处。"

2. 全兴大曲

全兴大曲产于四川省成都酒厂。该酒以小麦加4%的高粱制得高温大曲为糖化发酵剂，采用陈年老窖发酵。发酵期为60天。蒸馏的酒尾稀释后回窖再发酵，成品酒贮存期为1年。其余工艺与泸州特曲酒相似。

3. 洋河大曲

产于江苏省泗阳县洋河镇，已有300多年的历史。洋河大曲以当地"美人泉"的水和高粱为原料酿酒。用特制中温大曲，这种大曲按小麦70%、大麦20%、豌豆10%的比例配料。采用改进的老五甑生产工艺，老窖发酵。原料与糟醅配比为1∶(4.5～5)，用曲量为原料的22%～24%，辅料糠壳用量为原料的10%～12%，入窖水分为54%～56%，发酵期45天。原酒分级贮存，精心勾兑出厂。具有"芳香浓郁，入口绵甜，干爽味净，以甘为主，香甜交错，酒质细腻，酒味调和"的独特风格，素以"甜、绵、软、净、香"著称于世。

4. 双沟大曲

双沟大曲产于江苏省泗洪县双沟镇，酒质醇厚，入口甜美，这与其原料和工艺有关。采

用优质高粱为原料，制曲以大麦、小麦、豌豆为原料。采用传统的混蒸法，发酵采用"少水、低温、回沙、回酒"等工艺，发酵期为60天。蒸馏采用熟糠分层、缓火蒸馏、分段截酒、热水泼浆等操作法。入库酒分级分类贮存1年后，按不同呈香特点勾兑。

5. 古井贡酒

该酒是安徽省亳州市古井酒厂的产品，因原为明清两代皇朝的贡品而得名。厂内的古井已有1400多年的历史。

贡酒的工艺特点是大曲为类似汾香型白酒所用的中温曲。但发酵与蒸馏的工艺采用如一般泸香型白酒的老五甑法。制曲原料配比为：小麦70％，大麦20％，豌豆10％。制曲周期为27～30天，成曲要求"全白一块玉"。工艺以混蒸老五甑为基础，并采用蒸糠拌料、混合蒸烧，下四蒸五，低温入池，泥窖发酵，分层蒸馏，量质摘酒，分类入库，贮存1年。古井贡酒酒液清澈透明，黏稠挂杯，香如幽兰，入口醇和，回味悠长。

6. 口子酒

口子酒是安徽省淮北市濉溪酒厂的产品，该地原名为口子镇。口子酒的生产采用老五甑混蒸法，但在用曲等方面有其特点。制曲时小麦60％，大麦30％，豌豆10％，制备中温曲和高温曲。加曲时曲粉用量为高粱新投入量的25％～30％，其中10％为高温曲，15％～20％为中温曲。

7. 剑南春

产于四川省绵竹县剑南春酒厂。剑南春用纯小麦制曲，原料采用五粮，其配比为高粱40％，大米20％～30％，糯米10％～20％，小麦15％，玉米5％。采用浓香型大曲酒生产工艺，发酵期为60天。成品酒具有芳香浓郁，醇和回甜，清冽爽净，余香悠久的特点。

二、提高浓香型大曲酒质量的工艺改革和技术措施

己酸乙酯是浓香型大曲酒的主体香味成分。多年来各生产厂家采用多种技术措施，以提高浓香型大曲酒质量，其实质也大多是围绕如何提高浓香型酒中己酸乙酯的含量，以及其他微量成分如何与己酸乙酯合理搭配来进行的。

1. 传统工艺的改革与"原窖分层"工艺

我国浓香型大曲酒生产的工艺操作方法习惯上分为"原窖法"、"跑窖法"和"老五甑法"三种类型。其中"原窖法"应用最为广泛。原窖法工艺重视原窖发酵，避免了糟醅在窖池间互相串换，保证了每窖糟醅和酒的风格一致。但对同一窖池的母糟则实行统一投粮，统一发酵，混合堆糟，混合蒸馏以及统一断花摘酒和装坛，却没有考虑同一个窖池内上下不同层次的酒醅发酵的不均匀性和每甑糟醅的蒸馏酒质的不均匀性，这对于窖池生产能力的发挥，淀粉的充分利用，母糟风格的培养以及优质酒的提取和经济效益的提高都有一定的影响。

针对上述问题，泸州老窖酒厂在"原窖法"基础上，吸取了"跑窖法"工艺和"老五甑法"工艺的优点，首先提出了"原窖分层"酿制工艺。

"原窖分层"酿制工艺的基本点就是针对发酵和蒸馏的差异，扬长避短，分别对待，从而达到优质高产、低消耗的目的。其工艺过程可以概括为：分层投粮，分期发酵，分层堆糟，分层蒸馏，分段摘酒，分质并坛，因此又称"六分法"工艺。

（1）分层投粮　针对窖池内糟醅发酵的不均一性，在投入原料时，在全窖总投粮量不变的前提下，下层糟醅多投粮，上层糟醅少投粮，使一个窖池内各层糟醅的淀粉含量呈"梯度"结构。

（2）分层发酵　针对窖内各层发酵糟在发酵过程中的变化规律，在发酵时间上予以调整。上层糟醅在生酸期后，酯化生香微弱，可提前出窖进行蒸馏。窖池底部糟醅生香幅度

大，可以延长酒的酯化时间。一个窖的糟醅，其发酵期不同，在生酸期后（在入窖后 30～40 天），即将面糟取出进行蒸馏取酒，只加大曲，不再投粮，使之成为"红糟"，将其覆盖在原窖的粮糟上，封窖后再发酵。粮糟发酵 60～65 天，与面上的红糟同时出窖。每窖的底糟为 1～3 甑，两排出窖 1 次，称为双轮底糟（第 1 排不出窖，但是要加大曲粉）。其发酵时间可在 120 天以上。

（3）分层堆糟　为了保证各层次糟醅分层蒸馏以及下排的入窖顺序，操作时应将各层次的糟醅分别堆放。面糟和双轮底糟分别单独堆放，以便单独蒸馏。母糟分层出窖，在堆糟坝上由里向外逐层堆放，便于先蒸下层糟，后蒸上层糟，以达到糟醅留优去劣的目的。

（4）分层蒸馏　各层次糟醅在发酵过程中，其发酵质量是不同的，所以酒的质量也不尽相同。生产中为了尽可能多地提取优质酒，避免由于各层次糟醅混杂而导致全窖酒质下降，各层次的糟醅应该分别蒸馏。在操作上，面糟和双轮底糟分别单独蒸馏。二次面糟在蒸馏取酒后就扔掉。双轮底糟蒸馏取酒后仍然装入窖底。母糟则按由下层到上层的次序一甑一甑地蒸馏，并以分层投粮的原则进行配料，按原来的次序依次入窖。

（5）分段摘酒　针对不同层次的糟醅的酒质不同和在蒸馏过程中各馏分段酒质不同的特点，在生产上为了更多地摘取优质酒，要依据不同的糟醅适当地进行分段摘酒，即对可能产优质酒的糟醅，在断花前分成前、后两段摘酒。

（6）分质并坛　采取分层蒸馏和分段摘酒之后，基础酒的酒质就有了显著的差别。为了保证酒质，便于贮存勾兑，蒸馏摘取的基础酒应严格按酒质合并装坛。

"六分法"工艺是在传统的"原窖法"工艺的基础上发展起来的。从酿造工艺整体上说，仍然继承传统的工艺流程和操作方法。而在关键工艺环节上，系统地运用了多年的科研和生产实践成果，借鉴了"跑窖法"、"老五甑法"等工艺的有效技术方法。此工艺通过在泸州老窖酒厂、射洪沱牌曲酒厂等名优酒厂应用，大幅度地提高了名优酒比率，取得了显著的经济效益。

2. 延长发酵周期

延长发酵周期是提高浓香型大曲酒质量的重要技术措施之一。在窖池、入窖条件、工艺操作大体相同的情况下，酒质的好坏很大程度上取决于发酵周期的长短。窖池的发酵生香过程，要经历微生物的繁殖与代谢、代谢产物的分解和合成等过程。而酯类等物质的生成，则是一个极其缓慢的生物化学反应过程，这是由于微生物（特别是己酸菌、丁酸菌、甲烷菌等窖泥微生物）生长缓慢等因素所决定的。所以，酒中香味成分的生成，除了提供适当的工艺条件外，还必须给予较长的发酵时间，否则窖池中复杂的生物化学反应就难以完成，自然也就得不到较多的、较丰富的香味物质。

生产实践证明，发酵期较短的酒，其质量差；发酵期长的酒，其酒质好。但是发酵周期也并不是越长越好，因为连续延长发酵周期，会使糟醅酸度增高，抑制了微生物的正常生长繁殖，使糟醅活力减弱；其次，长期延长发酵周期，不利于窖泥微生物的扩大培养和代谢产物的积累，易使窖泥退化变质，窖泥失水，以及营养成分的消耗而使窖泥严重板结，破坏了微生物生存的载体。因此，发酵周期过长，会严重影响生产。另外，发酵周期长，使设备利用率下降，损耗率增大，资金周转慢，成本上升，同时产量也会下降。

浓香型白酒的质量除了与发酵周期有关外，还与窖泥、糟醅、大曲等质量有关，并与工艺条件、入窖条件、设备使用、操作方法等因素有关。应该从多种因素考虑，不能片面地强调发酵周期。一般而言，发酵周期以 45 天以上为宜。

3. 双轮底糟发酵

在浓香型大曲酒生产中，采用双轮底糟发酵提高酒质得到广泛应用，收效明显。所谓"双轮底糟发酵"，即在开窖时，将大部分糟醅取出，只在窖池底部留少部分糟醅进行再次发酵的方法。其实质是延长发酵期，只不过延长发酵的糟醅不是全窖整个糟醅，而仅仅是留于窖池底部的一小部分糟醅。

之所以采用窖底糟醅：一是因为窖底泥中的微生物及其代谢产物最容易进入底部糟醅；二是底部糟醅营养丰富，含水量足，微生物容易生长繁殖；三是底部糟醅酸度高，有利于酯化作用。

通过延长发酵期，双轮底糟部分增加了酯化时间，酯类物质增多。而在增加酯化作用的同时，双轮底糟上面的粮糟在糖化发酵时产生了大量的热能、二氧化碳、糖分、酒精等物质，这些物质不但促进了双轮底糟的酯化作用，而且还给双轮底糟中的大量微生物提供了生长繁殖的有利条件和所需要的各种营养成分，增强了有益微生物的代谢作用，同时也积累了大量的代谢产物，因而使酒质提高。

双轮底糟发酵是制造调味酒的一种有效措施，在浓香型大曲酒生产中具有十分重要的意义。目前，白酒生产企业所采用的双轮底糟的工艺措施主要有连续双轮底和隔排双轮底两种。此外还有三排双轮底、四排双轮底、"夹沙"双轮底等不同的工艺措施。

4. 人工培窖

窖泥是浓香型白酒功能菌生长繁殖的载体，其质量的好坏直接影响己酸乙酯等香味成分的生成，从而对酒质起着十分重要的作用。"老窖"优于"新窖"，也就在于老窖的窖泥质量优于新窖窖泥。

窖泥中水分、总酸、总酯、腐殖质、氨基氮、有机磷等各种成分含量的多少，是衡量窖泥质量的标准。若窖泥中上述成分在一定范围内含量较高，则窖泥微生物生长繁殖、代谢活动旺盛；反之，则差。自然，老窖能产生优质酒，新窖泥产优质酒的比率就小得多。

人工培养老窖泥作为提高浓香型大曲酒质量的一项重要措施而被广泛采用。人工培养老窖泥所需的基本材料是优质黄泥（沙含量较少，具有黏性）、窖皮泥（已用于封窖的泥）、大曲粉、黄水、酒尾等。此外，还包括尿素、过磷酸钙、磷酸铵等氮磷源物质。当然也可以在人工窖泥中加入己酸菌和丁酸菌培养液，加速窖泥微生物的繁殖，促进窖泥老熟。还要加强对窖泥的保养，不断补充营养成分和窖泥微生物，做到"老窖泥不老化"。

5. 回窖发酵

浓香型大曲酒的发酵过程，是多种微生物参与并经过极其复杂的生化反应而完成的。而要提高产品质量，除了诸如原料、辅料、糟醅、工艺操作方法、糖化剂、窖池等诸多因素外，还要采取有利于窖内有益微生物生长繁殖的环境条件，以促进浓香型主体香味的生成。

根据发酵过程中香味物质生成的基本原理和传统工艺生产的实践经验，采取回窖发酵方法，能较大幅度地提高质量。这种方法易于掌握，效果极好。回窖发酵包括回酒发酵、回泥发酵、回糟及翻糟发酵、回己酸菌液发酵、回综合菌液发酵等。

（1）回酒发酵　回酒发酵始于四川省泸州曲酒厂，是该厂的传统工艺。所谓"回酒发酵"是把已经酿制出来的酒，再回入正在发酵的窖池中进行再次发酵。也有称其为"回沙发酵"。由于在窖池发酵过程中，将酒回入窖池，增加了酒精，同时也增加了酸、醇、醛、芳香族化合物等成分，因此，首先它们将被酵母菌及窖泥微生物作为中间产物再次进行生化反应，除酯含量增加外，醛类物质、杂醇油也能转化生成有益的香味成分；其次，由于回入了酒精，故有助于控制窖池内升温幅度，使窖内温度前缓、中挺、后缓落；三是回入酒精后，在窖池内生物酶活跃，在窖内温度、酸度适中的有利条件下促进了酯化反应，使酒质在窖内陈香老熟。

回酒发酵可明显地提高酒质，若长期采取这一措施，还能使窖泥老熟，窖泥中己酸菌、丁酸菌、甲烷菌数量增多。窖泥水分、有效磷、氨基氮、腐殖质等窖泥成分大幅度增加，同时优质的糟醅风格也能迅速形成。

回酒发酵工艺方法有两种：一是分层回酒；二是断吹回酒。分层回酒就是头一甑粮糟下窖后，在第二甑粮食糟醅下窖前1～2min，将原度酒（丢糟黄水酒、三曲酒）稀释成低度酒或者低度酒尾均匀酒在窖内头一甑糟醅上，立即装入第二甑糟醅。然后在第三甑糟醅入窖之前，在第二甑粮糟上酒上低度酒，立即装入第三甑糟醅，依次类推。这样每甑糟醅作为一个糟醅层，在层与层（甑与甑）之间回酒的方法，就是分层回酒。断吹回酒就是在封窖发酵15～20天，酒精发酵基本终止（断吹口）时，将原度三曲酒、丢糟黄水酒、老窖黄水和酒尾的等比例混合发酵液等回酒一次性回入窖内的方法。操作上方法不一，但其目的就是使回酒自上而下逐步渗透至窖底。

（2）回泥发酵　浓香型大曲酒的香型与泥土有着十分密切的关系。传统的浓香型大曲酒工艺中，摊晾是在泥制的或砖块镶嵌的地晾堂上进行的，糟醅常与泥土接触，泥土中的微生物容易进入窖池参与发酵。而现在摊晾则在金属制造的或竹木制造的摊晾机上进行，故载有微生物的泥土进入窖池的量大为减少。为了不至于使浓香型酒产生型变，丢失固有的酒体风格，提出了回泥发酵这一措施。操作上是将一定量的用窖皮泥、黄水、酒尾等配制成的回用窖泥，与打量水混合，一并打入每甑糟醅；或者如分层回酒那样，逐甑回入到粮糟上，并迅速覆盖糟醅，依次循环加入。用作回泥发酵的窖池，所产出的酒经尝评鉴定，香气浓郁，有窖糟气味，质量明显提高。从酒质分析结果来看，总酸、总酯等均有所增加。从微生物镜检看，芽孢杆菌大量增加。

（3）回糟及翻糟发酵　回糟发酵及翻糟发酵是在回酒发酵的基础上发展而来的。它是冬季酿酒提高产品质量、提高发酵糟醅风格的一项有效措施，这两种方法不仅起到分层回酒的作用，而且回进了大量有益微生物和酸、酯、醇、醛等有益香味成分，对提高酒质，尤其对提高发酵糟醅的质量有显著的效果。不少生产浓香型大曲酒的厂家，采用了回糟发酵、翻糟发酵的方法后，生产上取得了良好的效果，产品质量明显提高。

① 回糟发酵　选择质量好的发酵糟醅或者双轮底糟，按一定比例拌入每甑粮糟中，入窖发酵。回糟发酵对于提高新窖池的糟醅质量和酒质效果明显，但不宜在热季时采用。

② 翻糟发酵　行业术语称"翻沙"，是四川某名酒厂在20世纪70年代首创的，并取得了成功。翻糟发酵实质上是第二次发酵、回酒发酵、延长发酵三项措施集于一体的技术措施。因此可使浓香型大曲酒的优质品比率大幅度地提高。具体操作是将已经发酵达30天左右的窖池剥去封窖皮，去掉丢糟，将窖池内的发酵糟全部取出，然后每甑糟醅加入一定量的大曲粉拌和后再入窖，上层糟醅先入窖，底层糟醅后入窖。每甑入窖后，回入一定量的原度酒或酯化液，回酯液的数量是下少上多。翻沙完毕后，再拍紧拍光，密封发酵。

6. 己酸菌发酵液的应用

己酸菌在发酵过程中可以积累己酸，因而对浓香型酒的主体香味成分己酸乙酯的形成具有重要意义。国内许多名酒厂和相关研究单位都相继分离得到一些优良的己酸菌，并将其培养液在浓香型大曲酒的生产中应用。

7. 丙酸菌在"增己降乳"方面的应用

乳酸乙酯是固态法白酒生产中必不可少的物质，但是在浓香型大曲酒中若己酸乙酯和乳酸乙酯的比例失调，则严重影响酒质。丙酸菌能够利用乳酸生成丙酸、乙酸等己酸前体物质，因而可以"增己降乳"。该菌对培养条件要求不严，便于在生产中应用，能够较大幅度地降低酒中的乳酸及其酯的含量，从而调整己酸乙酯和乳酸乙酯的比例，有利于酒质的提高。在生产中，将丙酸菌与人工老窖、强化制曲及其他提高酒质的技术措施相结合，能有效地"增己降乳"。

8. 强化大曲技术和酯化酶生香技术的应用

传统大曲除了具有糖化发酵作用外，还具有酯化生香的功能，这一点在从泸酒麦曲分离筛选出来首株酯化功能菌（红曲霉 M-101）后得到科学认定。因而在制曲时，为了强化大曲的产酯生香能力，除了添加霉菌、酵母外，还添加红曲霉和生香酵母等酯化生香功能菌。强化大曲的应用提高了出酒率和酒质，用曲量减少。强化大曲技术对于新窖而言，结合入工窖泥技术可取得很好的效果。

随着技术的进步，又出现了酯化酶生香技术。该技术模拟老窖发酵产酯，采用窖外酯化酶直接催化，由酸、醇酯化生酯。这样就摆脱了传统工艺的束缚，可以人为控制酯化过程，获得高酯调酒液。香酯液可广泛应用于传统固态白酒提高档次，结合在新型白酒上的应用可使酒质更接近固态白酒风格。红曲霉生产酯酶应用在中国白酒上是一项创新。

9. 黄浆水酯化液的制备和利用

黄浆水是曲酒发酵过程中的必然产物。长久以来，黄浆水多在蒸丢糟时放入底锅，与丢糟一起蒸得"丢糟黄浆水酒"作回酒发酵用。这样一来，黄浆水中除了酒精以外的成分完全丢失。而黄浆水成分相当复杂，富含有机酸及产酯的前体物质，而且还含有大量经长期驯养的梭状芽孢杆菌群。可见，黄浆水中的许多物质对于提高曲酒质量、增加曲酒香气、改善曲酒风味有重要的作用。采用适当的措施，使黄浆水中的醇类、酸类等物质通过酯化作用，转化为酯类，特别是增加浓香型曲酒中的己酸乙酯含量，对提高曲酒质量有重大作用。黄浆水的酯化作用可以通过加窖泥加酒曲直接进行酯化，也可以添加己酸菌发酵液增加黄浆水中的己酸含量，强化酯化作用。制备的黄浆水酯化液除了用于串蒸提高酒质外，还可用来淋窖灌窖，培养窖泥。

工作任务 3-2   清香型白酒生产

❖ **【知识前导】**

清香型白酒，以其清雅纯正而得名，又因该香型的代表产品为汾酒而称为汾型酒。汾酒产于山西省汾阳县杏花村，距今已有 1400 余年的生产历史。汾酒在 1916 年巴拿马万国博览会上曾荣获一等优胜金质奖章，1952 年在全国第一届评酒会上荣获国家名酒称号。该香型酒在我国北方地区较为流行。

一、清香型白酒生产的原料

1. 清香型白酒生产的原料

生产清香型白酒所用的原料是高粱和大曲。汾酒使用晋中平原的"一把抓"高粱，要求籽粒饱满，皮薄壳少。壳过多，造成酒质苦涩，应进行清选。新收获的高粱要贮存 3 个月以上才能用于酿酒。所用大曲为中温大曲，有清茬、后火和红心三种。

2. 中温大曲生产工艺

（1）工艺流程

配料→粉碎→加水拌料→踏曲（或机械制曲）→曲坯→入房排列→长霉阶段→晾霉阶段

成曲←贮存←出房←挤后火阶段（养曲）←起干火阶段←起潮火阶段

（2）操作要点

① 原料粉碎　采用大麦和豌豆，其比例为 6:4 或 7:3。视季节不同，适当变化。粉碎后，要求通过 20 目孔筛的细粉粉碎，与通不过孔筛的粗粉之比，夏季为 30:70，冬季为 20:80。

② 踩曲　将粗细粉料与一定量水拌和，一般每 100kg 原料用水 50~55kg。夏季用凉水（14~16℃），春秋季用 25~30℃的温水，冬季用 30~35℃的温水。使用踩曲机将曲料压制

成砖形，要求曲砖含水量为 36%～38%，每块曲砖质量为 3.3～3.5kg。

③ 入室排列　又称卧曲，曲坯入房后，以干谷糠铺地，上下三层，以苇秆相隔，排列成"品"字形。曲间距 3～4cm，一行接一行，无行间距。

④ 长霉　曲坯入房后，冬季将曲室温度调至 12～15℃，春秋两季调至 15～18℃，夏季尽量保持此温度，待曲砖稍干后，约 6～8h，用喷壶少洒一点冷水，用苇席将曲砖遮盖起来。夏季为防止水分蒸发过快，可在遮盖物上洒些水，令其徐徐升温，缓慢起火。大约经过 1 天时间，在曲砖表面出现白色霉菌菌丝斑点，即开始"生衣"。夏季大约 36h，冬季则需 72h，品温可达到 38～39℃，此时，曲砖表面可看到根霉菌丝，拟内孢霉的粉状霉点和酵母的针点状菌落。如果曲砖表面霉菌尚未长好，可揭开部分遮盖物散热，同时调整湿度，延长培养时间，让霉菌充分生长。

⑤ 晾霉　当品温达到 38～39℃时，即打开曲室门窗，以排除湿气和降温，但不允许空气对流，防止曲砖因水分蒸发过快而发生干裂。接着，揭去上层遮盖物，并将侧立的砖块放倒，再拉开曲砖间距离，通过这一系列措施来降低曲砖水分和温度，保证曲砖表面菌丛不致过厚。菌丛厚薄与晾霉时间掌握得是否恰当有很大关系。晾霉太迟，菌丛就长得厚，结果造成曲砖内部水分不易挥发；如晾霉过早，结果曲砖内部的微生物繁殖不充分，造成曲砖硬结。

晾霉期一般为 2～3 天，每天翻曲 1 次。第 1 次翻曲后，曲砖层由 3 层增加到 4 层，第 2 次翻曲后增加到 5 层，这样做的目的是为了保温，让表面微生物往曲砖内生长。

⑥ 起潮火　晾霉完毕，曲砖表面干燥，不粘手时，即关闭曲室门窗，任微生物生长繁殖。待品温升到 36～38℃时进行翻曲，翻曲时抽去苇秆，曲砖层由 5 层增加到 6 层，曲砖排列形状由品字形改成人字形。以后每 1～2 天翻曲 1 次，曲室门窗两启两关，经过 4～5 天后，品温可达 45～46℃，此后进入大火阶段。

⑦ 大火阶段　通过开启门窗大小来调节品温，使 7～8 天时间内品温维持在 44～46℃。在此阶段，必须每天翻曲 1 次。

⑧ 后火阶段　大火阶段过后，曲坯逐渐干燥，品温逐渐下降至 32℃左右，直至曲块不热为止，进入后火期，维持 3～5 天，曲心水分会继续蒸发干燥。

整个培菌阶段，翻动曲块时，要按照"曲热则宽，曲冷则近"的原则，灵活掌握曲间距离。

⑨ 养曲　后火阶段过后，曲砖自身已不再发出热量，为了让曲砖内部剩余水分蒸发完，需用外热将品温维持在 32℃一段时间，将曲心内水分蒸干，即可出房。从曲坯入房到出房需要 1 个月左右的时间。

⑩ 贮存　将曲砖搬出曲室贮存，曲砖间距离保持 1cm。

（3）汾酒三种中温大曲的特点　酿制清香型白酒需要清茬、后火和红心三种中温大曲，并按一定比例混合使用。这三种大曲的制曲工艺各阶段完全相同，只是品温控制不同。

① 清茬曲　热曲最高温度为 44～46℃，晾曲降温极限为 28～30℃，属于小火大晾。曲的外观要求为断面茬口青灰色或灰黄色，无其他颜色掺杂在内，气味清香。

② 后火曲　由起潮火到大火阶段，最高曲温达 47～48℃，维持 5～7 天，晾曲降温极限为 34～38℃，属于大热中晾。曲的外观要求为断面呈灰黄色，有单耳和双耳，红心呈五花茬口，具有曲香或炒豌豆香。

③ 红心曲　在培养上采用边晾霉边关窗起潮火，无明显的晾霉阶段，升温较快，很快升到 38℃，靠调节窗户大小来控制曲坯温度。由起潮火到大火阶段，最高曲温达 45～47℃，晾曲降温极限为 34～38℃，属于中热小晾。曲的外观要求为断面中间呈一道红，典型的高粱掺红色，无异圈、杂色，具有曲香味。

二、清香型白酒的生产工艺

1. 清香型白酒工艺特点

清香型大曲酒的风味质量特点为清香纯正，余味爽净。主体香气成分为乙酸乙酯和乳酸乙酯，在成品酒中所占比例以 55%：45% 为宜。酿酒工艺特点为"清蒸清渣、地缸发酵、清蒸二次清"。即经处理除杂后的原料高粱，粉碎后一次性投料，单独进行蒸煮，然后在埋于地下的陶缸中发酵，发酵成熟酒醅蒸酒后再加曲发酵、蒸馏一次后，成为扔糟。

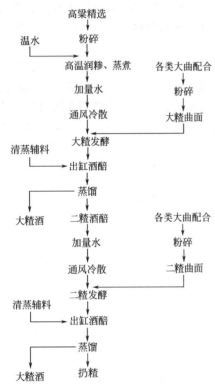

图 3-3　清香型大曲酒生产工艺流程

2. 汾酒生产工艺

清香型大曲酒生产工艺见图 3-3。

（1）高粱和大曲的粉碎　原料高粱要求籽实饱满、皮薄、壳少，无霉变、虫蛀。高粱经过清选、除杂后，进入辊式粉碎机粉碎，粉碎后一般要求每颗高粱破碎成 4～8 瓣即可，其中能通过 1.2mm 筛孔的细粉占 25%～35%，整粒高粱不得超过 0.3%。冬季稍细，夏季稍粗。

大曲有三种：清茬、后火和红心。按一定比例混合使用，一般清茬、红心各占 30%，后火占 40%。大曲的粉碎度应适当粗些，大渣发酵用曲的粉碎度，大者如豌豆，小者如绿豆，能通过 1.2mm 筛孔的细粉占 70%～75%。大曲的粉碎度和发酵升温速度有关，粗细适宜有利于低温缓慢发酵，对酒质和出酒率都有好处。

（2）润糁　粉碎后的高粱称为红糁，在蒸煮前要用热水浸润，以使高粱吸收部分水分，有利于糊化。将红糁运至打扫干净的车间场地，堆成凹形，加入一定量的温水翻拌均匀，堆积成堆，上盖芦席或麻袋。目前已采取提高水温的高温润糁操作。用水温度夏季为 75～80℃，冬季为 80～90℃。加水量为原料量的 55%～62%，堆积 18～20h，冬季堆积升

温能升至 42～45℃，夏季为 47～52℃。中间翻堆 2～3 次。若发现糁皮过干，可补加原料量 2%～3% 的水。高温润糁有利于水分吸收、渗入淀粉颗粒内部。在堆积过程中，有某些微生物进行繁殖，故掌握好适当的润糁操作，则能增进成品酒的醇甜感。但是若操作不严格，有时因水温不高，水质不净，产生淋浆，场地不清洁，或不按时翻堆等原因，会导致糁堆酸败事故发生。润糁结束时，以用手指挫开成粉而无硬心为度。否则还需要适当延长堆积时间，直至润透。

（3）蒸糁　润好的糁移入甑桶内加热蒸煮，使高粱的淀粉颗粒进一步吸水膨胀糊化。先将湿糁翻拌 1 次，并在甑帘上撒一薄层谷糠，装一层糁，打开蒸汽阀门，待蒸汽逸出糁面时，用簸箕将糁撒入甑内，要求撒得薄，装得匀，冒汽均匀。待蒸汽上匀料面（俗称圆汽）后，将 1.4%～2.9%（粮水比）的水泼在料层表面，称为加闷头量。再在上面覆盖谷糠辅料一起清蒸。蒸糁的蒸气压一般为 0.01～0.02MPa，甑桶中部红糁品温可达 100℃左右，圆汽后蒸 80min 即可达到熟而不黏、内无生心的要求。蒸糁前后的水分变化为由 45.5% 上升到 49.90%，酸度由 0.62 升高到 0.67。清蒸的辅料用于当天蒸馏。

（4）加水、冷散、加曲　蒸熟的红糁出甑后，立即加量水 30%～40%（相对于投料

量），边加水边搅拌，捣碎疙瘩，在冷散机上通风冷却，开动糁料的搅拌器，将料层打散摊匀，使物料冷却温度均匀一致。冬季冷散到比入缸发酵温度高 2～3℃ 即可加曲，其他季节可冷散至入缸温度加曲。加曲量为投料量的 9%～10%。搅拌均匀后，即可入缸发酵。

（5）大渣入缸　第一次入缸发酵的糁称为大渣。传统生产的发酵设备容器为陶缸，埋在地下，缸口与地面平齐。缸在使用前，应清扫干净，新使用的缸和缸盖，首先用清水洗净，然后用 0.8% 的花椒水洗净备用。夏季停产时间还得将地缸周围的泥土挖开，用冷水灌湿泥土，以利于地缸传热。

正确掌握大渣的入缸条件，是出好酒、多产酒的前提，是保证发酵过程温度变化达到"前缓升、中挺、后缓落"原则的重要基础，同时也为二渣的再次发酵创造了有利条件。大渣是纯粮发酵，入缸酒醅的淀粉含量在 30% 以上，水分 53% 左右，酸度在 0.2 左右，初始发酵处于高淀粉、低酸度的条件下，掌握不当极易生酸幅度过大而影响酒的产量和质量。为了控制发酵的适宜速度和节奏，防止酒醅生酸过大，必须确定最适的入缸温度。根据季节、气候变化，入缸温度也有所不同。在 9～11 月份，入缸温度一般以 11～14℃ 为宜；11 月份以后为 9～12℃；至寒冷季节以 13～15℃ 为宜；3～4 月份以 8～12℃ 为宜；5、6 月份后进入夏季，入缸温度能低则低。

大渣加曲拌匀后，温度降至入缸要求时即可入缸发酵，封缸用清蒸谷糠沿缸边撒匀，加上塑料薄膜，再盖上石板或水泥板。

（6）大渣发酵　传统工艺的发酵期为 21 天，为了增强成品酒的香味和醇和感，可延长至 28 天。个别缸可更长些。

① 发酵温度变化及管理　大渣酒醅的发酵温度应掌握"前缓升、中挺、后缓落"的原则。即自入缸后，发酵升温应逐步上升；及至主发酵期后期，温度应稳定一个时期；然后进入后酵期，发酵温度缓慢下降，直至出缸蒸馏。

a. 前缓升　掌握适宜的入缸条件及品温，就能使酒醅发酵升温缓慢，控制生酸。一般正常发酵在春秋季节入缸 6～7 天后，品温达到顶点最高；冬季可延长至 9～10 天；夏季尽量控制在 5～6 天。其顶点温度以 28～30℃ 为宜，春秋季最好不超过 32℃，冬季入缸温度低，顶温达 26～27℃ 即可。

凡能达到上述要求的，说明酒醅逐步进入主发酵期，则出酒率及酒质都好。

b. 中挺　指酒醅发酵温度达最高点后，应保持 3 天左右，不再继续升温，也不迅速下降。这是主发酵与后发酵期的交接期。

c. 后缓落　酒精发酵基本结束，酒醅发酵进入以产香味为主的后酵期。

此时发酵温度回落。温度逐日下降以不超过 0.5℃ 为宜，到出缸时酒醅温度仍为 23～24℃。这一时期应注意适当保温。

发酵温度变化是检验酒醅发酵是否正常的最简便方法，管理应围绕这一中心予以调节。冬季寒冷季节入缸后的缸盖上需铺 25～27cm 厚的麦秸保温，以防止升温过缓。若入缸品温高，曲子粉碎过细，用曲量过大或者不注意卫生等原因，而导致品温很快上升到顶温，即前火猛，则会使酵母提前衰老而停止发酵，造成生酸高、产酒少而酒味烈的后果。在夏季气温高时，会经常发生这种现象，以致掉排。

② 酒醅的感官检查

a. 色泽　成熟的酒醅应呈紫红色，不发暗，用手挤出的浆水呈肉红色。

b. 香气　未启缸盖，能闻到类似苹果的乙酸乙酯香气，表明发酵良好。

c. 尝味　入缸后 3～4 天酒醅有甜味，若 7 天后仍有甜味则发酵不正常。醅子应逐渐由甜变苦，最后变成苦涩味。

d. 手感　手握酒醅有不硬、不黏的疏松感。

e. 走缸　发酵酒醅随发酵作用进行而逐渐下沉，下沉愈多，则出酒也愈多，一般正常情况下可下沉缸深的 1/4，约 30cm。

（7）出缸、蒸馏　发酵 21 天或 28 天后的大渣酒醅挖出缸后，运到蒸甑边，加辅料谷糠或稻壳 22%～25%（对投料量），翻拌均匀，装甑蒸馏。接头去尾得大渣汾酒。

（8）二渣发酵及蒸馏　为了充分利用原料中的淀粉，将大渣酒醅蒸馏后的醅，还需继续发酵一次，这在清香型酒中被称之为二渣。

二渣的整个操作大体上和大渣相似，发酵期也相同。将蒸完酒的大渣酒醅趁热加入投料量 2%～4% 的水，出甑冷散降温，加入投料量 10% 的曲粉拌匀，继续降温至入缸要求温度后，即可入缸封盖发酵。

二渣的入缸条件，受大渣酒醅的影响而灵活掌握。如二渣加水量的多少，决定于大渣酒醅流酒多少、黏湿程度和酸度大小等因素。一般大渣流酒较多，醅子松散，酸度也不大，补充新水多，则二渣产酒也多。其入缸温度也需依据大渣质量而调整。

由于二渣酒醅酸度较大，因此其发酵温度变化应掌握"前紧、中挺、后缓落"的原则。所谓前紧即要求酒醅必须在入缸后第 4 天即达到顶温 32℃，可高达 33～34℃，但是不宜超过 35℃。中挺为达到顶温后要保持 2～3 天。

从第 7 天开始，发酵温度缓慢下降，至出缸酒醅的温度仍能在 24～26℃，即为后缓落。二渣发酵升温幅度至少在 8℃ 以上，降温幅度一般为 6～8℃。

发酵温度适宜，酒醅略有酱香气味，不仅多产酒，而且质量好。发酵温度过高，酒醅黏湿发黄，产酒少。发酵温度过低，酒醅有类似青草气味。

由于二渣含糠量大而疏松，故入缸后可将其踩紧，并喷洒一些酒尾。发酵成熟的二渣酒醅，出缸后加少许谷糠，拌匀后即可装甑蒸馏，截头去尾得二渣酒。

蒸完酒所得酒糟可作饲料，或加麸曲和酒母再发酵、蒸馏得普通白酒。

（9）贮存、勾兑　大渣酒与二渣酒各具特色，经品评、化验后分级入库，在陶瓷缸中密封贮存 1 年以上，按不同品种勾兑为成品酒。

3. 汾酒酿造七秘诀

汾酒酿造历史悠久，古代的酿酒师傅们通过对积累的操作经验进行提炼，总结出汾酒酿造的七条秘诀：

（1）人必得其精　酿酒技师及工人要有熟练的技术，懂得酿造工艺，并精益求精，才能出好酒、多出酒。

（2）水必得其甘　要酿好酒，水质必须洁净。"甘"字也可作"甜水"解释，以区别于咸水。

（3）曲必得其时　指制曲效果与温度、季节的关系，以便使有益微生物充分生长繁殖。即所谓"冷酒热曲"，就是说使用夏季培养的大曲（伏曲）质量为好。

（4）粮必得其实　原料高粱籽实饱满，无杂质，淀粉含量高，以保证较高的出酒率。故要求采用粒大而坚实的"一把抓"高粱。

（5）器必得其洁　酿酒全过程必须十分注意卫生工作，以免杂菌及杂味侵入，影响酒的产量和质量。

（6）缸必得其湿　创造良好的发酵环境，以达到出好酒的目的。因此，必须合理控制入缸酒醅的水分及温度。位于上部的酒醅入缸时水分略多些，温度稍低些。因为在发酵过程中水分会下沉，热汽会上升，这样可使缸内酒醅发酵均匀一致。酒醅中水分的多少与发酵速度、品温升降及出酒率有关。

另一种解释为若缸的湿度饱和，就不再吸收酒而减少酒的损失，同时，缸湿易于保温，并可促进发酵。因此，在汾酒发酵室内，每年夏天都要在缸旁的土地上扎孔灌水。

（7）火必得其缓　有两层意思：一是指发酵控制，火指温度，也就是说酒醅的发酵温度必须掌握"前缓升、中挺、后缓落"的原则，才能出好酒；二是指酒醅蒸酒宜小火缓慢蒸馏才能提高蒸馏效率，既有质量又有产量，做到丰产丰收，并可避免穿甑、跑汽等事故发生。蒸粮则宜均匀上汽，使原料充分糊化，以利于糖化和发酵。

三、清香型白酒质量标准（GB/T 10781.2—2006）

1. 感官要求

见表3-5和表3-6。

表 3-5　高度酒感官要求

项　目	优　级	一　级
色泽和外观	无色或微黄，清亮透明，无悬浮物，无沉淀	
香气	清香纯正，具有乙酸乙酯为主题的优雅、协调的复合香气	清香较纯正，具有乙酸乙酯为主题的复合香气
口味	酒体柔和协调，微甜爽净，余味悠长	酒体较柔和协调、绵甜爽净，有余味
风格	具有本品典型的风格	具有本品明显的风格

注：当酒的温度低于10℃时，允许出现白色絮状沉淀物质或失光。10℃以上时应逐渐恢复正常。

表 3-6　低度酒感官要求

项　目	优　级	一　级
色泽和外观	无色或微黄，清亮透明，无悬浮物，无沉淀	
香气	清香纯正，具有乙酸乙酯为主题的优雅、协调的复合香气	清香较纯正，具有乙酸乙酯为主题的香气
口味	酒体柔和协调，微甜爽净，余味较长	酒体较柔和协调、绵甜爽净，有余味
风格	具有本品典型的风格	具有本品明显的风格

注：当酒的温度低于10℃时，允许出现白色絮状沉淀物质或失光。10℃以上时应逐渐恢复正常。

2. 理化要求

见表3-7和表3-8。

表 3-7　高度酒理化要求

项　目		优　级	一　级
酒精度（体积分数）/%		41～68	
总酸（以乙酸计）/(g/L)	≥	0.40	0.30
总酯（以乙酸乙酯计）/(g/L)	≥	1.00	0.60
乙酸乙酯/(g/L)		0.60～2.60	0.30～2.60
固形物/(g/L)	≤	0.40	

注：酒精度（体积分数）41%～49%的酒，固形物可小于或等于0.50g/L。

表 3-8　低度酒理化要求

项　目		优　级	一　级
酒精度（体积分数）/%		25～40	
总酸（以乙酸计）/(g/L)	≥	0.25	0.20
总酯（以乙酸乙酯计）/(g/L)	≥	0.70	0.40
乙酸乙酯/(g/L)		0.40～2.20	0.20～2.20
固形物/(g/L)	≤	0.70	

工作任务3-2

清香型白酒生产

见《学生实践技能训练工作手册》。

❖【知识拓展】

白酒的贮存与勾兑

(一) 白酒贮存与老熟

经发酵、蒸馏而得的新酒，还必须经过一段时间的贮存。不同白酒的贮存期，因其香型及质量档次而异。如优质酱香型白酒最长，要求 3 年以上；优质浓香型或清香型白酒一般需 1 年以上；普通级白酒最短也应贮存 3 个月。贮存是保证蒸馏酒产品质量至关重要的生产工序之一。

刚蒸出来的白酒，具有辛辣刺激感，并含有某些硫化物等不愉快的气味，称为新酒。经过一段时间的贮存以后，刺激性和辛辣感会明显减轻，口味变得醇和、柔顺，香气风味都得以改善，此谓老熟。

在酒类生产中，不论是酿造酒还是蒸馏酒，都把发酵过程结束、微生物作用基本消失以后的阶段叫做老熟。老熟有个前提，就是在生产上必须把酒做好，次酒即使经长期贮存，也不会变好。对于陈酿也应有个限度，并不是所有的酒都是越陈越好。酒型不同，以及不同的容器、容量、室温，酒的贮存期也应有所不同，不能孤立地以时间为标准。夏季酒库温度高，冬季温度低，酒的老熟速度有着极大的差别。应该在保证质量的前提下，确定合理的贮存期。

清香型和浓香型白酒，在贮存初期，新酒味突出，具有明显的糙辣等不愉快感。但经贮存 5～6 个月后，其风味逐渐转变。贮存至 1 年左右，已较为理想。而酱香型酒，贮存期需在 9 个月以上才稍有老酒风味，说明酱香型白酒的贮存期应比其他香型白酒长，通常要求在 3 年以上较好。酱香型酒入库时的酒精浓度较低，大多在 55％左右，化学反应缓慢，需要贮存时间长。

(二) 白酒勾兑与调味

1. 勾兑与调味的作用和基本原理

勾兑与调味技术是当前名优白酒生产工艺中非常重要的一环，它对稳定酒质、提高优质酒的比率起着极为显著的作用。它由尝评、组合、调味三部分组成，这三部分是一个不可分割的有机整体。尝评是组合和调味的先决条件，是判断酒质的主要依据；组合是个组装过程，是调味的基础；调味则是掌握风格、调整酒质的最后关键。当酸类、酯类、醛类、醇类等物质在酒中的含量适合、比例恰当时，就会产生独特的愉快而优美的香味，形成固有的风格；但当它们含量不适、比例失调时，则会产生杂味。运用勾兑与调味技术，可以调整各成分之间的比例和含量，从而尽可能地使杂味变成香味，使怪味变成好味，变劣为优，这就是勾兑与调味的主要任务和目的。

浓香型曲酒的勾兑与调味技术如下：

(1) 组合　就是酒与酒之间的相互掺兑。每个窖所产的酒，酒质是不一致的。即使是同一个窖，每甑生产的酒也有区别，所含微量成分也不一样，加上贮酒容器是坛，每坛酒的质量仍存在着一定的差别，就是经尝评验收后的同等级的酒，在质量上（指香和味）也不完全一样。如不经过组合就一坛一坛地装瓶包装出厂，则酒质极不稳定，故只有通过组合才能统一酒质，统一标准，使每批出厂的酒，做到酒质基本一致，以保证酒质量的稳定。同时，组合还可以达到提高酒质的目的。

（2）调味 就是对基础酒进行的最后一道精加工或者艺术加工，它通过一项非常精细而又微妙的工作，用极少量的调味酒，弥补基础酒在香气和口味上的不足，使其优雅丰满，完全符合质量标准。有人认为组合是"画龙"，而调味则是"点睛"。也有人认为，大曲酒的勾兑技术是"四分组合（勾兑），六分调味"，这都说明了调味工作的重要性。

验收后的合格酒，经过组合后就成了比较全面的基础酒了。基础酒虽然比合格酒质量全面，而且有一定的提高，已接近产品质量标准，但是尚未完全符合产品质量标准，在某一点上还有不足，这就要通过调味加以解决。经过一番调味后，使基础酒全面达到质量标准，使产品质量保持稳定或有所提高。

调味主要是起平衡作用，包括 2 个方面：

① 添加微量成分（或称添加作用） 在基础酒中添加微量芳香物质，引起酒的变化，使之达到平衡，形成固有的风格，以提高基础酒的质量。

② 化学反应（或称加成反应，缩合反应等） 调味酒中所含微量成分物质与基础酒中所含微量成分物质的一部分起化学反应，从而产生酒中的呈香呈味物质，引起酒质的变化。例如调味酒中的乙醛与基础酒中的乙醇进行缩合，可产生乙缩醛这种酒中的呈香呈味物质。

（3）分子重排 调味作用与分子重排有关。有人认为酒质可能与酒中分子间的排列有一定的关系，名优酒主要是由水和酒精及 2% 左右的酸、酯、酮、醇、芳香族化合物等微量成分组成，这些极性各不相同的成分之间通过复杂的分子间相互作用而呈现一定规律的排列。当在基础酒中添加微量的调味酒后，微量成分引起量比关系的改变或增加了新的分子成分，因而改变了（或打乱了）各分子间原来的排列，致使酒中各分子重新排列，使平衡向需要的方向移动。

调味酒的这三种作用多数时候是同时进行的。因为调味酒中所含的芳香物质比较多，绝大部分都多于基础酒，所以调味酒中所含有的芳香物质一部分发生化学反应，另一部分则打乱了分子排列而重排。

2. 勾兑调味用酒

（1）原度酒与合格酒 每个班组生产的原度酒不是一致的，差距很大。经验收符合组合基础酒标准的原度酒称为合格酒。各厂对合格酒的标准要求不一致。从当前组合技术的现状来看，验收合格酒的质量标准应该是以香气正、味净为基础。在这个基础上，还应具备浓、香、爽、甜等特点。另外，有的原度酒味不净，略带杂味，但某一方面的特点突出，也可以作合格酒验收。

（2）基础酒 基础酒是由各种合格酒组合而成的。由各种合格酒经过合理的组合后，才能达到基础酒的质量标准。基础酒通过调味后，就应达到总体设计的要求，因而基础酒的好坏是决定能否达到出厂产品质量标准的重要一环。

（3）调味酒 在整个调味过程中，调味酒是很重要的。调味酒与合格酒、基础酒等有明显的差异，而且有特殊的用途。单独尝评调味酒，香味怪而不协调，没有经验的人，往往会把它误认为是坏酒。应该根据基础酒的质量标准和成品酒的质量标准，来设计针对性强的调味酒。然后按设计要求生产调味酒或采用特殊工艺制作调味酒。对调味酒的要求是感官上香味独特，别具一格，在微量香味成分含量上有特殊的量比关系。

根据调味酒的感官特征，并结合色谱分析，可分为如下 4 种类型：

① 甜浓型调味酒 感官特点甜、浓突出，香气很好。酒中己酸乙酯含量很高，庚酸乙酯、己酸、庚酸等含量较高，并含有较多的多元醇。它能克服基础酒香气差、后味短淡等缺陷。

② 香浓型调味酒 感官特点是香气正，主体香突出，香长，前喷后净。酒中己酸乙酯、丁酸乙酯、乙酸乙酯等含量高，同时，庚酸乙酯、乙酸、庚酸、乙醛等含量较高；乳酸乙酯

含量较低，能克服基础酒香、浓差、后味短淡等缺陷。

③ 香爽型调味酒　感官特点是突出了丁酸乙酯、己酸乙酯的混合香气，香度大，爽快。酒中丁酸乙酯含量很高，己酸乙酯含量也高，但乳酸乙酯含量低。能克服基础酒带上的糟气、前段香劲不足（能提前香）等缺陷。另外还有己酸乙酯、乙酸乙酯含量高的爽型调味酒。它的感官特征是香而清爽、舒适，以前香而味爽为主要特点，后味也较长。这种调味酒用途广泛，副作用也小，能消除基础酒的前苦味，对前香、味爽都有较好的作用。

④ 其他型（包括馊香、馊酸、木香）调味酒　馊香型调味酒的感官特点是馊香、清爽，或有己酸乙酯和乙酸乙酯香，酒中乙缩醛、乙酸含量高，己酸乙酯、丁酸乙酯、乙醛等含量较高。能克服基础酒的闷、不爽等缺陷，但应防止冲淡基础酒的浓味。

木香型调味酒的感官特点是带有木香气味（或中药味）。酒中戊酸乙酯、己酸乙酯、丁酸乙酯、糠醛等含量较高。能解决基础酒的新味问题，增加陈味等。

根据当前调味酒的来源，调味酒又可分为以下几种：

① 双轮底糟调味酒　特点是香气正，糟香味大，浓香味好，能增进基础酒的浓香味和糟香味；口感一般较燥辣。

② 陈酿调味酒　选用生产中正常的窖池，将发酵周期延长半年到 1 年，以便生产出特殊香味的调味酒。发酵周期长的调味酒，可以提高基础酒的后味和糟香味、陈味，所以叫做陈酿调味酒。发酵周期长的调味酒，总酸、总酯含量特别高。

③ 老酒调味酒　是从贮存 3 年以上的老酒中选择出来的调味酒。有些酒经过 3 年以上的贮存后，酒质变得特别醇和、浓厚，具有特殊的风格。可以有意识地贮存一些各种不同香味的酒，以便以后作调味酒用。一般说来，3～5 年的老酒，都有其一定的特点，可以作为调味酒使用，至少可作为带酒。老酒调味酒能提高基础酒的风味和陈醇味，是调味工作中不可缺少的。

④ 酒头调味酒　在生产中取用比较正常的、产品质量比较好的酒头作调味酒。有两种酒头调味酒。一种主要用于正品酒的（优质酒）调味，这种酒头调味酒主要取好的老窖和双轮底糟的酒头，然后混装一起成为一类；另一种是一般的酒头调味酒，用于一般副产品酒的调味。酒头调味酒可以提高酒的前香和喷头。

⑤ 酒尾调味酒　选用生产中产品质量较好的糟酒酒尾作为调味酒。如选用双轮底糟的酒尾或选用延长发酵期试验窖池的底糟酒酒尾等。酒尾调味酒可以提高基础酒的后味，使酒质回味长和浓厚。单独尝评酒尾调味酒，味和香都很特殊，但作为某些基础酒的调味是很理想的。

⑥ 曲香调味酒　选择质量好、曲香味大的优质小麦大曲，按 2% 的比例加入到双轮底糟酒中，经充分搅拌后，密封贮存 1 年左右。小麦大曲中，尤其是高温发酵的曲块中，含有大量的各种类型氨基酸，此外还含有一定数量的 4-乙基愈创木酚、酪醇、香草醛、阿魏酸、香草酸、丁香酸等芳香族化合物，从而起到曲块"曲香味"浸出作用。曲香调味酒带微黄色，但因其用量小，故不影响酒质。

⑦ 窖香调味酒　用酒将老窖泥中形成的各种成分（有机酸、酯类等物质）浸泡出来，即称为窖香调味酒。选择质量好的老窖窖泥，按 2%～5% 的用量加入双轮底糟酒中，搅拌均匀后密封贮存 1 年左右，取上层清液，下层泥脚酒可拌和在双轮底糟（或一般老酒母糟）中回蒸，蒸馏出来的双轮底糟酒或者窖糟酒，又可用作浸泡老窖泥之用。窖香调味酒可提高基础酒的窖香味和浓香味。

⑧ 酱香调味酒　选用 1 个比较小的窖池，基本上采用茅台酒的生产方法进行生产，小麦大曲也同样按照茅台酒的生产方法生产，生产出来的酒，即为酱香型调味酒。酱香型调味酒含芳香族化合物和形成酱香型味道的物质比较多，这类物质在浓香型大曲酒中虽然含量很

少，但在香型的组成中，也起着很重要的作用，是必不可少的，它能使基础酒香味增加和丰满。

⑨ 酯香调味酒　在生产中可采用特殊的工艺来生产这种调味酒。其操作方法是，粮糟出甑打凉水摊晾撒曲后，堆积在场地上拍光，经 20～24h 堆积发酵后，粮糟温度达到 50℃左右。然后拌匀再入窖，密封发酵 45～60 天，开窖蒸酒。所产的酒，含酯量很高，可达 1.2g/100mL 以上，香味大，用作调味酒可提高基础酒的前香（进口香），增进后味浓厚，是比较理想的一种酯香调味酒。

调味酒一般都要经过 1 年以上的贮存，才能投入生产使用。在调味酒中起主要作用的微量成分有乙酸乙酯、异丁醇、正丁醇、戊醇、己酸乙酯、丁酸乙酯、戊酸乙酯、乙酸、己酸、丁酸等。

3. 勾兑调味工艺流程

勾兑调味工艺流程见图 3-4。

图 3-4　勾兑调味工艺流程

（1）原酒质量检评定级　检验每批（每桶或坛）蒸馏酒的酒质，测定其理化指标、感官特征和缺陷，确定其质量等级。

（2）选择和制作调味酒　在正常生产的蒸馏酒中挑选调味酒，或运用专门技术制作某项感官特征特别突出的酒，用以进行调味。

（3）基础酒小样组合　按质量要求和批量大小，从各贮酒容器中抽取样品进行组合，以确定最佳组合方案。共分为以下 3 个步骤：

① 选酒　根据各原酒的感官和理化检验结果，先挑若干具有优异感官特征的酒，编为一组，称为"带酒"；再在改等级酒中挑选能够互相补偿彼此缺陷的普通酒，编为一组，称为"大宗酒"；然后在下一等级的酒中挑选若干有一定优点的次等酒，作为"搭酒"。选酒时应考虑组合时可能达到的理化指标，并尽可能照顾到不同贮存期的酒，不同发酵期的酒，新窖酒和老窖酒，热季酒和冬季酒，各种糟醅酒的合理搭配。

② 取样　取出选定的酒样，并记录各样品代表的容器的实际酒量。

③ 小样试组合　这是勾兑的核心环节（图 3-5）。

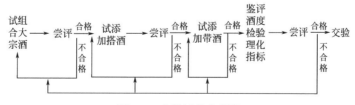

图 3-5　小样试组合程序

（4）批量组合　根据最后确定的组合方案，将各酒样所代表的各批（坛、桶）酒按"大宗酒"、"搭酒"、"带酒"的组合次序，将酒打入大型勾兑容器，每打如 1 组，要充分搅拌均匀。抽取酒样与小样相比较，如有较大差异，应查明原因，进行必要调整。

（5）小样调味　通过小样的试调，确定最佳调味方案。分三步进行：第一步仔细鉴定组合酒（基础酒），找准其弱点和缺陷；第二步选取能起补偿和强化作用的调味酒；第三步试添加调味酒，反复试调、尝评，直到满意为止。

（6）批量调味　根据小样调味确定的调味方案，计算出各调味酒的总需量。将其加入勾兑容器中，充分搅拌均匀，取样尝评，应与小样调味结果一致，否则再重调。

（7）成品鉴定　每批成品酒均应由专门的质量检验部门，按出厂标准进行全面理化分析和尝评检验。合格后方可出厂。

4. 微机勾兑

所谓微机勾兑，是将设计的基础酒标准中代表本产品特点的主要微量成分含量，和测得的不同坛号合格酒的特征微量成分含量输入微机；微机再将代表指定坛号的合格酒中各类微量成分含量，经过特定的数学模型，通过大量计算进行优化组合，使各类微量成分含量控制在基础酒的规定范围内，达到基础酒的标准。然后勾兑人员再根据微机给出的多组配方，经小样勾兑尝评，选择出既能满足质量要求，成本又低的配方进行大批量勾兑。微机勾兑是与气相色谱、液相色谱等较先进分析手段联系在一起的，没有快速、精确的分析测试基础，微机勾兑就无法很好地实现其快速、精确的优越性。通过气相色谱、液相色谱等分析手段可以对不同的合格酒中多种特征性微量成分进行精确的定性定量测量，这样得出的数据才能作为微机进行不同的合格酒优化组合的数据源。

微机勾兑使得勾兑过程更加标准化、数据化，不但能确保产品质量的稳定性，还能降低生产成本，经济效益显著。目前，微机勾兑技术已在贵州、四川等地区的一些名优白酒厂试验并应用，取得了可喜的成果。

工作任务 3-3　酱香型白酒生产

❖【知识前导】

酱香型大曲酒以其香气幽雅、细腻，酒体醇厚丰满为消费者所喜爱。茅台酒是该香型代表产品，故酱香型酒也称茅型酒。茅台酒产于贵州怀仁县西，赤水河畔的茅台镇，因地得名。早在 1916 年举行的巴拿马万国博览会上，茅台酒就荣获金质奖。在 1949 年后的历届全国评酒会上，均蝉联国家名酒称号。

酱香型大曲酒生产历史悠久，源远流长。20 世纪 50 年代初期主要仅在贵州省怀仁县茅台镇周围生产。第四届全国评酒会被评为国家名酒的郎酒，其生产厂四川省古蔺县郎酒厂与茅台镇以赤水河相隔。随着各省同行间的广泛技术交流和相互学习，该香型酒在全国 10 余个省、市、自治区都有生产。

一、酱香型白酒生产的原料

生产酱香型白酒所用的原料是优质高粱和高温大曲。高温制曲是酱香型白酒特殊的工艺之一，其特点是：①制曲温度高，品温最高可达 65～68℃；②成品曲糖化力较低，用曲量大，与酿酒原料之比为 1∶1，如折成制曲小麦用量，则超过高粱；③成品曲的香气是酱香的主要来源之一。

1. 工艺流程

酒母、水　　　　　稻草、稻壳

小麦→润料→磨碎→粗麦粉→拌料→装模→踏曲→曲坯→堆积培养→成品曲→出房→贮存

2. 操作要点

（1）配料　制曲原料全部使用纯小麦，粉碎要求粗细各半。拌料时加 3%～5% 的母曲粉，用水量为 40%～42%。

（2）堆曲　曲坯进房前，先用稻草铺在曲房靠墙一面，厚约 2 寸（1 寸 = 3.3cm），可用旧草垫铺，但要求干燥无霉烂。排放的方式为将曲块侧立，横三块、直三块的交叉堆放。曲块之间塞以稻草，塞草最好新旧搭配。塞草是为了避免曲块之间相互粘连，以便于曲块通气、散热和制曲后期的干燥。当一层曲坯排满后，要在上面铺一层草，厚约3.3cm，再排第二层，直至堆放到4～5层，这样即为一行，一般每间房可堆六行，留两行作翻曲用。最顶一层亦应盖稻草。

（3）盖草洒水　堆放完毕后，为了增加曲房湿度，减少曲块干皮现象，可在曲堆上面的稻草上洒水。洒水量夏季比冬季要多，以水不流入曲堆为准，随后将门窗关闭或稍留气孔。

（4）翻曲　曲坯进房后，由于条件适宜，微生物大量繁殖，曲坯温度逐渐上升，一般7天后，中间曲块品温可达60～62℃。翻曲时间夏季5～6天，冬季7～9天，一般手摸最下层曲块已经发热时，即可第一次翻曲。若翻曲过早，下层的曲块还有生麦子味，太迟则中间曲块升温过猛，大量曲块变黑。翻曲要上下、内外层对调，将内部湿草换出，垫以干草，曲块间仍夹以干草，将湿草留作堆旁盖草；曲块要竖直堆积，不可倾斜。

曲块经一次翻动后，上下倒换了位置。在翻曲过程中，散发了大量的水分和热量，品温可降至50℃以下，但过1～2天后，品温又很快回升，至二次翻曲（一般进曲房14天左右）时品温又升至接近第一次翻曲时的温度。

（5）后期管理　二次翻曲后，曲块温度还能回升，但难以达到一次翻曲时的温度。经6～7天，品温开始平稳下降，曲块逐渐干燥，再经7～8天，可略开门窗换气。40天后，曲温接近室温，曲块已基本干燥，水分降至15%左右，可将曲块出房入仓贮存。

二、酱香型白酒的生产工艺

1. 酱香型白酒生产的工艺特点

（1）酱香型白酒其风味质量特点是酱香突出，幽雅细腻，酒体醇厚，空杯留香持久。独特的风味来自长期的生产实践所总结的精湛酿酒工艺，其特点为高温大曲，两次投料，高温堆积，多轮次发酵，高温流酒，再按酱香、醇甜及窖底香3种典型体和不同轮次酒分别长期贮存，精心勾兑。

（2）酱香酒生产工艺较为复杂，周期长。原料高粱从投料酿酒开始，需要经8轮次，每次1个月发酵分层取酒，分别贮存3年后才能勾兑成型。它的生产十分强调季节，传统生产是伏天踩曲，重阳下沙。就是说在每年端午节前后开始制大曲，重阳节前结束。因为伏天气温高，湿度大，空气中的微生物种类、数量多而活跃，有利于大曲培养。由于在培养过程中曲温可高达60℃以上，故称为高温大曲。

（3）在酿酒发酵上还讲究时令，要重阳节（农历九月初九）以后才能投料。这是因为此时正值秋高气爽时节，故酒醅下窖温度低，发酵平缓，酒的质量、产量都好。1年为1个生产大周期。

2. 工艺流程及操作要点

酱香型白酒生产工艺较为独特，原料高粱称之为"沙"。用曲量大，曲料比为1∶0.9。1个生产酒班1个条石或碎石发酵窖，窖底及封窖用泥土。分两次投料，第1次投料占总量的50%，称为下沙。发酵1个月后出窖，在第2次投入其余50%的粮，称为糙沙。原料仅少部分粉碎。发酵1个月后出窖蒸酒，以后每发酵1个月蒸酒1次，只加大曲不再投料，共发酵7轮次，历时8个月完成1个酿酒发酵周期。

（1）工艺流程　图3-6。

（2）操作要点

① 下沙操作

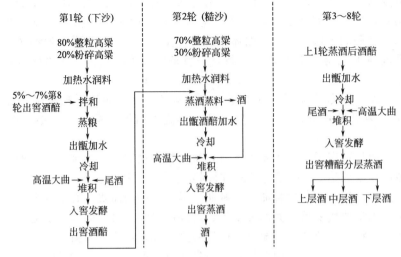

图 3-6　茅台酒生产工艺流程

　　a. 泼水堆积　下沙的投料量占总投料量的 50％，其中 80％为整粒，20％粉碎。下沙时先将粉碎后的高粱泼上原料量 51％～52％的 90℃以上的热水（发粮水），泼水时边泼边拌，使原料吸水均匀。然后加入上一年最后 1 轮发酵出窖而未蒸酒的母糟 5％～7％拌匀，发水后润料 10h 左右。

　　b. 蒸粮（蒸生沙）　先在甑箅上撒一层稻壳，上甑采用见气撒料，在 1h 内完成，圆汽后蒸料 2～3h，约有 70％左右的原料蒸熟，即可出甑，不应过熟。出甑后再泼上 85℃的热水（称量水），量水为原料量的 12％，发粮水和量水的总量约为投料量的 56％～60％左右。

　　c. 摊晾　泼水后生沙，经摊晾、散冷，并适量补充因蒸发而散失的水分。当品温低到 32℃左右时，加入酒度为 30％的尾酒（由上一年生产的丢糟酒和每甑蒸得的酒头稀释而成），约为下沙投料量的 2％，拌匀。

　　d. 堆积　当生沙料的品温降到 32℃左右时，加入大曲粉，加曲量控制在投料量的 10％左右，拌匀收拢成堆，温度约 30℃，堆积 4～5 天。待堆顶温度达 45～50℃，堆中酒醅有香甜味和酒香味时，即可入窖发酵。

　　e. 入窖发酵　下窖前先用尾酒喷洒窖壁四周及底部，并在窖底撒些大曲粉。酒醅入窖时同时浇洒尾酒，其总用量约 3％，入窖温度为 35℃左右，水分 42％～43％，酸度 0.9g/L，淀粉浓度为 32％～33％，酒精含量 1.6％～1.7％。然后入窖，待发酵窖加满后，用木板轻轻压平醅面，并撒上一薄层稻壳，最后用泥封窖 4cm 左右，发酵 30～33 天，发酵品温变化在 35～48℃之间。

　　② 糙沙操作　取总投料量的其余 50％高粱，其中 70％高粱整粒，30％经粉碎，润料同上述下沙一样。然后加入等量的下沙出窖发酵酒醅混合后装甑蒸酒蒸料。

　　首次蒸得的生沙酒，不作原酒入库，全部泼回出甑冷却后的酒醅中，再加入大曲粉拌匀收拢成堆，堆积、入窖操作同下沙，封窖发酵 1 个月。出窖蒸馏，量质摘酒即得第 1 次原酒，入库贮存，此为糙沙酒。此酒甜味好，但味冲，生涩味和酸味重。

　　③ 第 3 轮至 8 轮操作　蒸完糙沙酒的出甑酒醅摊晾，加酒尾和大曲粉，拌匀堆积，再入窖发酵 1 个月，出窖蒸得的酒也称回沙酒。以后每轮次的操作同上，分别蒸得第 3、4、5 次原酒，统称为大回酒。此酒香浓、味醇，酒体较丰满。第 6 次原酒称小回酒，醇和、糊香好、味长。第 7 次原酒称为追糟酒，醇和、有糊香，但微苦，糟味较大。经 8 次发酵，接取 7 次原酒后，完成一个生产酿造周期，酒醅才能作为扔糟出售作饲料。

④ 入库贮存　蒸馏所得的各种类型的原酒，要分开贮存，通过检测和品尝，按质分等贮存在陶瓷容器中，经过三年陈化使酒味醇和，绵柔。

⑤ 精心勾兑　贮存 3 年的原酒，先勾兑出小样，后放大调合，再贮存 1 年，经理化检验和品评合格后，才能包装出厂。

三、蒸馏酒及配制酒卫生标准（GB 2757—81）

1. 感官要求

透明无色液体（配制酒可有色），无沉淀杂质，无异臭异味。

2. 理化要求

见表 3-9。

表 3-9　理化要求

项　　目	指　标
甲醇/(g/100mL)	
以谷物为原料者	≤0.04
以薯干及代用品为原料者	≤0.12
杂油醇(以异丁醇与异戊醇计)/(g/100mL)	≤0.20
氰化物(以 HCN 计)/(mg/L)	
以木薯为原料者	≤5
以代用品为原料者	≤2
铅(以 Pb 计)/(mg/L)	≤1
锰(以 Mn 计)/(mg/L)	≤2
食品添加剂	按 GB2760—81 规定

❖【任务实施】

见《学生实践技能训练工作手册》。

❖【知识拓展】

一、其他香型大曲酒的生产简介

1. 凤香型大曲酒

凤香型酒，其代表产品为西凤酒。西凤酒产于陕西省凤翔县柳林镇，始于 3000 年前殷商晚期的"秦酒"，具有悠久历史。早在 1952 年第一届全国评酒会上，就被称为四大名白酒之一。1984 年第四届全国评酒会上，在其他香型酒中再次荣获国家名酒称号。1989 年第五届全国评酒会上蝉联国家金质奖。1993 年正式定名为凤香型酒，继清香、浓香、酱香、米香之后成为五大香型之一。

（1）工艺特点　凤香型大曲酒其风味质量特征为醇香秀雅、甘润挺爽、诸味协调、尾净悠长。习惯说法为酸、甜、苦、辣、香五味俱全，不偏酸、不偏苦、不辛辣、不呛喉而有回甘味。从香气成分上分析，具有乙酸乙酯为主并含有一定量的己酸乙酯为辅的复合香气，国家标准规定优等品的乙酸乙酯含量≥0.60g/L，己酸乙酯 0.15～0.5g/L。

① 以高粱为酿酒原料，以大麦、豌豆为制曲原料，采用接近浓香型大曲的高温培养工艺，制得的中高温凤香型大曲兼有清香与浓香型大曲两者的特点。发酵期仅为 11～14 天，是国家名酒中发酵周期最短的。

② 采用续渣配料混烧酿酒工艺，1 年为 1 个大生产周期，每年 9 月立窖，次年 7 月挑

窖，整个过程经立窖、破窖、顶窖、圆窖、插窖、挑窖 6 个步骤。

③ 采用泥窖发酵，每年更换窖皮泥一次，以控制成品酒中己酸乙酯的含量，保持凤香型酒的风格。

④ 以特制的酒海作为贮酒容器，酒内由酒海中溶解出来的物质比陶缸多。用荆条编成大篓，内壁糊上百层麻纸，涂以猪血、石灰，然后用蛋清、蜂蜡、熟菜籽油按比例配制而成的涂料涂擦，晾干作为贮存酒的酒海。

（2）工艺流程及操作要点　见图 3-7。

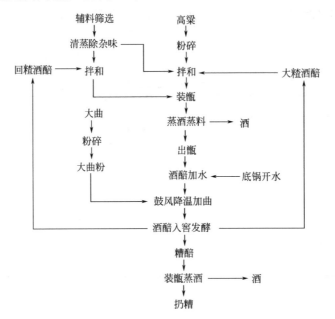

图 3-7　凤香型大曲酒的生产工艺流程

① 立窖（第 1 排生产）　每个班组每日立一个窖，投高粱原料 1000kg、辅料 600kg、酒糟 500kg。粮水比为 1：（1.0～1.1），加入 90℃以上的热水拌匀，堆积 24h。其间翻拌 2 次，使水分润透粮心。然后分 3 甑蒸煮，每甑蒸煮时间自圆汽开始计时，为 90min，高粱渣达到熟而不黏即可出甑。立即加入底锅开水适量，经降温加入 200kg 大曲粉（3 甑总量）入窖泥封发酵 14 天后出窖蒸酒。

② 破窖（第 2 排生产）　在发酵成熟出窖底酒醅中，加入粉碎后的高粱 900kg 及适量辅料，分成 3 个大渣、1 个回渣共 4 甑蒸酒。出甑酒醅加底锅开水，降温加大曲，泥封发酵同上述操作。

③ 顶窖（第 3 排生产）　出窖酒醅，仍在 3 个大渣中加入高粱 900kg，分成 3 个大渣 1 个回渣共 4 甑蒸酒。其加水、加曲、降温操作同前。上次入窖的回渣经蒸酒后不再投粮，入窖成糟醅，加曲、降温后，入窖封泥、发酵。

④ 圆窖（第 4 排生产）　出窖酒醅在 3 个大渣中加入高粱 900kg，分成 3 个大渣 1 个回渣。上次入窖的回渣蒸酒后成糟醅入窖发酵。上次入窖的糟醅蒸酒后为扔糟。自第 4 排起，即进入正常生产，每日投料、扔糟各一份，保持酒醅材料进出平衡。以后每发酵 14 天为一排。

至 6 月底，由于气候炎热，影响正常发酵，同时泥窖需要更新内壁泥土，故随即停产。在停产前 1 排生产称为插窖。

⑤ 插窖　该排酒醅中不再加入新料，仅加适量辅料，全部按糟醅入窖发酵。加少量大曲及水，入窖温度提高到 28～30℃。

⑥ 挑窖（最后 1 排生产）　上排糟醅经发酵蒸酒后，全部作为扔糟，至此，整个大生产周期遂告结束。

所产新酒在酒海中贮存 3 年，再经精心勾兑而成产品。

2. 特香型大曲酒

特型大曲酒是以江西省生产为主，以江西省樟树县四特酒厂生产的四特酒最为著名。四特酒具有"清亮透明，香气浓郁，味醇回甜，饮后神怡"四大特点，周恩来生前对该酒曾有"清、香、醇、纯，回味无穷"的评语。

（1）工艺特点　特型酒的感官风味质量以三型（浓、清、酱香型）具备犹不靠为特征；具有无色透明、诸香协调、柔绵醇和、香味悠长的风格。

① 采用大米为酿酒原料　与其他大曲酒不同，特型酒采用大米为酿酒原料，采用整粒大米不经粉碎直接和出窖发酵酒醅混合的老五甑混蒸混烧工艺，必然使大米中的固有香气带入酒中；同时大米所含成分和高粱不同，导致发酵产物有所变化。如特香型酒的高级脂肪酸乙酯含量超过其他白酒近 1 倍，相应的脂肪酸含量也较高。用大米原料采用传统的固态发酵法是其特点之一。虽然米香型及豉香型酒原料也是大米，但它们的酿酒工艺及微生物都完全不同，因此产品风格各异。

② 独特的大曲原料配比　四特酒酿造所用的大曲，其制曲原料是面粉 35%～40%、麦麸 40%～50%、酒糟 15%～20%。这与所有其他大曲酒厂相比是独一无二的。这种配料比是以小麦为基础，加强了原料的粉碎细度，同时调整了碳氮比，增加了含氮成分及生麸皮自身的 α-淀粉酶。添加 10% 的酒糟既改善了大曲料的疏松度，同时其中残存的大量死菌体有利于微生物的生长；有机酸可以调节制曲的 pH 值；残余淀粉得以再利用，节约制曲用粮，以降低成本。其培养成的大曲是形成四特酒风格的又一因素。

③ 红条石筑发酵窖池　四特酒的酿酒发酵设备是江西特产的红条石砌成，水泥勾缝，仅在窖底及封窖用泥。它有别于茅台酒的青条石泥土勾缝窖，更不同于浓香型的泥窖和清香型的地缸发酵。红条石质地疏松，空隙多，吸水性强。这种非泥非石的窖壁为酿酒微生物提供了特殊的环境。

（2）工艺流程及操作要点　见图 3-8。

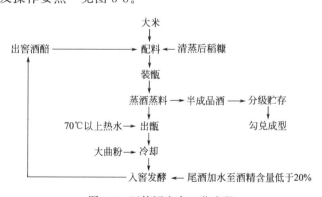

图 3-8　四特酒生产工艺流程

采用老五甑演变而来的混蒸续渣 4 甑操作法。4 甑入窖糟醅分别为小渣、大渣、二渣及回糟。大渣、二渣配料随季节气温变化而有所调整。

发酵完毕的窖池用铁锹铲出封窖泥，在铲除接触窖泥的酒醅约 5cm 丢弃后，根据季节和投料量多少挖取窖池上层的酒醅 5～7 车（300kg/车），加入清蒸后的稻糠 60kg，拌匀打碎团块，装甑蒸酒。出甑经冷却，加大曲翻拌均匀后即入窖发酵，踩平。此为回糟（该厂称为丢糟）。

第 2、3 甑为大渣及二渣。取大米 630kg 堆在甑旁，继续挖出中层发酵酒醅 11～13 车左右，并加入清蒸稻糠 180kg，三者混合拌匀，随挖随拌，打碎团块，拌匀后成堆，表面再覆盖一层稻糠，分两次装甑蒸酒蒸料。蒸酒时流酒速度不超过 3.5kg/min，量质摘酒，截头去尾，每甑摘取酒头 2～3kg 作匀兑调味酒。酒精含量在 45％以下的酒尾不入库，各甑酒尾都集中于最后一甑倒入底锅蒸酒回收。

蒸酒结束后，移开甑盖继续蒸料排酸，如料未蒸熟，还需加水再蒸。夏秋气温高，规定必须开大气排酸 10～15min，方可出甑。出甑酒醅装车运到通风晾渣板上堆积，并随即加入 70℃以上的热水。若水温偏低，则大米原料易返生。如果发现白生心饭粒，应焖堆 5～10min。然后散开酒醅进行通风冷却至入窖温度，每甑加入大曲粉 78kg 左右，翻拌均匀后起堆入窖，大渣入窖后摊平踩实。再加入 20kg 酒精含量 20％以下的尾酒。二渣入窖后，酒醅呈中高、边低状，加入 40kg 酒精含量 20％以下的尾酒，即用泥封窖发酵 30 天。

第 4 甑为丢糟，即上排入窖的回糟，酒醅为 6～7 车。回糟在发酵窖底，因其水分含量较高，故使用 120kg 稻糠拌匀后蒸酒。流酒完毕后出甑，即为丢糟，作饲料出售。

3. 兼香型大曲酒

兼香型白酒，即指酒体兼有酱香型和浓香型酒的感官特征：芳香幽雅舒适，细腻丰满，浓酱和谐，回味爽净，余味悠长。该香型起始于 20 世纪 70 年代初期，是将茅台酒与泸州曲酒两种生产工艺糅合在一起，生产出来兼有酱香和浓香两种风格的白酒。在 1979 年全国第三届评酒会上，湖北省松滋县产的白云边酒率先荣登国家优质酒的称号。随后 10 余年来，随着科学技术的发展，生产工艺日臻完善，生产厂家逐步壮大，从南到北有 454 个厂。至 1989 年，除了白云边酒外，还相继有黑龙江玉泉酒、湖南省白沙液以及湖北省西陵特曲酒获国家银质奖。

兼香型有以白云边酒为代表的酱中有浓风格和以黑龙江玉泉酒为代表的浓中有酱风格的两个流派。浓酱相兼、酱浓协调是兼香型酒质量的核心。从目前看来，这两个流派产品的己酸乙酯含量都可以控制在 60～120mg/100mL 之间，是区别于浓香型酒的一项主要指标。由于酱香主成分目前还不甚明确，因此没有确切的数据要求。从感官品尝产品的结果看，影响质量的关键还在于对酱香的掌握适度问题。有时容易出现酱香过大或浓中缺酱的口味缺陷。兼香型酒两个流派的生产工艺是不同的。

（1）酱中有浓的兼香型大曲酒的生产工艺　见图 3-9。

① 高温大曲制作　小麦原料经粉碎后，加水拌匀，踩制成砖形曲坯。入曲房堆积培养，曲间塞放稻草，5 天后升温至顶点 65℃左右时，翻曲降温到 50℃左右。7 天后温度又升到 60～62℃，进行第 2 次翻曲。此后品温保持在 36～46℃之间 7 天。然后开窗通风降温，揭去稻草，堆存 10 天后出房。成品曲糖化力为 450～550mg 葡萄糖/(g 曲·h)。经贮存 3～6 个月即可使用。

② 生产工艺　前 7 轮的生产工艺按酱香型酒操作，第 8 轮起按浓香型酒工艺进行。

a. 第 1 轮投粮发酵　每年 9 月初左右投料生产。将高粱按总投料量的 45.5％投料，其中 80％为整粒原粮，20％为粉碎后的高粱。用 80℃以上的热水润料，加水量为原料的 45％。堆放 7～8h 后加 5％的第 8 轮未蒸馏的母糟，拌匀后上甑蒸粮。蒸好的高粱出甑，立即加入 15％ 80℃以上的量水翻拌堆于操作场地上。再加入 2％的尾酒，拌匀冷却至 38℃左右，加高温大曲粉 12％拌匀堆积于操作场地 4～5 天后入窖发酵。醅料入窖前向窖内泼酒尾酒，并在窖底撒曲 20～30kg。配料入窖时，边下窖边洒尾酒 150kg。最后用培养后的窖泥封窖，发酵 1 个月。

b. 第 2 轮再次投粮发酵　取占总投粮量 45.5％的高粱，其中 70％为整粒，30％需经粉碎。用 80℃以上热水润料，加水量为原料的 45％。拌匀后就地堆积 7～8h。然后与第 1 轮

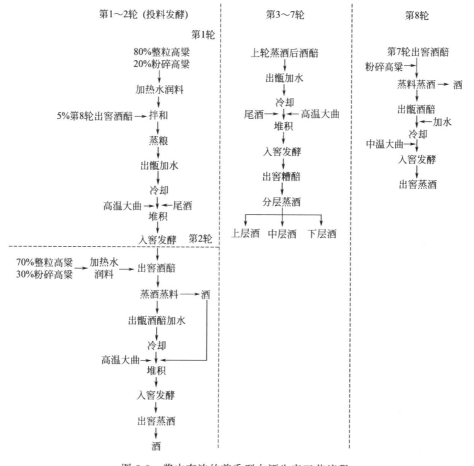

图 3-9　酱中有浓的兼香型白酒生产工艺流程

出窖醅料混匀，装甑蒸馏。所产酒全部回到醅料中，其后的冷却、加高温大曲粉、堆积、入窖发酵等操作均与第 1 轮相同。

　　c. 第 3 轮至第 7 轮的操作　自第 3 轮发酵起至第 7 轮次不再投料。将经过发酵 1 个月出窖的上 1 轮的酒醅蒸馏后出甑加热水 15％、尾酒 2％、高温大曲，堆积 3 天。入窖发酵等操作条件都大体一致。每轮次的加曲量 1～3 轮为 12％，4～7 轮为 8％～10％。在出窖蒸酒时分层取酒，即窖上部 2/8 酒醅产的是上层酒，中部 5/8 酒醅产中层酒，窖底 1/8 酒醅为下层酒。分别分级入库贮存。

　　d. 第 8 轮操作　取第 7 轮出窖酒醅，将占总投料 9％的经粉碎后的高粱混匀，装甑蒸馏。出甑酒醅加热量水 15％，冷却，加入 20％的中温大曲粉，拌匀，低温入窖发酵 1 个月后出窖蒸馏。

　　e. 贮存勾兑成型　上述酿酒工艺各轮次与各层次酒的质量各不相同。生产上采取分层分型摘酒，按质贮存。一般是上层酒乙酸乙酯芳香较为突出，微带酱香；中层酒味较醇和、清淡幽雅；下层酒己酸乙酯芳香较大；尾酒酱香突出，酸味大，乳酸乙酯和糠醛含量很大。因此，经贮存后勾兑成型是稳定产品质量的重要一环。

　　(2) 浓中有酱的兼香型大曲酒生产工艺　以黑龙江省玉泉酒为代表的浓中有酱的兼香型白酒，采用酱香、浓香分型发酵产酒，分型陈贮，科学勾调的工艺。分型发酵就是将浓香与酱香两种香型酒分别按各自的工艺组织生产，生产出的酒分别陈贮，然后按合理的比例，恰到好处地勾调成兼香型产品。

浓香型工艺采用人工老窖，以优质高粱为原料，小麦培养的中温大曲为糖化发酵剂，混蒸续渣发酵 60 天。为了稳定和提高产品质量，采取清蒸辅料、养窖泥盖、增浆加馅、己酸增香、双轮底、高度摘酒、增己降乳等技术措施。使其达到优质酒以上的水平。此为玉泉酒的基础酒。

酱香型酒生产工艺要点如下：

① 根据北方气候选择最佳季节投料，采用 6 轮发酵酱香大曲酒工艺。

② 提高大曲用量，前 6 轮发酵采用高温大曲，使用量为 100％，6 轮后转用中温大曲。

③ 前 6 轮整粮一次投料，在水泥池中按大曲酱香酒生产工艺操作，每轮发酵期缩短为 25 天。

④ 6 轮后继续投料，转入泥窖中续渣老五甑混烧，按浓香型工艺操作，发酵期为 45 天。

此外，在投料时增加部分麸皮用量，强化高温大曲质量。在浓香型酒生产时，采取综合措施，使乳酸乙酯与己酸乙酯之比值小于 1；在酱香型酒生产时，使乙酸乙酯与乳酸乙酯之比值大于 1。

（3）贮存和勾兑　各类基础酒的贮存期有所不同。大曲酱香工艺酒，6 轮次酒也不一样，一般为 2～3 年；酱香转浓香的工艺酒为 2 年，浓香型工艺酒为 1.5 年；浓香和酱香混蒸酒为 1.5 年；特种老酒为 5 年以上；特殊调味酒为 3 年以上。浓香与酱香酒的勾兑比例，以 8∶2 为宜。

二、白酒的异味及有害成分

好的白酒是各味平衡的结果，如果由于某种原因破坏了平衡，就会出现异常的味道。去除邪杂味是提高白酒质量的重要手段之一，去掉杂味的直接效果就是提升了香气。某一物质所表现出来的感官特征与它的浓度及其背景（即其他成分的存在情况）有密切关系，绝大部分的所谓"香味组分"都是在一定浓度下才能展现出它"迷人"的风采。实际上某些组分只是在含量不合理或与其他组分的比例失调时才表现出邪杂味。

1. 常见的异杂味及防治措施

（1）苦　苦是白酒中较多出现的异味之一，这是因为苦味物质的阈值较低。阈值低就意味着有少量存在就能被察觉。适量的苦味物质能赋予白酒丰富的感觉，苦若露了头就不好了。杂醇、醛类、含硫物质、苦味氨基酸等都是苦味的来源。生产原料、生产过程都会产生苦味物质。如果使用感染黑斑病的甘薯，其中含有的番薯酮有强烈的苦味；原料中的单宁含量过高也会使产品有苦涩味。原料蛋白质含量高或用曲量大生成的杂醇物质多使苦涩味加重；蛋白质中的酪氨酸生成的酪醇也很苦。

（2）辣　辣也是常出现的情况，辣味不属于正常味觉反应，它是口腔和鼻黏膜受到刺激后产生的痛觉。白酒微辣是正常的。如果辣太刺激就有问题。醛类如乙醛、糠醛、丙烯醛、丁烯醛和杂醇物质含量过高都会造成酒辣过头。当发酵温度过高，杂菌大量繁殖时就使上述物质生成较多。如酒醅中的乳球菌会将甘油分解成丙烯醛。用糠量大，生成的糠醛多。蒸酒时提高流酒温度，保证流酒时间，适当掐头去尾，有助于去除刺激性气味。

（3）酸　白酒中需要适量的酸，但是如果酸过多，会使酒味粗糙，甚至出现酸馊味而影响酒质。发酵卫生条件不好，温度高，发酵时间长，酒醅含淀粉及水分多等因素都会促使生酸菌大量繁殖从而生成过量的酸。使用新曲也会带入较多的产酸菌。当酒醅中酸过多时，在蒸馏过程中多掐酒尾可以减少入库酒的酸含量。含酸量高的酒尾可用于其他酒的勾兑和调味。

（4）涩　涩是由于某些物质作用舌头的黏膜蛋白质，产生收敛作用，从而有"涩"的感觉。酒中的单宁、过量的酸尤其是乳酸及乳酸乙酯、高级醇、醛类物质及铁、铜等金属离子都会使酒呈涩感。涩味的防治方法有：降低酒醅中的单宁含量，减少用曲量，蒸酒时要控制装甑速度，缓火蒸馏，分段入库。

（5）油味 微量的油就会使白酒出现不良味道。当用脂肪含量高的原料酿酒，如果保管不当，原料中的脂肪极易变质，而极微量的脂肪臭对酒质的影响是很大的。保证原料质量，不使用霉烂变质的陈粮，提高入库酒度以防止酒尾中的高级脂肪酸进入酒中，这些措施均可减少油味出现。

（6）糠腥味 也是常见的杂味，这主要是辅料质量不好并且用量大造成的。如果辅料本身保存不当还会带入霉味及油哈喇味。保证辅料的新鲜并在使用前清蒸可减少这些杂味。

（7）臭 白酒有时也会出现臭的感觉。臭是嗅觉的反应，和味觉关系很小。就像臭豆腐，闻着很臭，但吃着是香的。提到臭，最有名的要算硫化物。白酒中的硫化物大多来自含硫氨基酸（如胱氨酸、半胱氨酸、蛋氨酸等）。控制酒醅蛋白质含量有助于减少臭味。新酒中含有的硫化物在贮存后会大大减少。

总之，解决异杂味最重要的是搞好生产管理。使用劣质原料及生产过程的管理不当是酒质低劣的主要根源。辅料清蒸，降低曲用量，控制发酵温度，缓慢蒸馏，量质摘酒，这些操作要点是解决酒质的基本方法，也是根本方法。

勾兑也算一种解决办法。因为正像我们上面提到的，很多时候异杂味的产生是酒中微量成分不平衡引起的。但是这只能算是补救措施。需要注意的是，靠勾兑解决异杂味切忌"头痛医头，脚痛医脚"。也就是说，不能靠"苦了就加糖"这样的简单解决方法。

2. 白酒有害成分及预防措施

（1）甲醇 甲醇对人体危害极大。10g 即可致人失明，30g 就致人死亡。国家标准对甲醇的含量限制是：以谷类为原料的蒸馏酒中不得超过 0.04g/100mL，以薯干及代用品为原料的蒸馏酒中不得超过 0.12g/100mL。甲醇的气味、性质都和乙醇相似，即便有较大量甲醇存在于酒中，感官也不宜鉴别。

白酒中的甲醇主要来自原料中果胶物质。果胶物质分解时产生甲氧基，甲氧基经还原生成甲醇。所以使用含果胶少的原料可减少成品中的甲醇含量。

（2）杂醇油 杂醇油的主要成分异戊醇、异丁醇、正丙醇等也是构成白酒香味的组分，但当含量过高时，也会对人体造成毒害作用。杂醇油的毒性比乙醇大，在人体内的氧化速度也比乙醇慢，在体内滞留时间长。饮用含杂醇油多的酒会引起头昏头痛，常饮这样的酒会对身体造成伤害。国标规定，白酒中杂醇油含量不得超过 0.15g/100mL。

杂醇油是酵母代谢氨基酸的产物。氨基酸脱氨生酮酸，再脱羧生成比氨基酸少一个碳原子的醇。经该过程亮氨酸可以生成异戊醇，缬氨酸能生成异丁醇，苏氨酸生成正丙醇，酪氨酸生成酪醇。蛋白质含量对杂醇油的生成量有影响：在一定范围内，蛋白质含量高的原料生成的杂醇油就多。但是当原料中蛋白质含量太少时，也就是氮源不足时，酵母菌可将糖代谢的中间物转化生成杂醇油。所以将原料蛋白质含量控制在一个适当的范围可以减少杂醇油的生成量。在蒸馏流酒过程中多掐酒头，可减少酒中杂醇油含量。

（3）重金属 铅是较常见的一种重金属，有很强的毒性。铅有积蓄作用，易引起慢性中毒。国标规定，白酒中铅含量（以 Pb 计）不得超过 1mg/L。白酒中的铅主要来源于蒸馏设备及贮酒容器。生产原辅料可能也会带入微量的铅。如果酒中铅含量超标，必须进行处理。具体方法有两种：

① 生石膏处理法 其原理是将酒中的铅生成硫酸铅沉淀而除去。方法是在酒中加入 0.2% 的生石膏搅拌均匀，静置 2h 待沉淀析出后过滤。

② 碳酸钠处理法 原理是使酒中的铅生成碳酸铅沉淀而除去。碳酸钠加量约 0.01%。

锰虽然是人体必需的微量元素，但如过量摄入可引起机体中毒。锰的慢性中毒能使人的中枢神经系统功能紊乱，出现头痛、记忆力减退、嗜睡等症状。国标规定白酒中锰含量不得大于 1mg/L（以 Mn 计）。采用高锰酸钾处理酒基是将锰带入酒中的主要原因。采用高锰酸钾处理氧化值超标的酒基是酒精工厂常用的方法（俗称"脱臭"）。在这个过程中锰由七价变为四价，而锰原子价愈低毒性愈大。所以大规模处理以前，必须做精确的实验确定高锰酸钾加入量，不可过量加入。如果超量可采用精馏的方法除去。

（4）氰化物　如果使用木薯或者野生植物果实酿酒（称为代用品）有可能产生氰化物。尤以氢氰酸（HCN）毒性最大，中毒轻者呕吐、腹泻、呼吸急促，重者呼吸困难、抽搐甚至昏迷死亡。国标规定，以木薯为原料酿制白酒时 HCN 含量不得大于 5mg/L；以代用品原料酿制白酒时 HCN 含量不得大于 2mg/L。

使用上述原料酿酒时，可对原料进行预处理，以减小毒性。预处理的方法有：用热水浸泡；晾晒；清蒸；也可使用酶制剂分解前体物质。

（5）其他有害成分　糠醛对人体也有害。使用玉米芯、稻壳、麸皮等辅料都会生成糠醛。可能的情况下减少辅料用量并清蒸辅料以减少其含量。

玉米、大米等粮食原料，如果贮存不当发霉变质，生成黄曲霉毒素。黄曲霉毒素是极强的致癌物，尤其容易诱发肝癌。

原料的农药残留也有可能进入酒中。

三、白酒的品评

品评也叫感官分析，就是利用人的感觉器官来鉴别白酒质量。白酒的色、香、味对人的视觉、嗅觉、味觉都有冲击，人体的感觉器官有很高的灵敏度，因此品评能在很短的时间对产品质量作出判断。品评对生产企业、经销商、质量管理部门以及消费者都很重要。企业对半成品酒入库前的分级、勾兑前后对比、保证出厂产品的稳定性等环节都需要化学与仪器分析和品评的结合。

1. 白酒的品评方法

（1）观色　白酒应是无色，清亮透明，无悬浮物，无沉淀物的液体（酱香型酒可有微黄色）。观察色泽时可以白纸做底来对比，在观察透明度、有无悬浮物及沉淀物时要将酒杯举起，对光观察。

（2）闻香　无论何种香型，质量上乘的白酒都应是香气纯正宜人，无邪杂味。闻香时酒样的装量要一样多，一般为 1/2～2/3 杯。酒杯与鼻子的距离在 2cm 左右。对酒吸气，吸气强度要均匀。先粗闻，然后按香气从弱到强将酒样排队后再闻。如果有气味不正的酒样，放在最后。对香气相近的样品不好判断时，可把酒样滴到手上，借助体温使酒液挥发，以帮助做出准确判断。

（3）尝味　现在大多数人对白酒的口味要求已从原来的"够劲"转向"柔和"。入口绵甜、香味协调、余味悠长的酒受到欢迎。尝酒时每个酒样的入口量要保持一致，一般不超过 2mL。注意酒液入口时要稳，使酒先接触舌尖，然后是舌两侧，最后是舌根，让酒布满舌面并仔细辨别味道。酒咽下后要张口吸气再闭口呼气来品酒的后味。酒样尝味的顺序与闻香时的排序要一致，先淡后浓，有异常口味的放到最后再尝。

（4）判断风格　对一般人来说，酒的"风格"似乎不可思议。就像人的"风度"一样，仁者见仁，智者见智。在白酒的质量标准中关于风格的描述是"具有本品的风格"，什么是"本品的风格"呢？总的说来可以认为风格是根据色、香、味的判断后，对酒所作出的一个综合评价。

2. 各类香型白酒的品评术语和风格描述

（1）浓香型白酒

① 色泽　无色，晶亮透明，清澈透明，无色透明，无悬浮物，无沉淀，微黄透明，稍

黄，浅黄，较黄，灰白色，乳白色，微混，稍混，混浊，有悬浮物，有沉淀，有明显悬浮物。

② 香气　窖香浓郁，窖香较浓郁，窖香不足，窖香较小，具有以己酸乙酯为主体的纯正、协调的复合香气，窖香纯正，窖香较纯正，有窖香，窖香不明显，窖香欠纯正，窖香带酱香，窖香带陈味，窖香带焦煳气味，窖香带异香，窖香带窖泥臭味，其他香气。

③ 口味　绵甜醇厚，醇和，香绵甘润，甘洌，醇和爽净，净爽，醇甜柔和，绵甜爽净，香味协调，香醇甜净，醇甜，绵软，入口绵，柔顺，平淡，淡薄，香味较协调，入口平顺，入口冲，冲辣，糙辣，刺喉，有焦味，稍涩，涩，微苦涩，苦涩，稍苦，后苦，稍酸，较酸，酸味大，口感不快，欠净，稍杂，有异味，有杂醇油味，酒稍子味，邪杂味较大，回味悠长，回味较短，回味欠净，后味淡，后味短，余味长，余味较长，生料味，糠霉味，黄水味，木味，铁腥味，其他味等。

④ 风格　风格突出，风格典型，风格明显，风格尚好，具有浓香型风格，风格尚可，风格一般，典型性差，偏格，错格等。

（2）清香型白酒

① 色泽　同浓香型白酒。

② 香气　清香纯正，清香雅郁，清香馥郁，具有以乙酸乙酯为主体的清雅协调的复合香气，清香较纯正，清香欠纯正，有清香，清香较小，清香不明显，清香带浓香，清香带酱香，清香带焦煳气味，清香带异香，不具清香，其他香气等。

③ 口味　绵甜爽净，绵甜醇和，香味协调，自然协调，酒体醇厚，醇甜柔和，口感柔和，香醇甜净，清爽甘洌，清香绵软，爽洌，甘爽，爽净，入口绵，入口平顺，入口冲，冲辣，糙辣，暴辣，落口爽净，欠净，尾净，回味长，回味短，回味干净，后味淡，后味杂，后味稍杂，寡淡，有杂味，邪杂味，杂味较大，有杂醇油味，酒稍子味，焦煳味，涩，稍涩，微苦涩，苦涩，后苦，稍苦，较酸，过甜，生料味，糠霉味，异味等。

④ 风格　风格突出，风格典型，风格明显，风格尚好，风格尚可，风格一般，典型性差，偏格，错格，具有清、爽、甜、净的典型风格等。

（3）酱香型白酒

① 色泽　微黄透明，浅黄透明，较黄透明，其余参见浓香型白酒。

② 香气　酱香突出，酱香较突出，酱香明显，酱香较小，具有酱香，酱香带焦香，酱香带窖香，酱香带异香，窖香露头，不具酱香，其他香，优雅细腻，较优雅细腻，空杯留香优雅持久，空杯留香好，空杯留香尚好，有空杯留香，无空杯留香。

③ 口味　绵柔醇厚，醇和，醇甜柔和，酱香味显著，酱香味明显，入口绵，平顺，有异味，邪杂味较大，回味悠长，回味长，回味较长，回味短，回味欠净，后味长，后味短，后味淡，后味杂，焦煳味，稍涩，涩，苦涩，稍苦，酸味大，酸味较大，生料味，糠霉味，泥臭味，其他异味等。

④ 风格　风格突出，风格较突出，风格典型，风格明显，风格尚好，风格一般，具有酱香风格，典型性差，典型性较差，偏格，错格等。

（4）米香型白酒

① 色泽　与浓香型白酒同。

② 香气　米香清雅、纯正，米香清雅、突出，具有米香，米香带异香，其他香等。

③ 口味　绵甜爽口，适口，醇甜爽净，入口绵，平顺，入口冲，冲辣，回味怡畅，优雅，回味长，尾子干净，回味欠净。

④ 风格　风格突出，风格较突出，风格典型，风格较典型，风格明显，风格较明显，风格尚好，风格一般，固有风格，典型性差，偏格，错格等。

（5）凤型白酒

① 色泽　同浓香型白酒。

② 香气　醇香秀雅，香气清芬，香气雅郁，有异香，具有乙酸乙酯为主、一定量己酸乙酯为辅的复合香气，醇香纯正，醇香较正等。

③ 口味　醇厚丰满，甘润挺爽，诸味协调，尾净悠长，醇厚甘润，协调爽净，较醇厚，甘润协调，爽净，余味较长，有余味等。

④ 风格　风格突出，风格较突出，风格明显，风格较明显，具有本品固有风格，风格尚好，风格尚可，风格一般，偏格，错格等。

（6）其他香型

① 色泽　同浓香型白酒。

② 香气　香气独特，香气典雅，香气优雅，带有药香，带有特殊香，浓香带酱香，浓香带清香，芝麻香，带焦香，有异香，其他愉快的香气等。

③ 口味　醇厚绵甜，回甜，香绵甜润，绵甜爽净，香甜适口，诸味协调，绵柔，甘爽，入口绵，平顺，入口冲，冲辣，刺喉，涩，稍涩，苦涩，酸，微酸涩，欠净，稍杂，有异味，有杂醇油味，有酒稍子味，回味悠长，回味较长，回味长，回味短，回味淡，尾净余长，有焦煳味，生料味，糠霉味，木味，其他邪杂异味。

④ 风格　风格典型，风格较典型，风格独特，风格较独特，风格明显，风格较明显，具有独特风格，风格尚好，风格尚可，风格一般，固有风格，典型性差，偏格，错格等。

3. 对品酒环境与评酒员的要求

（1）品酒对环境的要求　环境对感官分析有两方面的影响：一是对分析人员产生影响；二是影响分析样品的品质，例如温度对样品的影响就比较显著。

品酒环境的基本要求是：清洁整齐，空气新鲜，采光及照明符合要求。室内温度 18～22℃，相对湿度 50％～60％，噪声小于 40dB。品酒桌上应铺白色台布，并有上下水系统。使用无色透明的无花玻璃杯。品酒室要远离食堂、车间、卫生间等有干扰气味的地方。

评酒时间以上午 9～11 时，下午 3～5 时为宜。考虑到温度会影响对香味的感觉，各轮次酒样的温度要尽量保持一致。

（2）品酒对评酒员的要求　评酒员应具有对色、香、味灵敏的感觉。感觉的敏锐与否，与遗传有关，也与训练有关。一个好的评酒员除天生具备敏锐的感觉外，还要努力学习并在实践中不断积累经验，全面提高能力。评酒员要注意保护自己的感觉器官，不吃刺激性强的食物，不酗酒，加强身体锻炼，预防疾病。评酒时不使用化妆品。评酒员要有良好的职业道德和社会责任感，以及实事求是和认真负责的工作态度。

自测题

1. 固态法白酒生产特点是什么？

2. 白酒大曲主要有哪些特点？

3. 什么是混烧老五甑法工艺？老五甑操作法的优点是什么？

4. 简述泸州大曲酒生产工艺流程。

5. 简述浓香型大曲酒酿造工艺的基本特点。

6. 根据制曲过程中控制曲坯最高温度的不同，可将大曲分哪几种？简述偏高温大曲生产工艺流程。

7. 简述浓香型白酒酿造的八字秘诀。

8. 什么是清蒸清渣、清蒸续渣、混蒸续渣？

9. 什么是老五甑操作法？画图显示其主要操作过程。

10. 清香型白酒的生产对原料有何要求？

11. 简述中温大曲生产工艺流程。汾酒生产需要哪三种中温大曲？

12. 清香型白酒有哪些特点？

13. 简述汾酒酿造的七秘诀。

14. 酱香型白酒的生产对原料有何要求？高温制曲有何特点？

15. 酱香型白酒生产有哪些特点？

16. 简述酱香型白酒的生产操作要点。

17. 清香型白酒与浓香型、酱香型生产上有哪些异同？

18. 白酒的勾兑与调味有何作用？简述勾兑与调味的步骤。

19. 白酒为什么要进行勾兑和调味？

20. 白酒中常见的异杂味有哪些？如何防治？

21. 白酒有哪些有害成分？如何预防？

22. 如何品评白酒？

项目4

醋类生产

概　　述

　　食醋是人们生活中不可缺少的生活用品，是一种国际性的重要调味品，是东西方共有的调味品。我国人民自古以来就有食用和酿醋的传统，"开门七件事，柴米油盐酱醋茶"，可见食醋已是人们生活中不可缺少的生活用品。全世界食醋的产量按 10％醋酸含量的食醋计，已超过 260 万吨，其中我国占 1/3 以上。近年来，由于对食醋的保健功能及美容作用有了更多的认识，人们对健康和美的追求日益关注。像日本开发了绿色食品醋、大自然醋、健身醋及醋制品等特殊食醋，品种多达 100 余种，产量每年都有较大的增加。食醋是传统的酸性调味品，我国酿醋自周朝开始，已有 2500 年历史。食醋可以划分为酿造醋、合成醋、再制醋三大类，与我们关系最为密切的是酿造醋，它是用粮食等为原料，经微生物制曲、糖化、酒精发酵、醋酸发酵等阶段酿制而成。除主要成分醋酸外，还含有各种氨基酸、有机酸、糖类、维生素、醇和酯等营养成分及风味成分，具有独特的色、香、味、体，不仅是调节气味佳品，经常食用对健康也有益。由于地域人文的差异，采用不同原料和辅料及对发酵进程的控制方式不同，以及菌种的不同，经过人类长期的生产实践，形成了许多不同风格的名醋，如山西陈醋、镇江香醋、四川麸醋、浙江玫瑰醋、福建红曲醋以及东北的白醋等。虽然品种繁多，但从总体上讲，食醋的酿造工艺可分为两大类：固态发酵和液态发酵。

一、食醋生产的原辅料及预处理

1. 食醋生产的原辅料

　　（1）食醋酿造用水　水质与食醋质量有一定的关系，但不是决定食醋风味的主要因素，决定醋质优劣的主要因素是酿醋的微生物与工艺方法。酿醋用水可选用浅井水或深井水，也可使用自来水。酿造用水均需是符合国家卫生指标的饮用水。

　　（2）酿醋常用主料　食醋主料包括粮食、含糖物质及含酒精物质三类，如谷物、薯类、果蔬、糖蜜、酒类及野生植物等。长江以南习惯采用大米和糯米为酿醋原料，长江以北多以高粱、玉米、小米作为酿醋原料，而制曲原料常用小麦、大麦、豌豆等。

（3）辅助原料　酿醋需要大量辅料，以提供微生物需要的营养物质，并增加成醋的糖分和氨基酸含量，形成食醋的色、香、味成分。辅料一般用细谷糠、麸皮或豆粕。

（4）填充料　填充料在酿醋过程中具有降低淀粉浓度，调整发酵速度，疏松醋醅以利于空气流通和热量传递，利于醋酸菌好氧发酵等作用。填充料质量好，醋的风味好，醋质好；填充料质量差，醋会有邪杂味，醋质较差。填充料用量多，发酵升温快，顶温高，出醋率低；反之，发酵升温慢，顶温低，发酵周期长，出醋率也低。

常用的填充料有谷壳、稻壳、高粱壳、玉米芯、刨花、多空玻璃纤维等。

选用辅料时要注意：①辅料具有良好的疏松性和吸水性；②辅料中不含直接或间接影响醋质的有害杂质；③辅料应具有来源广，价格便宜，质量优异等特点。

（5）添加剂　一般是指加入少量后，能增进食醋的色、香、味，赋予食醋以特殊风味或增加食醋固形物，改善食醋体态的物质。

① 食盐　食盐除起到调味作用外，还可抑制醋酸菌的活动。当固态醋酸发酵成熟后，需加入一定量食盐，防止醋酸菌进一步将醋酸分解，以利醋醅的贮存陈酿，并具有调和食醋风味的作用。

② 甜味剂　常用的有蔗糖、麦芽糖和饴糖等，其中以饴糖较好。主要起增加甜味、调和风味的作用。

③ 增色剂　常用的有炒米色、酱色。炒米色主要用于镇江香醋，起增加色泽和风味的作用。酱色用于多数食醋，起增色和改善体态的作用。

④ 调味料　常用味精、呈味核苷酸，可增加食醋鲜味，调和风味。香辛料如花椒、大料、生姜、蒜、茴香、芝麻等则可增加食醋的特殊风味。

⑤ 防腐剂　常用苯甲酸钠、山梨酸钾，起防止食醋霉变的作用。

2. 原料的预处理

（1）除去杂质　制醋原料多为植物原料，在收割、采集和储运过程中，往往会混入泥石、金属之类杂物。

（2）粉碎与水磨　为了扩大原料同微生物酶的接触面积，使有效成分被充分利用，在大多数情况下，应先将粮食原料粉碎，然后再进行蒸煮、糖化。采用酶法液化通风回流制醋工艺时，用水磨法粉碎原料，淀粉更容易被酶水解，并可避免粉尘飞扬。

（3）原料蒸煮　目前，酿醋按糖化方法的差异可分为 4 种方法：①煮料发酵法；②蒸料发酵法；③生料发酵法；④酶法液化发酵法。除生料发酵法原料不蒸煮外，其余 3 种方法都要进行原料蒸煮。

粉碎后的淀粉质原料，润水后在高温条件下蒸煮，使植物组织的细胞破裂，细胞中淀粉被释放出来，糊化。淀粉糊化后，在糖化时更易被淀粉酶水解。蒸煮的另一个作用是高温杀灭原料中的杂菌，减少酿醋过程中杂菌污染的机会。

二、食醋酿造用微生物

食醋酿造用微生物种类繁多，如：霉菌属的根霉、曲霉、毛霉、犁头霉，酵母菌属的汉逊酵母、假丝酵母，以及芽孢杆菌、乳酸菌、醋酸菌、产气杆菌等。

1. 曲霉菌

曲霉菌有丰富的淀粉酶、糖化酶、蛋白酶等酶系，因此常用曲霉菌制糖化曲。糖化曲是水解淀粉质原料的糖化剂，其主要作用是将制醋原料中的淀粉水解为糊精、葡萄糖；蛋白质水解为肽、氨基酸，有利于下一步酵母菌的酒精发酵以及之后的醋酸发酵。曲霉菌分为黄曲霉和黑曲霉两大类群。

(1) 黑曲霉　黑曲霉菌最适生长温度为 37℃。常用的主要有：甘薯曲霉 AS 3.324、邬氏曲霉 AS 3.758、东酒一号、黑曲霉 AS 3.4309(UV-11)。

(2) 黄曲霉　包括黄曲霉和米曲霉。它们主要最适生长温度为 37℃。米曲霉一般不产生黄曲霉毒素。米曲霉常用的菌株有 AS 3.800、AS 3.384 等。

2. 酵母菌

在食醋酿造过程中，淀粉质原料经曲的糖化作用产生葡萄糖，酵母菌则通过其酒化酶系把葡萄糖转化为酒精和 CO_2，完成酿醋过程中的酒精发酵阶段。酵母菌培养和发酵的最适温度为 25～30℃，因菌种不同稍有差异。酿醋用的酵母菌与酿酒用的酵母相同。

3. 醋酸菌

醋酸菌在自然界分布很广。它是生产食醋、维生素 C 及葡萄糖酸等的主要菌种。醋酸菌种类很多，有黑醋菌、红醋菌、弱氧化醋菌、过氧化醋菌和醋酸醋菌等。食醋生产主要是利用醋酸醋菌。

醋酸菌属于醋酸单胞菌属，细胞形状有椭圆、杆状、单生、成对或成链等。在液体培养基中，呈青淡色的极薄平滑菌膜，液体不太混浊。因此，在液体深层培养中，氧气对醋酸菌的新陈代谢起着很重要的作用。

醋酸菌的营养物质有碳源、氮源及无机盐等。碳源中最好的是酒精、葡萄糖、果糖等；氮源主要是氨基酸、多缩氨基酸类、尿素和硫酸铵等。在用粮食做的培养基中无机盐含量十分丰富，主要是磷、钾、镁等元素。

醋酸菌繁殖的适宜温度为 30℃左右。醋酸发酵的最适温度一般为 27～28℃。繁殖时最适的 pH 为 3.5～6.5。醋酸菌耐酒精浓度为 5%～12%，醋酸菌只能耐 1%～1.5% 的食盐浓度。有些醋酸菌能将醋酸氧化成二氧化碳和水，为此，在生产中醋酸发酵完添加食盐，不仅能调节食醋滋味，而且是防止醋酸过度氧化的有效措施。

(1) 酿醋工业常见的醋酸菌

① 奥尔兰醋酸杆菌　这是法国用葡萄酒生产醋的主要菌株。它能产少量醋，产醋酸力弱，但耐酸性较强，能由葡萄糖产 5.26% 的葡萄糖酸。

② 许氏醋酸杆菌　国外有名的酿醋菌，也是目前酿醋工业较重要的菌种之一。产酸高达 11.5%，最适生长温度 25～27.5℃，37℃就不再产醋酸，不氧化醋酸。

③ 恶臭醋酸杆菌　我国醋厂使用的菌种之一。它在液面形成皱褶的皮膜，菌膜沿器壁上升。一般能产酸 6%～8%，能氧化醋酸成二氧化碳和水。

④ 攀膜醋酸杆菌　在醋醪中常能分离出，在液面形成易破碎的菌膜，沿容器壁上升得很高，液体很混浊，不适于酿醋。

⑤ 胶膜醋酸杆菌　胶膜醋酸杆菌在酒类的醪液中繁殖，可引起酒酸败，变黏。其生酸能力弱，且能分解醋酸，故是酿醋的有害杂菌。

⑥ 沪酿 1.01 醋酸杆菌　该菌是上海酿造科学研究所和上海醋厂从丹东速酿醋中分离出来的菌株。该菌产生酸能力强，发酵速度快，全国不少醋厂采用此菌株。

(2) 醋酸菌种的培养及保藏

① 试管斜面培养基　培养基配方为：酒精 2mL，葡萄糖 1g，酵母膏 1g，琼脂 2.5g，碳酸钙 1.5g，水 100mL。装入试管后杀菌并冷却。

② 培养　接种保存菌种置于 30～32℃恒温箱内培养 48h。

③ 保藏　醋酸菌因为有孢子，所以容易被自己所产生的酸杀灭。因此，宜保存在 0～4℃冰箱内，使其处于休眠状态。

(3) 醋酸菌固态培养　醋酸菌固态培养是先三角瓶培养，再在醋醪上进行固态培养。

① 纯种大三角瓶扩大培养

a. 培养基制备　酵母膏 1%，葡萄糖 0.3%，用水补足至 100%。在 1000mL 的三角瓶中装入 100mL，杀菌并冷却后，加 95% 的酒精 4%。

b. 培养　接入培养好的醋酸菌，摇匀。于 30℃ 恒温静置培养 5~7 天或摇瓶振荡培养 24h，使醋酸菌培养成熟。

② 大缸固态培养　将新鲜的酒醅拌好成熟的三角瓶纯醋酸菌种，放入带有假底的缸中，盖好缸口使醋酸菌生长繁殖。品温升高后，采用回流法降温，控制品温不高于 38℃。培养至醋汁酸度达 4g/100mL 以上，即可接种于大生产的酒醅中。

（4）醋酸菌种子罐培养

① 一级种子（三角瓶培养）　每瓶中装入含糖 10% 的米曲汁 100mL，灭菌并冷却后接入菌种，在 31℃ 培养 22~24h，振荡培养。

② 二级种子（种子罐通气培养）　种子罐内装入 3/4 体积的酒精含量 4%~5% 的酒精醪，加热并冷却到 32℃。按接种量 10% 接入醋酸菌种，于 30℃ 通气培养，培养温度 31℃，培养时间 22~24h，风量 1：0.1。

三、食醋酿造原理

1. 糖化作用

（1）淀粉糖化机理　淀粉质原料经润水、蒸煮糊化，为酶作用于底物创造了有利条件，由于酵母菌缺少淀粉水解酶系，因此，需要借助曲的作用才能使淀粉转化为能被酵母菌发酵的糖。曲中起糖化作用的酶主要有：①α-淀粉酶（淀粉-1,4-糊精酶），又称液化酶；②淀粉-1,4-葡萄糖苷酶（又称糖化酶）、淀粉-1,6-糊精酶和淀粉-1,6-葡萄糖苷酶。

食醋生产中使用的糖化剂主要是曲和酶制剂。酶制剂在酿醋中作为单独的糖化剂应用不多，目前多用作辅助糖化剂，以保证糖化的质量。曲是酿醋过程最主要的糖化剂，常见的有大曲、小曲、麸曲和红曲。

① 大曲　是以根霉、曲霉、酵母为主，含有大量野生菌，经培养制成的糖化剂，曲饼也属于此类。大曲不需接种，保管、运输便利，微生物种类多，成醋风味佳，香味浓，质量好。糖化力弱，用曲量大，生产周期长，出醋率低，是大曲的主要缺点。大曲醋深受消费者欢迎，现在我国一些名特醋仍采用大曲。

② 小曲　微生物主要是根霉及酵母。根霉在微生物中占绝对优势。小曲的糖化力强，加之小曲酿醋时还有微生物的再培养过程，故而小曲用量很少。小曲对原料的选择性强，适用于大米、高粱等原料，不宜用于薯类及野生原料。酿制的醋品味纯净，颇受江南消费者欢迎。

③ 麸曲　是人工培养的无固定形状的固体曲。糖化力强，出醋率高，生产成本低，对原料适应性强，制曲周期短。

④ 红曲　红曲霉在米饭上培养成的曲为红曲。可分泌出红色素，有较强的糖化活力。广泛用于食品的增色及红曲醋、玫瑰醋的酿造。

⑤ 液体曲　是在液态条件下得到的霉菌培养液。液体曲生产机械化程度高，生产效率高，出醋率高，但设备投资大，技术要求高，尤其是醋香淡，醋质差，还需不断改进。

（2）糖化曲的用量　酿醋一般用曲作糖化剂，用曲量并非越多越好。曲使用过量会使醋产生苦涩味，并造成酵母增殖过多而增加耗糖量，导致原料利用率下降。糖化速度过快，糖积累过多时，容易招致生酸细菌生长繁殖，从而影响酒精发酵。

采用先糖化、后发酵工艺时，糖化曲用量计算方法如下：

概述

$$m_1 = \frac{m_2}{0.9 \times \dfrac{A}{1000}}$$

式中　m_1——糖化曲用量，g；

m_2——投料淀粉总量（以纯淀粉计），g；

A——曲糖化力，即 1g 曲在 60℃下对淀粉作用 1h 产生葡萄糖的质量，mg/g；

0.9——将葡萄糖折算为淀粉的系数。

一般，采用固态发酵法酿醋，每 100kg 醅料用麸曲量为 5～7kg。如使用大曲酿醋，由于大曲糖化力低，则用量就要加大。有些醋厂使用酶制剂替代作糖化剂：α-淀粉酶用量为 4～6IU/g 淀粉，糖化酶用量为 100～300IU/g 淀粉。

2. 酒精发酵

酒精发酵是酵母在厌氧条件下经过菌体内一系列酶的作用，把可发酵性糖转化成酒精和 CO_2，然后通过细胞膜把产物排出菌体外的过程。

3. 醋酸发酵

醋酸发酵是继酒精发酵之后，酒精在醋酸菌氧化酶的作用下生成醋酸的过程。

$$CH_3-\underset{\underset{H}{|}}{\overset{\overset{OH}{|}}{C}}-H + [O] \longrightarrow CH_3\overset{\overset{O}{\|}}{C} + H_2O$$

乙醇　　　　　　　乙醛

$$CH_3\overset{\overset{O}{\|}}{C} + H_2O \longrightarrow CH_3\underset{\underset{H}{|}}{\overset{\overset{OH}{|}}{C}}-OH$$

乙醛　　　　　　　乙醛水化物

$$CH_3\underset{\underset{H}{|}}{\overset{\overset{OH}{|}}{C}}-OH + [O] \longrightarrow CH_3\underset{\underset{O}{\|}}{\overset{\overset{OH}{|}}{C}} + H_2O$$

乙醛水化物　　　　　乙酸

总反应式为：

$$C_2H_5OH + O_2 \longrightarrow CH_3COOH + H_2O + 481J$$

根据上述反应式可知：醋酸与乙醇的质量比为 1.304：1，但由于发酵过程中醋酸的挥发、再氧化以及形成酯等原因，实际得到的醋酸与酒精的质量比仅为 1：1。

四、食醋的色、香、味、体的形成

1. 食醋的色

食醋中的色素来源于以下几个方面：①原料本身的色素带入醋中；②原料预处理时发生化学反应而产生的有色物质进入食醋中；③发酵过程中化学反应、酶反应而生成的色素；④微生物有色代谢产物；⑤熏醅时产生的色素以及进行配制时人工添加的色素。其中酿醋过程发生的美拉德反应是形成食醋色素的主要途径。

2. 食醋中的香气

食醋的香气成分主要来源于食醋酿造过程中产生的酯类（以乙酸乙酯为主，还有乳酸乙酯、乙酸异戊酯）、醇类（如，以乙醇为主，还有甲醇、丙醇、异丁醇等）、醛类（如乙醛等）、酚类（有 4-乙基愈创木酚）等。

3. 食醋的味

食醋是一种酸性调味品，其主体酸味成分是醋酸。醋酸是挥发性酸，酸味强，尖酸突出，有刺激性气味。此外，食醋还含有一定量的不挥发性有机酸，如琥珀酸、苹果酸、柠檬酸、葡萄糖酸、乳酸等，它们的存在可使食醋的酸味变得柔和。另外，残存食醋中的由淀粉水解产生出的但未被微生物利用完的糖可使食醋有甜味，因存在氨基酸、核苷酸的钠盐而呈鲜味。

4. 食醋的体态

食醋的体态是由固形物（包括有机酸、酯类、糖分、氨基酸、蛋白质、糊精、色素、盐类等）形成的。用淀粉质原料酿制的醋因固形物含量高，所以体态好。

工作任务 4-1　食醋生产

◈【知识前导】

一、一般固态发酵法酿醋

1. 工艺流程

2. 操作方法

（1）原料配比（kg）　甘薯干 100、细谷糠 175、蒸料前加水 275、蒸料后加水 125、麸曲 50、酒母 40、粗谷糠 50、醋酸菌种子 40、食盐 7.5～15。

（2）原料处理　甘薯干粉碎成粉，与细谷糠混合均匀，往料中进行第 1 次加水，随加随翻，使原料均匀吸收水分（润水），润水完毕后进行蒸料，加压蒸料为 150kPa 蒸气压，时间 40min。熟料取出后，过筛消除团粒，冷却。

（3）添加麸曲及酒母　熟料要求夏季降温至 30～33℃，冬季降温至 40℃以下后，进行第 2 次加水。翻拌均匀后摊平，将细碎的麸曲辅于面层，再将搅匀的酒母均匀撒上，然后拌匀，装入缸内，一般每缸装 160kg。醋醅含水量以 60%～62% 为宜，醅温在 24～28℃。

（4）淀粉糖化及酒精发酵　醋醅入缸后，缸口盖上草盖。室温保持在 28℃左右。当醅温上升至 38℃，进行倒醅，倒醅方法是每 10～20 个缸留出 1 个空缸，将已升温的醋醅移入空缸内，依次把所有醋醅倒一遍后，继续发酵。经过 5～8h，醅温又上升到 38～39℃，再倒醅 1次。此后，正常醋醅的醅温在 38～40℃间，每天倒醅 1 次，2 天后醅温逐渐降低。第 5 天，醅温降至 33～35℃，表明糖化及酒精发酵已完成，此时，醋醅的酒精含量可达到 8% 左右。

（5）醋酸发酵　酒精发酵结束后，每缸拌入粗谷糠 10kg 以及醋酸菌种子 8kg。在加入粗谷糠及醋酸菌种子 2～3 天后醅温升高，应控制醅温在 39～41℃，不得超过 42℃。通过倒醅来控制醅温使空气流通，一般每天倒醅 1 次，经 12 天左右，醅温开始下降，当醋酸含量达到 7% 以上，醅温下降至 38℃以下时，醋酸发酵结束，应及时加入食盐。

（6）加盐　一般每缸醋醅夏季加盐 3kg，冬季加盐 1.5kg，拌匀，再放置 2 天。

（7）淋醋　淋醋是用水将成熟醋醅的有用成分溶解出来，得到醋液。淋醋采用淋缸三套

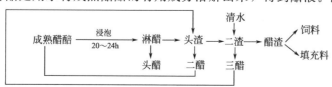

图 4-1　三套循环法淋醋工艺流程

循环法（图 4-1）。甲组淋缸放入成熟醋醅，用乙组缸内的醋淋出的醋倒入甲组缸内浸泡 20～24h，淋下的称为头醋；乙组缸内的醋渣是淋出过头醋的头渣，用丙组淋下的三醋放入乙组缸内浸泡，淋下的是二醋；丙组淋缸的醋渣是淋出了二醋的二渣，用清水放入丙组缸内，淋出的就是三醋，淋出三醋后的醋渣残酸仅 0.1%。

（8）陈酿　陈酿是醋酸发酵后为改善食醋风味进行的贮存、后熟过程。有两种方法：一种是醋醅陈酿，将加盐成熟固态醋醅压实，上盖食盐一层，并用泥土和盐卤调成泥浆密封缸面，放置 20～30 天；另一种是醋液陈酿，将成品食醋封存在坛内，贮存 30～60 天，通过陈酿可增加食醋香味。

（9）灭菌及配制成品　头醋进入澄清池沉淀，得澄清醋液，调整其浓度、成分，使其符合标准，生醋加热至 80℃ 以上进行灭菌，灭菌后包装即得成品。用这种酿醋工艺，一般每 100kg 甘薯粉能产含 5% 醋酸的食醋 700kg。

二、酶法液化通风回流制醋

1. 本法特点

（1）用 α-淀粉酶制剂将原料淀粉液化后，再加麸曲糖果化，提高了原料的利用率。

（2）采用液态酒精发酵、固态醋酸发酵的发酵工艺。

（3）醋酸发酵池近底处设假底，假底下的池壁上开设通风洞，让空气自然进入，利用固态醋醅的疏松度，使醋酸菌得到足够的氧，全部醋醅都能均匀发酵。

（4）利用假底下积存的温度较低的醋汁，定时回流喷淋在醋醅上，以降低醅温，调节发酵温度，保证发酵在适当温度下进行。

2. 工艺流程

```
    α-淀粉酶、CaCl₂、Na₂CO₃                    酒母   醋酸菌种子、麸皮、砻糠
              ↓                               ↓           ↓
碎米──→浸泡──→磨浆──→调浆──→加热──→液化──→糖化──→冷却──→酒精发酵──→酒液──→拌和入池
                                                                          │
成品←──灭菌←──配制←──淋醋←──加盐←──固态醋酸发酵←─────────────────────────┘
```

3. 操作方法

（1）原料配比（kg）　一个发酵池中原料用量为：碎米 1200、麸皮 1400、水 3250、食盐 100、酒母 500、醋酸菌种子 200、麸曲 60、α-淀粉酶 3.9、氯化钙 2.4、碳酸钠 1.2。

（2）水磨和调浆　碎米用水浸泡使米粒充分膨胀，将米与水按 1:1.5 比例送入磨粉机，磨成 70 目以上细度粉浆，送入调浆桶，用碳酸钠调 pH6.2～6.4，再加入氯化钙和 α-淀粉酶，充分搅拌。

（3）液化与糖化　将上述浆料加热升温至 85～92℃，保持 10～15min，用碘液检测显棕黄色，表示已达到液化终点，然后升温至 100℃，保持 10min，达到灭菌和使酶失活的目的。将液化醪冷却至 63℃，加入麸曲，糖化 3h，糖化完毕，冷却到 27℃，糖化醪泵入酒精发酵罐。

（4）酒精发酵　糖化醪 3000kg 送入发酵罐后，再加水 3250kg，调节 pH4.2～4.4，接入酒母 500kg。控制醪液温度 33℃ 左右，发酵周期 64h 左右。酒醪的酒精含量达到 8.5% 左右。

（5）醋酸发酵

① 进池　将酒醪、麸皮、砻糠和醋酸菌种子用制醅机充分混合，装入醋酸发酵池内。

② 松醅　面层醋醅温度较低，所以要进行 1 次松醅，将上面和中间的醋醅尽可能疏松均匀，使温度一致。

③ 回流　松醅后醅温升至 40℃ 以上即可进行醋汁回流，使醅温降低。醋酸发酵温度，前期可控制在 42～44℃，后期可控制在 36～38℃，如果温度升高过快，除醋汁回流降温外，

还可将通风洞全部或部分塞住，从而加以控制。一般，当醋酸发酵 20～25 天时，醋醅方能成熟。

（6）加盐　醋酸发酵结束，为避免醋酸被氧化分解成 CO_2 和 H_2O，应及时加入食盐以抑制醋酸菌的氧化作用。方法是将食盐置于醋醅面层，用醋汁回流溶解食盐使其渗入醋醅中。

（7）淋醋　淋醋仍在醋酸发酵池内进行，把二醋浇淋在成熟醋醅面层，从池底收集头醋，当流出的醋汁醋酸含量降到 5g/100mL 时停止。以上淋出的头醋可配制成品。头醋收集完毕，再在醋醅面层浇入三醋，下面收集到的是二醋。最后在醅面加水，下面收集三醋。二醋和三醋供下批淋醋循环使用。

（8）灭菌及配制　方法与一般固态发酵制醋相同。

三、液态法制醋工艺

液体深层发酵制醋，其特点是发酵周期短，劳动生产率高，占地面积小，不用谷糠等填充料，能显著减低工人劳动强度，但风味上尚有不足之处。

1. 工艺流程

α-淀粉酶、$CaCl_2$、Na_2CO_3　　糖化酶　活化酵母　　　醋酸菌

主要原料→浸泡→磨浆→调浆→液化→糖化→酒精发酵→酒醪→（通风）醋酸发酵

成品←贮存←消毒←调兑←压滤←醋醪

2. 操作要点

醋酸发酵温度控制在 32～35℃，通风量前期 24h 为 1∶0.07，后期 1∶0.1，一般发酵周期 65～72h。

液体深层制醋可采用分割法制醋。当醋酸发酵成熟即可取出 1/3 醋醪，同时加入 1/3 酒醪，继续进行醋酸发酵，这样每隔 20～22h 可取醋一次。目前生产上多采用此法，其中应当注意的问题是在出料时，补充酒液时不能停风，否则会造成大幅度减产。因为醋酸菌是好氧菌，稍一停风其活性会受到很大影响。

一般用这种方法 0.5kg 大米能出 5％食醋 3.4～3.45kg。

3. 提高风味的几种措施

目前液体深层发酵食醋风味、色泽较差，各地都在设法改进，现在行之有效的有以下几种方法：

（1）提高氨基酸的措施　由于这种工艺不用辅料，所以食醋中氨基酸含量偏低，在原料配方中按每 50kg 增加 1.5％豆粕，再加入豆粕量的 15％麸皮蒸料后制曲，用稀醪发酵（料∶水＝1∶3）50～55℃保温 3 天，成熟后加入酒醪中进行醋酸发酵。这样食醋中不但氨基酸含量达 0.1％以上，而且色泽加深，略带鲜甜味。

（2）加入乳酸菌、酵母菌共酵　据分析，液体深层发酵制得的醋其不挥发酸含量仅为固体法醋的 15.7％，其中乳酸仅为固体法醋的 25.6％左右。在醋醅中起主要作用的乳酸乙酯在固体法醋中含量为 4.6mg/100mL，而在液体醋中则未检出。用乳酸菌与酵母菌混合发酵风味有所提高。

（3）后期陈酿　在生醋醪中加入一部分糖化曲等，增加后熟过程中风味成分。食醋风味能得到进一步的提高。

（4）熏色串香　用醋渣拌以 30％糠，10％麸皮，0.15％花椒，0.1％大料（八角），0.2％小茴香（均按醋渣 100％计），用直接火或水浴，蒸汽 80～90℃保温 1 周左右，作为熏醋。

四、喷淋塔法制醋

喷淋塔法制醋也称浇淋法、醋塔法、速酿法等，是液态制醋的一种，其特点是用稀酒（或酒精发酵醪）为原料，在塔内自上而下地流经附着大量醋酸菌的填充料，使酒精很快氧化成醋酸，用这种方法生产也有浇淋法和速酿法两种类型。

1. 浇淋法

（1）浇淋法制醋生产工艺流程

$$\alpha\text{-淀粉酶}\quad\text{麸曲}\qquad\qquad\text{酒母}$$

高粱→粉碎→加水调浆→糊化→液化→糖化→冷却→酒精发酵→过滤→循环淋浇

成品←消毒←调配

（2）操作方法

① 酒精发酵　原料处理、蒸煮、液化、糖化、酒精发酵均同以上介绍的一样。这里要强调一下的是原料粉碎度要通过 50 目筛，这样液化容易彻底。据报道，酒精发酵 3 天，酒精度可 6%～7%，但风味较差；如能适当延长发酵期 9 天，酒度不下降，而风味稍有醇厚，酒醪澄清，便于过滤。

过滤池容量为酒精发酵醪的一倍，长方形（窄长条形），以池高 1/3 处用样木板铺设一面假底，在水板上钉一层芦席，把酒液和稻糠按 2∶1 的比例混合，均匀地铺在假底上，厚度为 15～20cm，然后把酒醪全部均匀地洒在过滤层上，但不能冲乱滤层，经 8～16h 滤出液清澈透明。

② 浇淋醋酸发酵法　醋化塔一般直径为 1.5～2m，高 1.5m，填充料玉米芯高度 1.5m，但这种塔填充料少，成醋速度慢，使用周期短，2～3 个月就要更换玉米芯一次。根据经验，首先用塑料做醋化塔身，直径 1.5m，高 3m，填充 2m，开始效果较好，但用一段时间后玉米芯体积增大，质量增加，密度变小，通气量减少，白色菌丝体丛生，使罐内上下不通造成停产换罐。为了解决这个问题，在醋化塔内立四根柱子，竹竿做算子固定到横架上，共 4 层，每层按井字形摆玉米芯，每层之间空隙 10cm，这样可以连续使用 3 年不损。

关于喷淋操作方法，各厂掌握也不大一样，一般酸度之比为 2∶1 为好，这是搞好淋醋的关键。酒度过大，酸度过小，易生成白菌膜，危害较大。如果在混合液中添加 1% 糖化液，则也有利于塔温的管理。

关于通风问题也很重要。如果进风太大，塔温增高，跑酒跑酸，进风口处风速太大致使缸底温度偏低，菌膜丛生堵塞填充料间隙。各厂应根据具体情况下进行摸索。

每浇淋一次酸度上升，酒度下降，每批醋酸成熟即留一部分醋再配新酒液继续浇淋，开始温度低要少浇淋，随着温度升高浇淋速度加快，待升至 37℃ 不再下降时就要连续淋浇，待温度超过 39℃（有的工厂达到 42℃）就要开冷却装置。每隔 0.5 h 化验一次酸度，一般 48h 醋化基本完成，5.5°～6.5° 的酒液可转化为总酸为 4%～5% 的食醋。

生醋调配好后加入 2.5% 食盐，加热流水线，贮藏 1 个月，调酸度，即为成品。

2. 速酿法

将含有稀酒精的醋液喷入醋化塔内，塔内填附着生大量醋酸菌的木质、木刨花、芦苇根等填充料，自上而下地流下来，空气则自下而上地流通，使酒精很快氧化成醋酸。这种方法称为速酿法或醋塔法。

（1）工艺流程

酵母、水、循环醋液

白酒→混合配制→喷淋→发酵→调兑→化验→包装→成品

（2）操作方法

① 酵母浸汁制备　酵母液的逐级扩大步骤为20mL—400mL—10L—125L四级扩大，菌种为2399酵母菌，培养基采用糖化液，其含糖量为10%～14%，26～27℃静止培养，一般6～10h。经灭菌、冷却、过滤备用。

② 混合液配制　将贮缸中的醋液（总酸9.0～9.5%）和一定量的50°大曲酒、酵母浸汁及温水混合，使之温度为32～34℃，醋酸含量7%～7.2%，酒精含量2.2%～2.5%，酵母浸汁1%。利用玻璃喷射管自发酵塔顶向下喷洒。

③ 喷淋及其操作　每天喷洒16次，早3点一次，8点至22点15次，每次喷洒量为混合液45kg，其余时间静止发酵。发酵期间室温保持28～32℃，塔内温度34～36℃，成熟后循环醋液从塔底流出，含酸量9%～9.5%，除一部分泵入贮缸供循环使用，其余的抽入成品缸内，加水调到酸度5%或9%，化验合格包装出厂。每千克500大曲酒可产5%的醋8kg。

五、食醋的质量标准

1. 食醋的质量要求

合格的食醋产品应具有正常酿造食醋的色泽、气味和香气，不涩，无其他不良气味和异味（如霉臭气味），不混浊，无悬浮物，无霉花，无浮膜等。醋的种类不同，颜色也不同，从深褐色到白色都有，所以仅从颜色方面很难判断食醋的优劣。但不同品种的醋有其特征的颜色。如红醋应为琥珀色，陈醋应为褐色，白醋应该无色透明等。在辨别食醋色泽时，可以取出少量醋放在无色透明的容器中，静置观察。优质醋应无沉淀、无悬浮物，溶液澄清透明。如果用鼻去嗅，应当闻到本品种醋特有的浓郁香气，而无任何异常气味。品尝时，优质醋酸味浓郁、柔和适口，回味时间长。较次的食醋，体态稍微混浊，香气不足，酸味不柔和可口或者略有异味。市售白醋有的是用醋酸调配的产品，没有酿造醋的风味，只有醋酸的味道，酸味较刺激。而化学醋（冰醋酸勾兑而成），因不含上述营养成分，故入口即酸，且是刺激性酸味，一酸即过，留下淡水味和苦味。长期食用冰醋酸勾兑的醋对人体（特别是对胃）非常有害。

此外，质量好的醋，一般来说外包装也相应地精致、清楚；标签内容准确、真实、齐全。一般应标注有：配料、质量标准、执行标准、标签认可证号、出产日期、保质期、净含量、企业名称、地址、电话等内容。醋是酸性的，贮藏比较稳定。但是劣质醋如果酸度太低，也可能发生混浊、变味等现象。

2. 食醋质量标准组成

食醋的质量因原料的种类、配比、制造方法等不同而有差别，一般依靠理化分析、卫生检验及感官鉴定来判定食醋的质量。食醋的质量标准包括感官指标、理化指标和卫生指标三部分。

（1）感官指标　见表4-1。

表4-1　感官指标

项　目	要求	
	固态发酵醋	液态发酵醋
色泽	琥珀色或红棕色	具有该品种固有的色泽
香气	具有固态发酵食醋特有的香味	具有该品种特有的香气
滋味	酸味柔和,回味绵长,无异味	酸味柔和,无异味
体态	澄清	澄清

（2）理化指标　见表 4-2。

表 4-2　理化指标

项　　目	指标	
	固态发酵醋	液态发酵醋
总酸含量(以乙酸计)/(g/100mL)	≥3.50	
不挥发酸含量(以乳酸计)/(g/100mL)	≥0.50	
可溶性无盐固形物/(g/100mL)	≥1.00	≥0.50

（3）微生物指标　见表 4-3。

表 4-3　微生物指标

项　　目	指　　标
菌落总数	≤10000
大肠菌群/(MPN/100mL)	≤3
致病菌	不得检出

❖【任务实施】

见《学生实践技能训练工作手册》。

❖【知识拓展】

生 料 制 醋

1. 生料制醋的特点

生料制醋的特点主要是原料不加蒸煮，直接粉碎，浸泡后进行糖化，发酵。生料制醋与一般固体发酵法相比，具有简化工艺、降低劳动强度、节约燃料等优点，目前这一工艺还在不断完善之中。生料制醋麸皮用量大，一般为主料的 100％～120％，其次是麸曲（黑曲霉），占主料的 40％～50％。

生料制醋时，由于未经蒸煮而杂菌数量相对比较大，而有些地方根本不接入酵母菌和醋酸菌，糖化速度也比较慢，因此在发酵刚刚开始时，不能很快形成有益微生物的优势，有时会影响原料利用率和风味，因此，一定要加强工艺管理，严格操作。

2. 工艺流程

麸曲、酵母、麸皮、水　麸皮稻壳　食盐
↓　　　　　　↓　　　↓
高粱→粉碎→前期稀醪发酵→后期固体发酵→陈酿→淋醋→检验→成品

3. 操作方法

（1）原料配比　碎米 100kg，麸曲 50kg（中科 As3758），酒母 10kg（中科 As2～399），麸皮 120kg，稻壳 150kg，水 600～650kg。原料要新鲜，霉坏的不能用。辅料要粗细搭配，要求醋醅疏松，又能容纳一定水分。

（2）前期稀醪发酵　生料的糖化及酒精发酵采用稀醪大池发酵，按主料 100kg，加麸皮 20kg、麸曲 50kg、酵母 10kg 的比例翻拌均匀，曲块打碎，然后加水 650kg，放入大池内。由于气候变化，一般 24～36h 后把发酵醪表层浮起的曲料翻倒一次，其目的是防止表层发霉。以后每日打耙二次，发酵 5～7 天后泡盖开始下沉，泡沫上升随起随破，酒度在 4％～5％（体积分数），酸度 1.5～2g/100mL（以醋酸计），黄色，微涩，不黏，这阶段品温为 27～33℃。

（3）后期固体发酵　前期主发酵完成后立即按比例加入辅料拌匀，根据不同季节，先闷料24～48h后，再将料搅拌均匀。先用铁锹翻拌，再用翻醅机将料醅拉匀，即为醋醅。先用塑料布盖严，过1～2天后品温上升37～39℃，每天翻倒一次，并用竹竿将塑料布撑起，给予一定的空气。前4～5天支竿不宜过高，这时如果通风太过酒精生成量受影响，并影响出品率。第1周品温控制在40℃左右，使品温稳定上升，当品温达40℃以上时，可将塑料布适当架高，使品温继续上升，但不宜超过46℃。这样一方面可控制杂菌，有利于酶解；另一方面有利于某些乳酸菌的生酸。这一高温阶段对提高食醋色、香、味和透明度有利。醋酸发酵后期品温开始下降到34～37℃，这时塑料布也要压低，使品温下降时缓中有稳。成熟醋醅颜色上下一致，无花色（即生熟不齐的现象），棕褐色，醋汁清亮，有醋香味，不混，不黄汤。总酸6%～6.5%，醋醅成熟及时下盐，加盐量为主料的10%，加盐后再翻1～2天后将醋醅移出生产室，放入池内或缸内压实、封闭，陈酿1～6个月均可，不过隔一阶段要翻醅一次，无陈酿条件也可随时淋醋。

（4）淋醋　淋醋方法如前，二醋套头醋，三醋套二醋，清水套三醋。头醋一般浸泡12h。

（5）熏醅　将部分成熟醋醅进行熏醅。有烟道保温与水浴保温两种方法。

① 烟道保温　将缸连砌在一起，内留火道，把成熟的醋醅放入缸内，下边烧煤，烟道保持品温80～82℃，7天。每天翻醅一次。颜色乌黑发亮，熏香味浓厚，无焦煳气味。

② 水浴保温　将大缸置于水浴池内，水温90℃，熏醅10天，每天翻缸一次。将未经熏醅所淋出的醋汁浸泡熏醅串香，淋出的醋即为熏醋，出品率一般1kg主料可出总酸含量为4.5g/100mL（以醋酸计）食醋10kg。经消毒后灌装即为成品。

工作任务 4-2　果醋生产

❖【知识前导】

果醋是以水果或果品加工下脚料为主要原料，经过酒精发酵、醋酸发酵酿制而成的一种营养丰富、风味优良的酸性调味品，它兼有水果和食醋的营养保健功能。在西方，葡萄果醋在西餐调味中起着非常重要的作用。随着食品科学的发展和人民生活水平的提高，果醋在调味品中的地位将越来越受到人们的重视。近几年，国内外兴起了一股"喝醋风"，因此开发醋制品和醋酸饮料的前景十分广阔。

酿造业发展的方向之一是以果代粮，目前生产食醋的主要原料是大米、玉米、高粱及甘薯等，利用水果代替粮食，这对于我们这个人口大国来说，意义非常重大。

由于生产果醋的原料水果，品种和质量存在差异，含糖量高低不等，因此在生产过程中对含糖量低的原料需进行加糖以调整其糖度。在生产上采用大米糖化醪代替白砂糖来调整糖度，既可降低果醋的生产成本，又不会对果醋的风味产生太大影响。

果醋的加工方法可归纳为鲜果制醋、果汁制醋、鲜果浸泡制醋、果酒制醋4种方法。鲜果制醋是将果实先破碎榨汁，再进行酒精发酵和醋酸发酵。其特点是产地制造，成本低，季节性强，酸度高，适合作调味果醋。果汁制醋是直接用果汁进行酒精发酵和醋酸发酵，其特点是非产地也能生产，无季节性，酸度高，适合作调味果醋。鲜果浸泡制醋是将鲜果浸泡在一定浓度的酒精溶液或食醋溶液中，待鲜果的果香、果酸及部分营养物质进入酒精溶液或食醋溶液后，再进行醋酸发酵。其特点是工艺简洁，果香好，酸度高，适合作调味果醋和饮用果醋。果酒制醋是以各种酿造好的果酒为原料进行醋酸发酵。不论以鲜果为原料还是以果汁、果酒为原料制醋，都要进行醋酸发酵这一重要工序。果醋发酵的方法目前有固态发酵法、液态发酵和固-液发酵法。一般以梨、葡萄、桃以及沙棘等含水多、易榨汁的果实种类为原料时，宜选用液态发酵法；以山楂、猕猴桃、枣等不易榨汁的果实为原料时，宜选用固态发酵法；固-液发酵法选择的果实介于两者之间。目前开发生产的果醋和果醋饮料有山楂醋、中华猕猴桃醋、柿子醋、麦饭石保健醋、葡萄醋、蜂蜜醋、菠萝醋、苹果醋、梨醋、黑糖醋、沙棘醋等。

一、果醋的生产工艺及操作要点

1. 液态酿造法

果醋液态发酵工艺流程

果胶酶　　酵母　　醋酸菌
　　↓　　　↓　　　↓
原料→清洗→破碎榨汁→澄清→酒精发酵→醋酸发酵→淋醋→勾兑→杀菌→冷却→包装→检验→成品

（1）静置表面发酵法　在我国南方和日本有不少采用表面静置发酵法成功的经验。主要操作要点如下：

① 清洗　将水果投入池中用清洁水冲洗干净，拣去腐烂水果，取出放入竹箩沥干。

② 去皮榨汁　将水果用机械或人工去皮去核，然后榨取其汁，一般果汁得率在65%～80%之间。

③ 澄清　将果汁放入桶内用蒸汽加热至95～98℃，然后冷却到50℃，加入用黑曲霉制成的麸曲2%或果胶酶0.01%，保持温度40～50℃，时间为1～2h。

④ 过滤　经处理后的果汁再过滤一次，使之澄清。

⑤ 酒精发酵　果汁降温至30℃，接入酒母10%，维持品温30～34℃，进行酒精发酵4～5天。

⑥ 醋酸发酵　采用液体表面发酵法，将果酒加水稀释至5%～6%，然后接入醋酸种子液5%～10%，搅匀，保持发酵液品温在28～30℃，进行静置发酵，经2～3天后，液面有薄膜出现，证明醋酸菌膜形成，醋酸发酵开始，连续发酵至30天左右即可成熟，此时以发酵醪含酒精0.3%～0.5%为度。一般要求1%酒产1%的醋酸，有条件的工厂可采用液体深层发酵法（即全面发酵法），发酵效率可提高10～20倍。

（2）液体深层发酵法　利用发酵罐通过液体深层发酵获得产品，具有机械化程度高、操作卫生条件好、原料利用率高、生产周期短、质量稳定易控制等优点，但产品风味较差。为此，常采用在发酵过程中添加产醋酵母或采用后熟的方法以增加产品的风味和质地。

2. 固态酿造法

以粮食为主要原料，以某些水果（通常是生产中的果皮渣、残次果等）为辅料，经处理后接入酵母菌、醋酸菌固态发酵制得。如：以大米、酒糟、麸皮、果皮为原料生产保健醋，连云港市酿造厂以固态分层发酵工艺生产黑糖醋等。该法生产的产品虽然风味较好，但存在发酵周期长、劳动强度大、废渣多、原料利用率低和产品卫生质量差等问题。

3. 固态—液态发酵法

该工艺可分为前液后固发酵和前固后液发酵两种，即酒精发酵和醋酸发酵阶段分别采用固态或液态的两种不同形式的工艺。如以皮渣为醋酸菌的载体，采用液态酒精发酵，固态醋酸发酵，利用液体浇淋工艺生产菠萝果醋。该法与传统的固态发酵法相比，缩短了发酵周期，减小了劳动强度，而且原料的利用率也大大提高，但仍存在风味不足的问题。通常采用后熟的方法加以解决。

二、果醋的质量标准

1. 感官指标

色泽：琥珀色或棕红色。

气味：具有食醋特有的香气，无其他不良气味。

口味：酸味柔和，稍有甜口，不涩，无其他异味。

体态：澄清，无悬浮物及沉淀物。

2. 理化指标

| 总酸含量（以乙酸计） | ≥3.50g/100mL |
| 不挥发酸含量（以乳酸计） | ≥0.50g/100mL |

3. 卫生指标

砷（以砷计）	<0.5mg/L
铅（以铅计）	<10.5mg/L
游离无机酸	不得检出
杂菌总数	<5000 个/mL
大肠菌群数	≤30 个/100mL
致病菌	不得检出

❖【任务实施】

见《学生实践技能训练工作手册》。

❖【知识拓展】

葡萄醋生产

1. 葡萄醋的生产工艺

葡萄→分选去梗→洗涤→破碎→糖度调整→酒精发酵→粗过滤→葡萄原酒粗品→醋酸发酵

成品←灭菌←装瓶←调配←果醋←过滤←后熟←

2. 工艺操作

（1）原料分选　选择成熟度高、果实丰满的葡萄，剔除病虫害和腐烂的果实等，以免影响果醋最终的色、香、味，减少微生物污染的可能。

（2）清洗、破碎　流动水漂洗，将附着在葡萄上的泥土、微生物和农药洗净。洗果温度控制在40℃以下，将洗涤后的葡萄用打浆机破碎。

（3）成分调整　为使酿成的酒液成分接近且质量好，并促使发酵安全进行，根据葡萄浆的成分及成品所要求达到的酒精度进行调整。主要是根据检测的结果，计算需补加的糖、酸、亚硫酸钠量。

（4）酒精发酵　将经过活化的酵母液接种入葡萄浆中，接种量为0.9‰，发酵温度28～30℃，初始糖度140g/L，pH 4.0，发酵过程中应经常检查发酵液的品温、糖、酸及酒精含量等。发酵时间为4天左右，至残糖降至0.4%以下时结束发酵。

（5）醋酸发酵　经过3级扩大培养的醋酸杆菌接种于酒精发酵醪中，接种量11%，酒精体积分数为6.5%～7%，发酵温度32～34℃。醋酸发酵工艺采用叠式动态表面发酵，发酵时间为3天左右，发酵期间每天检查发酵液的温度、酒精及醋酸含量等，至醋酸含量不再上升时为止。

（6）加盐后熟　将发酵成熟醋液泵入后酵罐中陈酿1～3个月。

（7）澄清　为提高葡萄醋的稳定性和透明度，采用壳聚糖澄清过滤，添加量为0.3g/L，澄清后用过滤机过滤。

（8）调配　根据产品要求进行风味调配。

（9）加热杀菌　将葡萄醋于93～95℃杀菌，杀菌后迅速冷却。

 自测题

1. 酶法液化通风回流制醋的特点及工艺流程？

2. 简述食醋生产过程中的主要生物化学变化。

3. 食醋色、香、味、体是如何形成的？

4. 食醋的传统生产工艺与现代生产工艺相比，各有哪些优缺点？如何改善液态深层发酵醋口味淡薄之不足？

5. 常用糖化剂和发酵剂的种类有哪些？

6. 酒精发酵要求酵母菌具有的性能有哪些？

7. 生料制醋有何优缺点？

8. 食醋酿造对水质有什么要求？水质不合格如何处理？

9. 食醋生产为什么选用淀粉质原料？

10. 如何加强酒精发酵工艺技术管理？

11. 食醋生产常用的糖化剂有哪些？

12. 食醋工业常用和常见的醋酸菌有哪几种？

13. 怎样制备醋母？

14. 生产食醋一般有哪些方法？

15. 如何判断食醋质量的好坏？

16. 生产果醋一般采用哪些方法？

17. 如何评价果醋的质量好坏？

酱类生产

● 能正确选择和使用设备、用具。

● 能够正确选择生产中酱油、酱类的原辅料。

● 能够正确进行酱油、酱类的生产和品质管理。

概　述

　　富含氨基酸并赋予多样风味的中国酱油、酱类调味品以及包括日本在内的其他东方国家酱油和酱类食品，是传统发酵食品。酱和酱油是以蛋白质原料和淀粉质原料为主料，经微生物发酵酿制而成的调味品。该类产品不仅有丰富的营养价值，还由于酶解作用产生许多呈味物质，第一次使从植物性蛋白质和脂肪中产生肉样风味成为可能，这种酱油酿造的发明在食品科学领域是一个国际性的伟大发明。我国是酱油及酱类酿造的故乡。远在周朝时期就有酱的记载（至今已有3000多年的历史），直到唐朝才由鉴真和尚将酱油的制法传到日本。经过几千年的实践，我国劳动人民积累了丰富的制曲和发酵经验。大约东魏年间（533～544年），由贾思勰撰写的《齐民要术》是世界上现存最早的、系统而全面的酿造典籍，书中记述了包括曲、酱、醋、豉等酿造调味品的生产技术，并一直影响到现在。例如日本现代生产的豆酱至今尚保留着《齐民要术》中叙述的制酱工艺。酿造酱油的生产，主要以大豆或豆粕等植物蛋白质为主要原料，辅以面粉、小麦粉或麸皮等淀粉质原料，经微生物的发酵作用，使蛋白质在酶的作用下水解，生成肽和氨基酸。部分油脂分解为甘油和脂肪酸。发酵期间，乳酸菌和酵母增殖，将葡萄糖转变成乙醇、乳酸等代谢产物，从而制成一种含有多种氨基酸、适当食盐及具有特殊色泽、香气、滋味和体态的调味液，即酱油。

　　我国2002年酱油产量已达500万吨以上，居世界第一。酱料厂遍布全国各地。由酱油、酱料派生出来的各种调味品琳琅满目，如目前市场上常见的大豆酱油、生抽王、浓口酱油、鱼酱油等，它们已是我国饮食文化的一个重要组成部分。

　　我国酱油发酵是由制酱演变而来的，随着科学技术的发展，生产方法也不断改进。按照发酵方法，目前国内应用较多的有：低盐固态发酵法、高盐稀醪发酵法、固稀发酵法、低盐稀醪保温法及其他传统工艺法。各种方法都各有优点，国内普遍使用低盐固态发酵法。

工作任务 5-1　酱油生产

❖【知识前导】

一、酱油生产的原料

1. 蛋白质原料

酱油酿造一般选择大豆、脱脂大豆作为蛋白质原料，也可以选用其他蛋白质含量高的代用原料。

（1）大豆　大豆是黄豆、青豆、黑豆的统称。豆科，一年生草本植物。原产于我国，各地均有栽培，尤以东北大豆数量最多，质量最好，平均千粒重约为 165g，最大者千粒重达 200g 以上。种子呈椭圆形至近球形，有黄、青、褐、黑、双色等。种子富含蛋白质和脂肪（表 5-1），主要用以榨油供食用，或生产副食品。

表 5-1　大豆的主要成分　　　　　　　　　　　　　　　　　单位：%

蛋白质	脂肪	碳水化合物	纤维素	灰分	水分
35～45	15～25	21～31	4.3～5.2	4.4～5.4	8～12

大豆氮素成分中 95% 是蛋白质氮，其中水溶性蛋白质占 90%。大豆蛋白质以大豆球蛋白为主，约占 84%，乳清蛋白占 5% 左右。

酿造酱油时大豆原料的选择，以颗粒饱满、干燥、杂质少、皮薄新鲜、蛋白质含量高者为好。大豆是一种重要的油料作物，用于酿造酱油，脂肪没有得到合理的利用。目前除一些高档酱油仍用大豆作原料外，大多用脱脂大豆作为酱油生产的蛋白质原料。

（2）脱脂大豆　脱脂大豆按生产方法的不同可分为豆粕和豆饼两种。

① 豆粕　豆粕又叫豆片，为片状颗粒。豆粕蛋白质含量高，水分含量低，而且不必粉碎，因而适宜于作酱油生产原料。大豆先经适当加热处理（一般低于 100℃），调节其水分至 11.5%～14%，再经轧坯机压扁，然后加入有机溶剂，使其中油脂被提取，再除去溶剂（或用烘干）后的产物称为豆粕。一般呈颗粒片状，质地疏松，有利于制曲和淋油，有时部分也结成团块状。豆粕中蛋白质含量高，脂肪含量极低（仅 1% 左右），水分也少（表 5-2），容易粉碎，是酱油生产的理想原料。

表 5-2　豆粕的主要成分　　　　　　　　　　　　　　　　　单位：%

粗蛋白质	脂肪	碳水化合物	粗纤维素	灰分	水分
47～51	1	25	5.0	5.2	7～10

② 豆饼　豆饼是用机榨法从大豆中提取油脂后的产物，根据压榨工艺条件不同，可以分为冷榨豆饼和热榨豆饼。用豆榨抽时为了提高其出油率，将大豆预先轧成片，加热蒸炒，使大豆细胞组织破坏，同时也降低了油脂的黏度，这样制出的豆饼叫做热榨豆饼。热榨豆饼其水分含量少，蛋白质含量较高，且已有部分蛋白质发生变性，质地较松，易于粉碎，比较适合于酿造酱油。而将大豆软化轧片后，直接榨油所制出的豆饼叫做冷榨豆饼。冷榨豆饼中其蛋白质基本没有变性，水溶性蛋白质含量高，适用于制作豆制品。冷榨豆饼生产时大豆未

经高温处理，故出油率低，但豆饼中蛋白质基本没有变性，这种豆饼适合于制作豆制品（表5-3）。热榨豆饼是大豆轧片后加热蒸炒，使大豆细胞组织破坏，同时减低油脂黏度，再经压榨而成，这样可提高大豆出油率。此外，根据压榨机的形式或压力的不同又可分为圆车饼、方车饼、红车饼（瓦片状饼）。大圆车饼用圆饼榨机，压力较低（10～14MPa），需3～5h制成圆形饼；方车饼用板式及盒式榨机，压力较高（28MPa），需30～50min制成矩形板饼；红车饼是用螺旋压榨机压榨，压力高达70MPa以上，只需2～3min就制成瓦片状饼，榨油过程中一般升温至130℃以上，蛋白质基本上已达到适度变性。

表 5-3　豆饼的主要成分　　　　　　　　　　　　　　　　单位：%

豆饼	粗脂肪	碳水化合物	粗蛋白质	灰分	水分
冷榨豆饼	6～7	18～21	44～47	5～6	12
热榨豆饼	3～4.5	18～21	45～48	5.5～6.5	11

脱脂大豆由于在脱脂处理时破坏了大豆的细胞组织，脱脂很容易吸水，酶容易渗透进去，酶作用速度加快，因此，原料利用率高，酿造周期可以缩短。

使用豆饼和豆粕作为生产酱油原料的优点：
① 能保持酱油固有风味；
② 蛋白质含量比大豆高；
③ 可以节约大量豆油；
④ 缩短发酵周期，提高蛋白质利用率；
⑤ 酱油色泽深；
⑥ 成本低。

（3）其他蛋白质原料　蛋白质原料的选择利用要因地制宜，凡是蛋白质含量高且不含有毒物质、无异味的原料均可选为酿造酱油的代用原料，如蚕豆、豌豆、绿豆、花生饼、葵花籽饼、棉籽饼、脱脂蚕豆粉、鱼粉、糖糟及玉米黄粉、椰子饼等。这里值得注意的是，对于有些含有或可能含有有毒物质的代用原料，应进行严格的检测和脱毒处理：花生饼易污染引起肝癌的黄曲霉毒素等，所以必须选择新鲜干燥而无霉烂变质的花生，并在使用前进行检验；菜籽饼含有特殊的气味及有毒物质菜油酚，使用前必须用0.2%～0.5%的稀酸或稀碱溶液进行脱酚处理，以菜籽饼作为代用原料的酱油，必须经当地卫生部门检验合格后，才能销售；棉籽饼中含有有毒物质——棉酚，一般含量为0.5%～1.6%，也必须经特殊处理后才能利用，主要采用硫酸亚铁法与发酵相结合的方法，或在有机溶剂中浸出脂肪的同时除去棉酚的方法。

2. 淀粉质原料

淀粉在酱油酿造过程中分解为糊精、葡萄糖，除提供微生物生长所需的碳源外，葡萄糖经酵母菌发酵生成的酒精、甘油、丁二醇等物质是形成酱油香气的前体物和酱油的甜味成分；葡萄糖经某些细菌发酵生成各种有机酸，可进一步形成酯类物质，增加酱油香味；残留于酱油中的葡萄糖和糊精可增加甜味和黏稠感，对形成酱油良好的体态有利。另外，酱油色素的生成与葡萄糖密切相关。因此，淀粉质原料也是酱油酿造的重要辅助原料，是酿造红酱油及改善酱油风味的必要原料。酿造酱油用的淀粉质原料过去曾长期以面粉或麦粉为主，为了节约粮食，经一系列试验证明，小麦和麸皮是比较理想的淀粉质原料。20世纪70年代，酶法糖化在酱油生产上应用后，更增加了麸皮在制曲时作为主要淀粉原料的现实性。当然也可因地制宜选用其他淀粉质原料，但个别酱油酿造厂仍用小麦。

（1）小麦　属于禾本科，一年生或二年生草本植物。它是世界上分布最广、栽培面积最大的主要粮食作物之一。因产地、品种等不同，外形及成分各有差异。根据小麦的粒色可分为红皮和白皮小麦。根据质粒可分为硬质、软质和中间质小麦。我国小麦品种中，有 95％以上均属软质小麦，国外一般为白皮和硬质小麦。由于红皮和软质小麦淀粉含量高，所以是酿造酱油的首选。小麦是传统方法酿造酱油使用的主要淀粉质原料，除含有丰富的淀粉外，还含有一定量的蛋白质（表 5-4）。酱油中的氮素成分约有 3/4 来自大豆蛋白质，1/4 来自小麦蛋白质，小麦蛋白质主要由麦胶蛋白质和麦谷蛋白质组成，这两种蛋白质中的谷氨酸含量分别达到 38.9％和 33.1％，是产生酱油鲜味的重要来源。

表 5-4　小麦的化学成分　　　　　　　　　　　　　　　　　单位：%

淀粉	粗蛋白质	脂肪	纤维素	灰分	水分
67～72	10～13	2	1.9	2	10～14

（2）麸皮　又称麦麸或麦皮，是小麦制面粉的副产品（表 5-5）。

表 5-5　麸皮的成分　　　　　　　　　　　　　　　　　单位：%

淀粉	戊聚糖	蛋白质	粗脂肪	粗纤维	灰分	水分
11.4	17.6	16.7	4.7	10.5	6.6	12

麸皮中钙、铁、磷等无机盐及维生素含量丰富。麸皮的化学成分随加工条件、小麦品种等不同稍有差异。麸皮质地疏松，表面积大并含有多量维生素及无机盐，适宜于米曲霉生长和产酶，有利于制曲，也有利于酱醅淋油。麸皮中戊聚糖含量高，戊聚糖是生成酱油色素的重要前体物，对增加酱油色泽有利。但麸皮中淀粉含量较低，影响酱油香气和甜味成分的生成量，这是麸皮作为酱油原料的不足之处。麸皮的成分因小麦品种、产地和出粉率的不同而异。如机械化制粉，其麸皮中淀粉含量较低，尤其是出粉率高的麸皮更甚。而半机械化制粉，所产麸皮的淀粉含量就较高。麸皮中富含粗淀粉，其中戊聚糖的含量高达 20％～24％，它与蛋白质的水解产物氨基酸相结合，形成酱油的色素及香气。麸皮本身含有 α-淀粉酶和 β-淀粉酶，其含量分别为 10～20 单位（60℃，碘比色法）和 2400～2900 单位（40℃，碘量法）。麸皮除含有蛋白质和淀粉外，还含有多种维生素以及钙、铁等无机盐，这对促进米曲霉生长和产酶非常有利。而且还由于其表面积较大，相对密度小，质地疏松，既有利于制曲，又有利于淋油，对提高酱油的原料利用率和出品率非常有利。

由于麸皮来源广泛，价格低廉，使用方便，又有上述多种优点，所以国内酱油酿造厂均以麸皮作为酱油生产的主要淀粉质原料。但是，为了提高酱油的品质，尤其是要改善风味，当麸皮中的淀粉含量不足时，要适当补充些含淀粉较多的原料，否则会因为糊精和糖分的减少影响酒精发酵，而造成酱油香气差和口味淡薄。

（3）其他淀粉质原料　含有淀粉较多而又无毒无异味的物质，如薯干、碎米、大麦、玉米等，都可以作酿制酱油的淀粉质原料。

酱油生产所用的蛋白质原料和淀粉质原料，除了含有丰富的蛋白质和淀粉以外，还含有许多微生物生长和代谢所必需的无机盐、维生素和氨基酸等营养物质，这些物质对酱油品质也有一定的影响。

3. 食盐

食盐也是酱油酿造的重要原料之一，它使酱油具咸味，与氨基酸共同赋予酱油鲜味，在发酵过程及成品中有良好的防腐作用，所以可在一定程度上减少酱油发酵过程中污染杂菌的机会，在成品贮存过程中有防止腐败的作用。酱油一般含食盐 18％左右。食盐主要成分是氯化钠，还含有卤汁和其他夹杂物。根据氯化钠含量分优级盐（NaCl 含量不少于 93％），一级盐（NaCl 含量不少于 90%），二级盐（NaCl 含量不少于 85%），三级盐（NaCl 含量不少于 80%）。

食盐因来源不同可分为岩盐、井盐、湖盐和海盐。我国以海盐为主，海盐习惯上以产区命名，如产于浙江沿海的称为姚盐；山东沿海为鲁盐；河北沿海为芦盐。青海、新疆及内蒙古为湖盐。四川、云南、山西、陕西及甘肃等省均为井盐，以四川贡盐最著名。

酿造酱油时，选择食盐应注意以下几点：水分和夹杂物少，颜色洁白，氯化钠含量高，卤汁（氯化钾、氯化镁、硫酸钙、硫酸镁、硫酸钠等混合物）宜少。含卤汁过多的食盐使酱油带有苦味，去除卤汁的办法是，将食盐存放于盐库中，让卤汁自然吸收水分，潮解后流出，自然脱苦。

选择酱油酿造用食盐的要求：
① 水分及夹杂物含量少；
② 颜色洁白；
③ 氯化钠含量高；
④ 卤汁（氯化钾、氯化镁、硫酸钙、硫酸镁、硫酸钠等混合物）宜少。

食盐在运输和保管过程中，要防止雨淋、受潮及杂物混入，更不能与有异味、有色泽和有毒物品相接触，应存放于清洁干燥的场所，同时要有盐卤集中贮放的设施。

由于纯食盐的相对密度为 2.161（25℃），比水重，所以在溶解食盐时应不断搅拌以防止食盐下沉，生产实践经验是每 100kg 水中加入 1.5kg 食盐，完全溶解后，盐水的浓度为 1°Bé。食盐的溶解度与温度的关系不大，因此在溶解食盐时无需加热，一般 27°Bé 即可达到饱和状态。

4. 水

酱油酿造中用水量很大。

水的质量直接影响着酿造产品的质量。酿造酱油的用水要求没有酿酒那样严格，但也必须符合饮用水标准。凡可饮用的自来水、深井水、清洁的河水、江水、湖水等均可使用，但含有多量铜、铁的水不宜使用，否则有损于酱油的风味、香气和色泽的稳定性。酿造用水应具备的条件为：

（1）色泽：无色透明。
（2）气味：无异味。
（3）pH：中性或微碱性。
（4）铁：0.02mg/kg 以下。
（5）锰：0.02mg/kg 以下。
（6）有机物：5mg/kg 以下。
（7）亚硝酸性氮：不得检出。
（8）氨基态氮：不得检出。
（9）大肠菌群：不得检出。
（10）生酸菌群：不得检出。

此外，重金属等有害成分含量不得超过自来水水质的标准。

二、酱油酿造和制酱的微生物

具有特殊风味的中国酱油和酱类调味食品是利用有关的微生物及其酶发酵基质，分解蛋白质、油脂、碳水化合物所得到的酿造产品，除富含营养外，还含有许多小分子的呈味物质和香气成分。在影响酱和酱油质量的诸多因素中，参与发酵的微生物是至关重要的，不仅与不同的菌种有关，同种的不同菌株，其生产性能也往往影响发酵过程和产品的质量。因此，筛选和培育优质菌种始终是酱和酱油酿造过程的重要环节。

1. 曲霉

（1）米曲霉（*Aspergillus oryzae*）　米曲霉是曲霉属的一个种，它的变种很多，是酱油和酱的主发酵菌，与黄曲霉（*Aspergillus flavus*）十分相似，但米曲霉不产生黄曲霉毒素和其他真菌毒素。

① 米曲霉中含有的酶　米曲霉有复杂的酶系统，主要有蛋白酶，分解原料中的蛋白质；谷氨酰胺酶，分解谷氨酰胺直接生成谷氨酸，增加酱油的鲜味；淀粉酶，分解淀粉生成糊精和葡萄糖。此外还分泌果胶酶、半纤维素酶和酯酶等，但最重要的还是蛋白酶、淀粉酶和谷氨酰胺酶。它们决定了原料的利用率、常用的米曲霉菌株酱醪发酵成熟的时间及产品酱油和酱的风味和色泽。

② 常用的米曲霉菌株

a. AS 3.863　蛋白酶、糖化酶活力强，生长繁殖快速，制曲后生产的酱油香气好。

b. AS 3.951（沪酿 3.042）　蛋白酶活力比 AS 3.863 高，用于酱油生产蛋白质利用率可达 75%。生长繁殖快，对杂菌抵抗力强，制曲时间短。生产的酱油香气好。但该菌株的酸性蛋白酶活力偏低。

c. UE328、UE336　酶活力是 AS 3.951 的 170%～180%。UE328 适用于液体培养，UE336 适用于固体培养。UE336 的蛋白质利用率为 79%，但制曲时孢子发芽较慢，制曲时间延长 4～6h。

d. 渝 3.811　孢子发芽率高，菌丝生长快速旺盛、孢子多，适应性强，制曲易管理，酶活力高。

此外，用于酱油制曲的米曲霉还有 961、珲辣一号、WS_2、3.860 等。

（2）酱油曲霉（*Aspergillus sojae*）　酱油曲霉最早是日本学者坂口在 20 世纪 30 年代从酱油中分离出来的，并应用于酱油生产。酱油曲霉分生孢子表面有小突起。米曲霉 α-淀粉酶活性较高，而酱油曲霉的多聚半乳糖醛酸酶活性较高。

目前，日本制曲使用的是混合曲霉，其中米曲霉占 79%，酱油曲霉占 21%。我国则还多用纯米曲霉菌种制曲，也有一些单位用混合曲（将在酿造工艺中叙述）。

（3）As3.350 黑曲霉（As3.350 *Aspergillus niger*）　As3.350 黑曲霉在察氏培养基上生长 10～14 天后，菌落直径达 2.5～3cm，菌丝初为白色，常常出现鲜黄色区域，厚绒状，逐渐转为黑色。As3.350 能高产酸性蛋白酶，上海市酿造科学研究所利用这一特点，在酱醪发酵时，添加一定量的 As3.350 黑曲霉成曲，能使酱油氨基酸提高 30% 以上。在沪酿3.042 米曲霉固体制曲中，添加一定量 As3.350 黑曲霉种曲混合制曲，发酵结果，酱油鲜味增加，谷氨酸含量提高 20% 以上。

（4）As3.4309 黑曲霉　As3.4309 黑曲霉俗称 UV-11，是黑曲霉中的优良菌株。它的特点是酶系较纯，糖化酶活力很强，且能耐酸，但液化能力不高。它不仅适于制造固体曲，也适合于制液体曲。

（5）As3.758 宇佐美曲霉（*Aspergillus usamii*）　As3.758 宇佐美曲霉又称乌沙米曲霉或邬氏曲霉，是日本学者从数千种黑曲霉中选育出来的糖化力强的菌。它在培养基上生长 3 天以后，菌丛疏松，颜色淡褐，菌丝短密，顶囊较大，培养基颜色淡黄，并有皱褶。As3.758 的生酸能力较强，它富含糖化型淀粉酶，糖化能力较强，耐酸性也较强，还有较强的单宁酶活性，对生产原料的适应性也较强。

2. 酱油生产中的酵母

从酱醪中分离出的酵母有 7 个属、23 个种，其中有的对酱油风味和香气的形成有重要作用，它们多属于鲁氏酵母（*Saccharomyces rouxii*）和球拟酵母属（*Torulopsis*）。其基本形态是圆形、亚圆形、柠檬形、腊肠形等。最适生长温度 28～30℃，合适 pH4.5～5.6。

与酱油质量关系密切的酵母是鲁氏酵母（*Saccharomyces roumii*）、酱油结合酵母

（*Zygosaccharomyces sojae*）、酱醪结合酵母（*Zygosaccharo mycos major*）、易变球拟酵母（*Torulopsis versatilis*）、埃契球拟酵母（*T. etchellsii*）、无名球拟酵母（*T. famata*）等。

鲁氏酵母对酱油酿造的影响最为重要，占酵母总数的 45% 左右，由酱醪发酵过程中从空气中自然落入，也有采取人工接种的。鲁氏酵母圆形或卵圆形，细胞大部分不连接，产生子囊，内有 3～5 个子囊孢子，发酵葡萄糖、麦芽糖，不发酵蔗糖、乳糖和半乳糖，发酵葡萄糖等生成乙醇、甘油等，再进一步生成酯、糖醇等风味物质。它是发酵型酵母，出现在主发酵期，在发酵后期，随着发酵温度升高，鲁氏酵母开始自溶，促进了易变球拟酵母和埃契球拟酵母的生长。后二者是酯香型酵母，参与了酱醪的成熟，生成烷基苯酚类香味物质，如 4-乙基苯酚和聚乙醇等。

沪酿 214 菌株蒙奇球拟酵母（*T. mogii* SB214）由上海酿造科研所分离而得，该菌在麦芽汁上呈乳白，表面光滑，有光泽，边缘整齐。该菌有很强的酒精发酵力，条件适宜时，酒精含量在 7% 以上，能在 18% 食盐基质中生长，在 10% 的食盐酱醪中发酵旺盛。

酱醪结合酵母也是耐高渗透压的酵母菌，在酱醪接近成熟时生产较多，能进行酒精发酵，赋予酱油醇香味。

3. 酱醪发酵中的乳酸菌

从酱醪中分离出的细菌有 6 个属、18 个种，和酱油发酵关系最密切的是乳酸菌，包括嗜盐片球菌（*Pediococcus halophilus*）、酱油片球菌（*P. soyae*）、酱油四联球菌（*Tetracoccus soyae*）和植物乳杆菌（*Lactobacillus pantarum*）等，一般酱醪发酵前期嗜盐片球菌多，后期微球菌多些。它们都能在高浓度酱醪中生长并发酵糖产生乳酸，和乙醇作用生成乳酸乙酯，香气很浓。由于产生乳酸，使酱醪 pH 降至 5.0，这又促进了鲁氏酵母的繁殖，乳酸菌与酵母菌联合作用赋予酱油特殊的香气。根据经验，乳酸菌与酵母菌之比为 10∶1 时效果最好。

三、酱油的生产工艺及操作要点

酱油酿造工艺一般可分为四个阶段：原料及其处理，制曲，发酵，浸提和消毒。

1. 制曲

制曲是我国酿造工业一项传统技术，是酱油酿造的关键技术环节，是生产的主要工序。制曲过程的实质是创造曲霉最适宜的生长条件，保证优良曲霉菌等有益微生物得以充分繁殖（同时尽可能减少有害微生物的繁殖），分泌酱油酿造需要的各种酶类（蛋白酶、淀粉酶、氧化酶、脂肪酶、纤维素酶等），特别是蛋白酶含量及活力越高越好。这些酶不但使原料成分发生变化，而且也是发酵期间发生生化反应的前提。曲的质量好坏，不但影响原料利用率，而且也影响淋油效果和酱油质量。

曲有种曲和成曲。

（1）种曲　种曲是用米曲霉（沪酿 3.042）接种在合适培养基上（按麸皮 80g、面粉 20g、水 80mL 混合，0.1MPa 30min，培养基厚度 1cm）30℃、18h 下培养，待曲料发白结块，第一次摇瓶，目的是使基质松散，30℃、4h 又发白结块，第二次摇瓶。继续培养 2 天，倒置培养 1 天，待全部长满黄绿色孢子，即可使用。若需放置较长时间，置阴凉或冰箱中备用。

① 种曲的制作过程

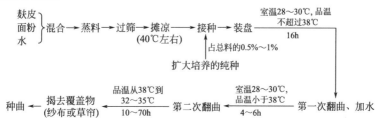

② 种曲的质量标准

a. 外观　呈新鲜的黄绿色，具有种曲特有的清香，无夹心，无灰黑绒毛（根霉）、无蓝绿色斑点（青霉）和其他异色。

b. 孢子数　要求孢子数 6×10^9 个/g（干基计），细菌总数不超过 10^7 CFU/g。

c. 摇落孢子数　称取 10g 种曲，烘干后，摇落其孢子，求得干孢子与干物质的百分数，一般在 18% 左右（筛子规格为 75 目/in²），筛眼直径为 0.2mm。

d. 发芽率　必要时，测定孢子发芽率。测定方法用悬滴培养法，要求孢子发芽率在85% 以上。

（2）厚层通风制曲　成曲的质量直接影响酱油的优劣。制曲过程如下：

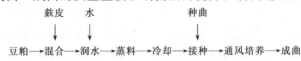

① 润水　各地制曲的原料配比不尽相同，因而润水量也不一致，如以原料配比为豆粕100kg，麸皮 10kg，按豆粕计，加水量为 80%～85%，使曲料水分达到 50% 左右为宜。

② 蒸熟　如采用旋转式蒸煮锅，加压蒸汽压力一般在 0.18～0.2MPa，3～5min，蒸料过程中转锅不断旋转。FM式连续蒸煮设备是日本藤原酿造机械有限公司研制设备，我国北京、青岛酿造二厂也研制成功类似的连续蒸煮设备，它是以润水的蒸料送入有蒸汽加压的金属网带上，随着金属网的移动，金属网上的蒸料受到网上下导入蒸汽（0.2MPa）重蒸，3min 达到蒸料的效果。

③ 接种种曲　种曲用量为制曲投料量的 0.3%，接种温度40℃，为保证接种均匀，可事先将种曲与适量预先干蒸过的新鲜麸皮在搅拌机中充分拌匀，以保证接种质量。

④ 厚层通风与翻曲　厚层通风制曲适用的风机是中压，一般要求总压力在 1kPa 以上即可。风量（m³/h）以曲池（曲箱）内盛总原料量（kg）的 4～5 倍计算。例如：曲池总盛入原料 1500kg，则需要风量为 6000～7500m³/h。可选用 6A 通风机，配制的电动机功率为4.0kW，曲池的面积为 14m²。

翻曲机是用于疏松结块的曲料，使通风均匀，制作优质成曲。翻曲时，可前进后退，左右移动，它既翻匀曲料，又大大减小劳动强度。

⑤ 培养　厚层通风制曲时，曲料厚度为 30cm，先静止培养 6h，当品温升至 37℃，即通风降温，保持料层温度为 35℃。接种后培养 11～12h，曲料结块，曲温下低上高时，即进行第一次翻曲。再隔 4～5h，进行第二次翻曲，以后保持品温 35℃。培养 18h 后产生孢子，至 22～26h 曲已着生淡黄绿色孢子，即可出曲。

制曲培养过程中注意：a. 曲霉最适的发芽温度是 30～32℃，所以最初的 4～5h 是米曲霉的孢子萌发阶段；b. 孢子萌发后，接着生长菌丝，当静置培养 8h 时，品温上升，说明菌丝生长旺盛，这时应通风，以保持品温 35℃，这一阶段为菌丝生长期；c. 第一次翻曲到第二次翻曲为菌丝繁殖期；d. 开始着生孢子时，品温逐渐下降，但仍保持品温 30～34℃。一般情况，培养 18h 后，开始着生孢子，24h 孢子逐渐成熟，外观由淡黄至嫩黄绿色。孢子着生期中，米曲霉中蛋白酶的分泌最为旺盛。

制曲培养时，温度、湿度控制得当，米曲霉的生长始终占绝对优势，可以抑制杂菌生长，所生长的成曲质量也好。

⑥ 成曲的质量鉴定

a. 感官指标　优良的成曲手感松软，富有弹性。如果成曲感觉坚实，颗粒呈干燥散乱状态，俗称"沙子曲"，这种曲质量不佳。优质曲外观呈块状，曲内部菌丝茂盛，曲块内外均匀地生长着嫩黄绿色的孢子，无黑灰、褐等杂色优质曲具有特有的曲香味，无酸味、氨味、霉臭味等异味。

b. 理化指标

含水量：1、4 季度成曲含水量为 28%～34%，2、3 季度成曲含水量不低于 25%。

蛋白酶活力：1g 曲（干基）1 000IU（福林法）以上。

细菌数：1g 曲（干基）不超过 50 亿个。

（3）制曲新技术

① 多菌种制曲　多菌种制曲是新发展起来的一种制曲方法，在制曲时除用米曲霉为菌种外，还接入一些纯培养的有益微生物，使酶系更丰富，成品风味更好，原料利用率更高。添加绿色木霉、黑曲霉可以提高纤维素酶、酸性蛋白酶的活力；添加耐盐乳酸菌、耐盐酵母可提高有机酸、醇类物质的生成量。

② 液体曲　酱油液体曲是采用液体培养基接入米曲霉进行培养，得到含有酱油酿造所需要的各种酶的培养液。液体曲适合于管道化和自动化生产，不足之处是酿制的酱油风味欠佳，所以目前还不能取代传统的固体曲。用沪酿 UE328 菌株生产的液体曲酿造酱油，蛋白质利用率达到 80%，氨基酸生成率 45%。

2. 酱醅（醪）与发酵

发酵分为酱醪发酵和酱醅发酵：前者是指成曲拌入大量盐水，使呈浓稠的半流动状态的混合物；后者是成曲拌入少量盐水，使其呈不流动的状态，称为酱醅。其实质一致，都是一系列生化过程，发酵在酿造酱油中也是极重要的环节。发酵方法也很多，但基本上分为固态低盐发酵和稀醪高盐发酵两类。

（1）固态低盐发酵

① 食盐水的配制　食盐水浓度常以波美度表示。一般经验是 100kg 水加 1.5kg 盐得 1°Bé，但往往因食盐质量以及温度不同需增减用盐。以 20℃ 为标准温度，而实际配制盐水时，往往高于或低于此温度，因此必须换算成标准温度时的盐水波美度。换算公式为：

当盐水温度高于 20℃ 时：$B \approx A + 0.05(t - 20℃)$

当盐水温度低于 20℃ 时：$B \approx A - 0.05(20℃ - t)$

式中　B——标准温度时盐水的波美度，°Bé；

A——测得盐水的波美度数，°Bé；

t——盐水的温度，℃。

② 制酱醅用盐水量的计算　按如下公式酱醅要求：

$$水分含量（\%） = \frac{（曲量×曲的水分含量）+盐水量×（1-氯化钠含量）}{曲量+盐水量} \times 100\%$$

根据上式换算为：

$$盐水量 = 曲量 \times \frac{酱醅要求水分含量-曲的水分含量}{1-氯化钠含量-酱醅要求水分含量}$$

在实际生产中，每批投料的总量是已知的。成曲量与水分往往是未知的。

根据经验数字估计：

$$曲量 = 总料×成曲与总料之比$$

代入上式：

$$盐水量 = 总料×成曲与总料之比 \times \frac{酱醅要求水分含量-曲的水分含量}{1-氯化钠含量-酱醅要求水分含量}$$

例如：某批投料用豆饼 1200kg，麸皮 800kg，估计成曲与总料之比为 1.15∶1，水分约 30%，下池用盐水与酱醅要求水分分别为 13°Bé（20℃）（查表可得氯化钠含量为 13.50%）和 50%，求盐水用量。

$$盐水量 = (1200+800)\times 1.15\times \frac{50\%-30\%}{1-13.5\%-50\%}=1260.2(kg)$$

③ 糖浆盐水配制　糖浆盐水用量的配制按每批投料用碎米300kg，（按豆饼1250kg的24%计），经液化和糖化后制成750kg糖浆。另将食盐225kg用三油水（头油、二油、三油的混合液）或清水溶解，其量为20°Bé，850kg左右，糖浆盐水等于（750＋850）kg，浓度17°Bé，容量为1600L。

④ 制醪　将糖浆盐水加热至50～55℃，按总料：拌曲糖浆盐水＝100：105（以质量计算），将成曲通过制醪机混合成曲与糖浆盐水，送入发酵池内，注意开始时，成曲适当少拌盐水，控制在拌完成曲后，能剩150kg左右的糖浆盐水，将此糖浆盐水浇于料面，待糖盐水全部吸入料内，面层加盖聚乙烯薄膜，四周加盐将薄膜压紧，并在指定地点插入温度计。地面加盖。

⑤ 保温发酵　发酵时，酱醪品温要求在42～46℃，第5天以后品温逐步提高到48～50℃，低盐发酵通常8天，酱醪基本成熟。为了增加风味，往往可延长发酵期为12～15天，发酵温度前期42～44℃、中期44～46℃、后期46～48℃。

（2）稀醪高盐发酵　这种发酵法的特点是发酵周期长，酱油风味好，生产设备落后，出油率低。我国湖南龙牌酱油、浙江舟山洛泗酱油基本上保留了传统的高盐稀醪发酵法。日本在我国传统发酵基础上，对主辅料分别处理，混合制曲，高盐稀醪发酵，并选用酵母和乳酸菌参与后发酵，按不同发酵期调节发酵温度，制得了风味佳良的酱油。

龙牌酱油酿制的工艺流程：

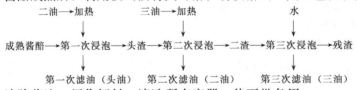

本发酵时间一般要6个月以上，以过夏天的质量为好。有所谓"三伏晒油，伏酱秋油"之说。

3. 浸提、加热与配制

（1）浸提　酱醪成熟后，利用浸出法将其可溶性物质溶出，其工艺流程为：

二油→加热　　三油→加热　　　　　水
　　↓　　　　　　↓　　　　　　　　↓
成熟酱醪→第一次浸泡→头渣→第二次浸泡→二渣→第三次浸泡→残渣
　　　　　　↓　　　　　　　↓　　　　　　　↓
　　第一次滤油（头油）　第二次滤油（二油）　第三次滤油（三油）

滤油结束，清除酱渣，用作饲料。清洗所有容器，待下批备用。

（2）加热与配制

① 加热　加热的目的：一是杀灭生酱油中残存的微生物，延长酱油的保存期；二是破坏微生物所产生的酶，特别是脱羧酶和磷酸单酯酶，避免继续分解氨基酸而降低酱油的质量。此外，还有除去悬浮物的作用，因为加热后，酱油中的悬浮物与杂质和少量凝固性蛋白质凝结而沉淀，使产品澄清，调和香气，增加色泽。

加热的温度：90℃ 5min，灭菌率为85%。

超高温瞬时灭菌，135℃，0.78MPa 3～5s达到全杀菌。

② 加热与配制工艺流程

甜味剂、助味剂
　　↓
生酱油→加热→配制→澄清→质量鉴定→各级成品
　　　　　　　↑
　　　　　　防腐剂

4. 影响酱油质量的微生物

（1）酱油"生白" 酱油生白主要微生物是产膜性酵母，其种类较多，例如：盐生结合酵母（*Zygosaccharomyces alsus*）、日本接合酵母（*Z.Jadponicus*）、粉状毕赤酵母（*Pichia farinosa*）、球拟酵母（*Torulopsis*）和酸酵母属（*Myrodernm*）中的某些种，这些产膜性酵母生长最适温度为25～30℃，对热抵抗力弱，60℃数分钟即被杀灭。但它们均有不同程度的耐盐性，繁殖力强，生活力旺盛，特别是每到初夏、晚秋，酱油表面容易发生白色的斑点，很快蔓延成膜。生霉后的酱油，产生一种特有的酸臭气味，影响酱油质量，加入0.075％的苯甲酸钠（黄梅季节添加量为0.1％）能有很好的防腐防霉效果。

（2）细菌污染 酱油中卫生指标规定，细菌数≤5×10⁴个/mL，大肠菌群≤30个/100mL，不得检出致病菌。如果超标，表示受到污染，这种污染主要来源于种曲、成曲和容器等，也可能与粪便污染有关。

四、酱油的质量标准

1. 感官指标

具有正常酿造酱油的色泽、气味和滋味，无不良气味，不得有酸苦、涩等异味和霉味，不混浊、无沉淀、无霉花浮膜。

2. 理化指标

酱油的理化指标见表5-6。

表5-6　酱油主要理化指标

项　目	指　标	项　目	指　标
氨基酸态氮/％	≥0.4	铅(以 Pb 计)/(mg/kg)	≤1
食盐(以 NaCl 计)/(g/100mL)	≥15	黄曲霉毒素 B/(g/kg)	≤5
总酸(以乳酸计)/(g/100mL)	≤2.5	食品添加剂	按 GB 2760—96 规定
砷(以 As 计)/(mg/kg)	≤0.5		

3. 细菌指标

酱油的微生物学指标见表5-7。

表5-7　酱油微生物学指标

项　目	指　标
细菌总数/(个/mL)	≤50000
大肠菌群/(个/100mL)	≤30
致病菌(系指肠道致病菌)	不得检出

❖【任务实施】

见《学生实践技能训练工作手册》。

❖【知识拓展】

生抽酱油的生产

"生抽"是酱油的一个品种。广东人把淡色酱油称为"生抽"，"生抽王"即意为"生抽"酱油中之最优者。由于色泽鲜艳，澄清有光泽，味鲜醇厚，咸甜适中，酱香味浓，风味独特，远销至许多国家和地区，在香港地区占全港家庭用量的60％以上。

（1）工艺流程

面粉　种曲

大豆→洗净→浸泡→沥水→蒸煮→混合→接种→通风制曲→成曲→加盐水→晒露发酵

成品←巴氏灭菌←装瓶←过滤←澄清←加热灭菌←生酱油←淋油←成熟酱醪

（2）生产方法

① 原料配比　大豆 100kg，面粉 43～53kg。

② 原料处理　大豆洗净后浸泡，一般浸至豆粒表面无皱纹、豆肉内无白心，易捏成两瓣为适度，重量增加 1～1.2 倍。沥干余水后加压蒸煮，0.12MPa，维持 15min。出锅后豆粒较熟烂，表面发黏，拌和生面粉，要求面粉均匀地附着于豆粒表面，以吸收豆粒的水分。曲料含水量为 46%～50%。

③ 制曲　当曲料冷却至 40℃ 左右时，将事先已与面粉拌和均匀的沪酿 3.042 曲霉菌接入，拌匀后送入曲箱进行厚层通风制曲。由于豆粒表面已被面粉完全覆盖，大豆吸水过多所造成的杂菌容易繁殖的环境已基本上不存在，而且曲料显得疏松，改善了通透性，利于米曲霉的生长。培养 14～16h 翻曲 1 次，再隔 10h 进行第 2 次翻曲。制曲温度控制在 32～35℃，制曲时间为 44h。成曲颜色不要求太绿，而呈淡黄色，避免因曲老而使成品的色泽增深。

④ 发酵　采用稀醪浓盐晒露发酵工艺，所用发酵容器为 15～30m³ 的铁制大罐或水泥池，均设有假底并配有玻璃棚盖。18～ 20°Bé 食盐水，料水比为 1：2.5 左右，使酱醪表面尽可能防止暴露于空气中，以减少氧化层及氧化褐变所产生的色素。发酵过程中采取淋浇的方法，即将发酵罐或发酵池底部积留的液汁，用泵由顶部回浇酱醪上，使其逐渐自然往下渗透。回浇既起搅拌作用，又供给氧气和排除二氧化碳，有利于耐盐乳酸菌繁殖，引起乳酸发酵，并促使耐盐酵母菌繁殖，进行酒精发酵。淋浇次数前期较多，后期减至约每星期 1 次。

由于广东地区气温较高，日照时间又长，酱醪容易自然升温。同时由于发酵罐和发酵池容量大，散热较慢，保温性能较好。因此只要 3～4 个月酱醪即可成熟。

⑤ 淋油　发酵完成后，从发酵罐或发酵池底部将生酱油自然滤出，滤毕，再分次加入次级酱油及 18°Bé 盐水浸泡 10 天左右后淋油，把有效成分彻底拔尽。

⑥ 成品　配制好的生酱油通过热交换器以 85～90℃ 加热灭菌。再置于锥底罐内澄清后，通过 15000r/min 高速离心机处理，然后装瓶。

⑦ 质量

感官鉴定：酱香浓郁，色泽红润，味道鲜美醇和，体态澄明，有独特的华南酱油风味。

理化指标：见表 5-8。

表 5-8　"生抽王"酱油理化指标　　　　　　　　　　　　单位：g/100mL

浓度/°Bé	全氮	氨基态氮	糖	无盐固形物	氯化物	pH
≥25.5	≥1.45	≥0.80	≥4.70	≥15.5	23～24	4.6

工作任务 5-2　大酱生产

❖ 【知识前导】

酱类是以粮油作物为主要原料，利用米曲霉为主要发酵剂，经发酵酿制而成的一种调味副食品。其种类主要有大豆酱、蚕豆酱、豆瓣辣酱、甜面酱及多种加工制品。酱类不仅营养丰富，而且容易消化、吸收，还能保持其特有的色、香、味、体，是良好的佐餐佳品。

在我国，从周期开始就能利用野生微生物生产豆酱，但是，由于长期不受重视，酱类生产始终处于原始、落后的状态。新中国成立后，特别是改革开放以来，随着我国经济的不断发展，新技术、新设备的不断开发和应用，使制酱工业生产水平跃上了新台阶。例如纯菌制曲，保温固态低温发酵法，酱类的酶法生产以及旋转式蒸料锅的应用等，不仅提高了产品质量，保证了产品卫生，而且还降低了粮耗和成本。同时，生产过程机械化的实现，明显改善了劳动条件，减轻了劳动强度，提高了劳动生产率。

大豆酱也称作黄豆酱、豆酱或大酱等，它是利用米曲霉所分泌的各种酶系，在适宜的条件下，使大豆原料中的成分进行一系列复杂的生物化学变化而制成的一种色、香、味俱全的调味品。由于大豆酱往往直接作为菜肴食品，所以卫生要求较严格，因此，必须从原料选择、处理，直至成品包装等工序加以严格的管理。大豆酱是以大豆作为主要原料，利用米曲霉为主的微生物作用制得的一种酱类，制曲方法和要求及发酵理论与酱油基本上相似。

一、大酱生产的原料

1. 大豆

黄豆、黑豆、青豆统称为大豆，酿制大豆酱最常用的为黄豆，故通常以黄豆为大豆的代表，其颗粒形状有球形及椭球形之分。我国各地均栽培大豆，其中东北大豆质量最优。大豆中的蛋白质含量最多，以球蛋白为主，还有少量的清蛋白及非蛋白质含氮物质。大豆蛋白质经发酵分解成氨基酸，是豆酱产生色、香、味的重要物质。

酿制豆瓣酱应选择优质大豆，要求大豆干燥，相对密度大而无霉烂变质；颗粒均匀无皱皮；种皮薄，有光泽，无虫伤及泥沙杂质；蛋白质含量高。

2. 面粉

面粉是酿制豆酱的辅助原料，可分为特制粉、标准粉和普通粉，生产豆酱一般用标准粉。若选用普通粉为原料，则因其含有微细麦麸，且麦麸中含有五碳糖，而五碳糖又是生成色素和黑色素的主要物质，因此生产的豆瓣酱色泽为黑褐色，不光亮，味觉差。选用特制粉和标准粉生产的豆瓣酱呈棕红色，光亮，味道鲜美。

面粉的主要成分为淀粉，它是豆瓣酱中糖分来源的重要物质。应选择新鲜的面粉，变质的面粉会因脂肪分解，产生不愉快的气味，而影响豆瓣酱的成品质量。

3. 食盐

食盐是酱类生产的重要原料之一。它能增加制品风味，并促使酱醅安全成熟。由于酱类可以直接食用，因此生产上对食盐的要求较高，选用时应考虑以下两方面：色泽要洁白，NaCl 含量高；水分、夹杂物及卤汁含量少。

4. 水

酱类生产中，除制品本身含有约 55％的水分外，在原料处理及工艺操作中要耗用大量的水。但其对水质的要求不如酒类生产高。一般用井水、自来水等，凡是符合饮用水国家标准的都可以选用。

二、制曲

1. 制曲工艺流程

面粉
↓
大豆→清洗→浸泡→蒸熟→混合→冷却→接种→厚层通风培养→大豆曲

2. 制曲原料处理

（1）清选　应选取豆粒饱满、鲜艳、有光泽、无霉变的大豆，并将之洗净，除去泥土杂物及上浮物。

（2）浸泡　将大豆放入缸或桶内，加水浸泡，也可直接放入加压锅内浸泡。开始豆粒表皮起皱，经一定时间豆肉吸水膨胀，表皮皱纹逐渐消失，直到豆内无白心，用手捻之易成两瓣最为适度。浸泡时间与水温关系很大，一般采用冷水浸泡，夏天 4～5h，春秋季 8～10h，冬天 15～16h。浸泡后沥去水分，一般质量增至 2.1～2.15 倍，容量增至 2.2～2.4 倍。

（3）蒸豆　若采用高压蒸豆，则将浸泡后控干水分的大豆装入锅内，关好锅门，开汽蒸豆，当气压达到 0.05MPa 时排冷空气一次，再开汽到 0.1MPa 维持 3min，关汽后立即排汽出锅；若采用常压蒸豆，则将锅内竹箅子和包布铺好，箅子底下通入蒸汽，把浸泡后控干水分的大豆一层一层地装入锅内（见汽撒料），全部装完后，盖好锅盖，待全部上汽后蒸 1h 关汽，再焖料 10min。不管采用哪种蒸豆方法，都要保证大豆熟而不烂，手捻豆内稍有硬心，以保证大豆蛋白适度变性。

（4）面粉处理　过去对面粉处理，采用焙炒的方法，但由于焙炒面粉时，劳动强度高，劳动条件差，损耗大，因此现在改用干蒸法，或加少量水后蒸熟，但蒸熟后水分会增加，不利于制曲，故现在许多厂直接利用面粉而不予处理。

3. 制曲

制曲时原料配比为：大豆 1kg，标准粉 40～50kg。蒸煮后的大豆含水量较高，拌入面粉可降低其含水量，有助于制曲。要求豆粒表面粘一薄层面粉，否则影响发酵。

待曲料冷却至 37℃左右，接入 0.1％的纯种沪酿 3.042 米曲霉种曲，或 0.4％的自己培养的种曲（带麸皮）（以大豆及面粉总原料质量计）。

现在大中型工厂都采用厚层通风制曲，将出锅的熟豆送入曲池摊平，通风吹冷至 40℃以下，按比例撒入含种曲的面粉，用铲和耙翻拌均匀。保持品温在 30～32℃约 30h，待品温升至 36～37℃通风，品温在 33～35℃下，保持 30～40h。制曲期间翻曲两次，直至成品曲呈黄绿色，有曲香，制曲时间为 4 天左右。

三、大酱的生产工艺及操作要点

大酱的发酵方法有很多种，有传统的天然晒露法、速酿法、固态低盐发酵法及无盐发酵法等。采用传统的天然晒露法，成品质量风味好；固态低盐发酵法具有发酵周期短、管理方便等许多优点，因此目前在城市的大中型企业都采用这种方法。

食盐 —→ 溶化 —→ 澄清 ┐

成曲 —→ 入发酵容器 —→ 第一次加盐水 —→ 发酵 —→ 第二次加盐水 —→ 翻酱 —→ 成品

1. 大豆曲入池升温

成品大豆曲移入发酵容器，扒平，稍稍压紧，其目的是使盐分能缓慢渗透，使面层也充分吸足盐水，并且利于保温升温。入容器后，在酶及微生物作用下，发酵产热，使品温很快自然升至 40℃。此阶段的时间长短应依入池品温、环境条件等而具体掌握。

2. 加盐水

按 100kg 水中加盐 1.5kg 左右，可得约 1°Bé 盐水的比例，分别配制 14.5°Bé 和 24°Bé 的盐水，通过澄清取上清液备用。大豆曲入池后要自然升温，当品温升至 40℃时，在面层上淋入占大豆曲重量 90％，温度为 60～65℃，浓度为 14.5°Bé 的盐水，使之缓慢吸收。这样既可使物料吸足盐水，保证温度达到 45℃左右的发酵适温，又能保证酱醅含盐量为 9％～10％，提供咸味，抑制非耐盐性微生物的生长，达到灭菌的目的。当盐水基本渗完后，在面层上加封一层细盐，盖好罐盖，进入发酵阶段。

3. 发酵

此期间品温保持约 45℃，酱醅水分应控制在 53％～55％较为适宜。大豆曲中的各种微生物及各种酶在适宜条件下，作用于原料中的蛋白质和淀粉，使它们降解并生成新物质，从而形成豆酱特有的色、香、味、体。发酵期为10天。发酵温度不宜过高，否则会影响豆酱的鲜味和口感。

4. 第二次加盐水及后熟

酱醅发酵成熟，再补加大豆曲重量40％的24°Bé盐水及约10％的细盐（包括封面盐）。然后翻拌均匀，使食盐全部溶化。置室温下再发酵4～5天，可改善制品风味。

为了增加豆酱风味，可把成熟酱醅品温降至30～35℃，人工添加酵母培养液，再发酵1个月。

四、大酱的质量标准

大酱既是调味品又是副食品，一般都是由消费者经过烹调后才食用，因此习惯上将发酵成熟的大豆酱不再经过加热杀菌等手续而直接出售。但对产品的质量和卫生要求在出厂前仍须按表5-9所列标准严格控制。

表5-9 大酱的质量标准

感官指标	卫生指标	理化指标
色泽:红褐色有光泽 香气:有酱香和醋香,无其他不良气味 滋味:有鲜味,有豆酱特有滋味,无苦、酸、焦糊等异味 体态:黏稠适度,无霉变和杂质	大肠杆菌群(最近似值):不超过30个/100g 致病菌:不得检出	水分:60％以下 氯化物含量:12％以上 氨盐含量(以氮计):不超过氨基酸含量的27％ 氨基酸含量:0.6％以上 总酸含量:2％以下 糖分:3％以上

❖【任务实施】

见《学生实践技能训练工作手册》。

❖【知识拓展】

一、豆瓣酱的生产

豆瓣酱亦名豆酱，它是以大豆或蚕豆为生产原料酿制而成的一种半固态或黏稠状的酱制品，在日常生活中人们常用它作为调味品。据报道，豆瓣酱具有帮助消化，增进食欲，祛风散寒，减少有毒物的产生和吸收，促进抗体代谢，调节肠道有益共生微生物的生态平衡，消食化滞，促进肠动，有助于防治动脉硬化和高血压等作用。我国生产豆瓣酱的历史悠久，早在周朝时人类就已利用自然界产生的霉菌制作豆酱，以后还逐渐传到日本、印度尼西亚、越南和新加坡等国。20世纪50年代以前，制酱技术一直是沿袭传统的经验法，处于停滞不前的状态。新中国成立后，酱类的生产得到了改善和发展。特别是改革开放以来，豆酱产品质量有了很大提高，其再制品也纷纷问世。

1. 制曲

脱壳的干豆瓣，要根据水温而定加水浸泡1～2h，以豆瓣含水量达42％～44％，豆瓣折断无白色硬心为宜。按干豆瓣的质量接入沪酿3.042米曲霉种曲0.3％～0.5％，拌匀后装入匾或盘，入室发酵，曲室内温度保持在28～30℃，持续30～40h，待表面长满白色菌丝且品温上升至37～38℃时第一次翻曲，控制品温在38℃以下，一般4～5天后，长出黄绿色孢子，此时出曲。

2. 发酵

(1) 配合比例　投料 100kg 原料蚕豆所制得的豆瓣曲，18～18.5°Bé 盐水 106kg 及辣椒酱（内含红油）31.5kg。

(2) 辣椒酱制备　将鲜红辣椒除去柄蒂，洗净沥干。每 100kg 红辣椒加食盐 15kg，放一层辣椒放一层盐，盐下少上多，腌制在缸中同时压紧。2～3 天后，有汁液渗出，随即连卤汁转入另一缸中，翻拌，并补加 5% 的食盐平封于面层，食盐上面覆盖竹席，上压重物，使卤汁压出淹过辣椒面层，防止辣椒直接与空气接触而引起变色。一般腌制 3 个月后即成熟，可以开始使用，使用前，将辣椒取出，用石磨或钢磨反复磨细，在磨细的过程中，加入 2.5%～3.0% 的红曲，混合研磨即成辣椒酱。

磨细的辣椒酱要求含水量为 60%，水分不足时用 20°Bé 盐水补足。磨细的辣椒酱贮藏在缸中，每天必须搅拌 1 次，防止面层生白花。

(3) 制酱发酵　将豆瓣曲、盐水、辣椒酱按比例在发酵容器中混合，在 42～45℃ 保温 12h，然后逐渐升温至 55～58℃，保持 12 天，保温发酵期中，每日早晚各搅拌翻酱一次。至第 12 天半以后，再升温至 60～70℃，继续保温 36h；第 14 天冷却；第 15 天即得成品。

3. 加热杀菌

将成熟的豆瓣辣酱在夹层锅中加热至 80℃，维持 10min 杀菌，同时加入 0.1% 的苯甲酸钠，使之溶化，搅拌均匀后，趁热装入玻璃瓶，上边添加麻油一层即得成品。

二、甜面酱的生产

甜面酱，又称甜酱，是以面粉为主要原料，经制曲和保温发酵制成的一种酱状调味品。其味甜中带咸，同时有酱香和酯香，适用于烹饪酱爆和酱烧菜，如"酱爆肉丁"等，还可蘸食大葱、黄瓜、烤鸭等菜品。甜面酱经历了特殊的发酵加工过程，它的甜味来自发酵过程中产生的麦芽糖、葡萄糖等物质；鲜味来自蛋白质分解产生的氨基酸；食盐的加入则产生了咸味。甜面酱含有多种风味物质和营养物质，不仅滋味鲜美，而且可以丰富菜肴营养，增加菜肴可食性，具有开胃助食的功效。它是利用米曲霉所产生的淀粉酶和少量蛋白酶等作用于经糊化的淀粉和变性的蛋白质，使它们降解成小分子物质，如麦芽糖、葡萄糖、各种氨基酸，从而赋予产品甜味和鲜味。

1. 甜面酱生产的原料

以面粉、食盐及水为原料。

2. 制曲

制曲分为：地面曲床制曲、薄层竹帘制曲、厚层通风制曲和多酶法速酿稀甜酱（不需制曲）。曲体形状有：面饼（有大、小、厚、薄和不同块形之分）、馒头（或卷子）和面穗。以下介绍采用地面曲床制曲（馒头或卷子形，不接种）、薄层竹帘制曲（面穗形、接种）和自然发酵的传统工艺。

(1) 地面曲床制曲（此工艺制馒头或卷子形曲）

① 工艺流程

小麦面粉→和面→做馒头（切卷子）→蒸熟→出笼→摊晾→入曲室培养→堆垛→翻倒→成曲（馒头或卷子形）

② 操作要点

a. 和面加工馒头（或卷子）　每 100kg 小麦粉加饮用水 35～39kg，经过充分拌和后加工成馒头（或卷子），每个约 1～1.5kg。

b. 入笼蒸熟　加工成馒头后即放入蒸笼，间距保持 1～1.5cm，然后开阀门通蒸汽，待蒸至圆汽后再继续蒸约30min，当有熟香味时即熟，接着出笼摊晾。

c. 入曲室培养　曲室要先打扫干净，并用硫磺或甲醛熏蒸后备用，室内地面上铺洁净麦草10～15cm厚，上面铺芦席一层，出笼摊晾后的馒头堆放在席上，高约40～50cm，上面盖一层芦席，室温25～28℃之间，品温35～38℃，并保持一定的湿度，每天翻倒一次，品温高于40℃时每天可翻倒两次。培养约15天左右，品温逐渐下降至28～35℃，这时即堆垛高约80～90cm的大堆，不再翻倒，约过7天左右即制成曲，可以出室入缸发酵。

d. 成曲质量　主要进行感官鉴定：表皮干燥有裂纹，满布黄绿色孢子；内部呈棕褐稠液体状，有曲香，无其他不良气味。

（2）薄层竹帘制曲（此工艺制面穗形曲）

① 工艺流程

和面机→小麦粉→开机调成面穗→蒸熟→打分面穗→摊晾→接种→入室摊帘培养（2～3天）→ 成曲（面穗形）

② 操作要求

a. 灭菌消毒　曲室地面、墙壁及竹帘、架子等用具刷洗干净，晾干后用硫磺或甲醛熏蒸后备用；竹帘用一段时间黏附曲子后应进行刷洗，晾干后再用。

b. 蒸熟面穗　每100kg小麦粉加饮用水16～17kg。面先放入蒸面机内，开动机器边加水边进行充分搅拌，待调为棉絮状的散面穗（似黄豆大小的颗粒状）后，即开蒸汽阀门，常压加热蒸煮。蒸约5～7min，面穗呈玉白色，口感不黏且略带甜味时，即已蒸熟。这时可拨动开关将面穗打出落地，堆放起来，待全部蒸完再一起摊晾接种。

c. 冷却接种　待预定数量的面粉都已蒸完之后，将面穗在地上摊平冷却，冷至37～40℃时，即可接入沪酿3.042米曲霉菌种。接种方法：先取适量面穗，将3.042米曲霉与其充分掺拌，之后均匀撒入冷却好的面穗中，再进行充分均匀翻拌即可。

d. 摊帘培养　接种翻拌均匀后即摊上竹帘培养。曲料厚度2～2.5cm，室温保持25～30℃；品温33～38℃。要有专人管理，按要求调控湿度温度。摊帘后约经过1天培养，面穗表面已长满白色短菌丝，品温上升至33～35℃，如品温继续上升，需开开窗通风，以调节温度，继续培养1～2天，面穗已长满黄绿色孢子，即为成曲（面穗曲）。

3. 甜面酱的生产工艺及操作要点

（1）工艺流程

成曲→入发酵缸（加盐水）→自然发酵→搅拌→甜酱→检验→成品→磨细→过滤→灭菌→包装

（2）操作要点

① 配制盐水　应在前一天配制溶化好备用，经过一夜澄清，吸取清液使用。

② 发酵　先将成曲倒入缸内，通过过滤网注入预先配制好的澄清盐水，以防杂物进入缸内。注入盐水后，置日光下曝晒7～8天，待盐水均匀渗透后，开始每日早晚各搅拌一次，以助面穗曲糖化和发酵，在常温中发酵，日晒夜露。根据不同季节气温高低不同，成熟期1～3个月。

发酵时，食盐对于淀粉酶、蛋白酶的活力有显著的抑制作用。根据试验测定，一般当氯化钠的质量分数在10%的情况下，米曲霉的糖化力要比无盐时降低50%。同时，产品中若盐分含量高，在口感上甜味被遮盖，也影响产品质量。因面酱的发酵方法习惯上采用低盐发酵，盐水的浓度为13°Bé，盐水用量为原料的80%～85%，盐水用量少，它的总含盐量就比较低，便于突出甜度高的特点。这种低盐发酵的优点是成熟快，甜味足，色泽和香气也都好，既能起防腐作用，又能及时成熟，并能获得较好的甜味。

③ 磨细　面酱不论用什么形状的面曲制成，酱醪成熟后总带有疙瘩，口感不舒服，需要用石磨（砂轮磨亦可）磨细。

④ 过滤　磨细的面酱再通过3目细筛过滤，借以除去小团块，保证成品酱的细腻。

⑤ 灭菌和防腐　面酱除用其酱菜外，还作直接蘸着吃的调味品，这部分酱习惯上不经煮沸而直接食用，从卫生条件上讲不适宜，又因面酱在室温条件下容易引起酵母菌发酵及表面生白霉化，不易贮藏。因此，为了延长贮放时间，可将磨细过滤的面酱加热至75℃，同时添加苯甲酸钠 0.1% 防腐，搅拌均匀。如果要直接用火加热，需注意不使面酱变成焦糊状。

4. 甜面酱的质量标准

(1) 感官指标

① 色泽：红褐色，鲜艳，有光泽。

② 香气：有酱香，略有酯香，无不良气味。

③ 滋味：味鲜、醇厚、咸甜适口。

④ 体态：黏稠适度。

(2) 理化指标（单位：质量分数）

水分	≤50.00%
食盐（以氯化钠计）	≥7.00%
总酸（以乳酸计）	≤2.00%
氨基酸态氮（以氮计）	≥0.30%
还原糖（以葡萄糖计）	≥18.22%

(3) 卫生指标

砷（以 As 计）	≤0.5mg/kg
铝（以 Al 计）	≤1.00mg/kg
黄曲霉毒素 B_1	≤5μg/kg
大肠菌群	≤30 个/100g
致病菌	不得检出

三、酶法生产甜面酱

传统法生产甜面酱存在发酵周期长、酱品卫生条件差、原料利用率低、劳动强度大等缺点，不适应酱制品行业的机械化和现代化。用酶法生产甜面酱可以简化工艺，降低劳动强度和生产成本，改善酱品卫生，提高出品率。

1. 酶法生产甜面酱工艺流程

水、食盐→盐水→煮沸→冷却澄清 甜面酱发酵剂

面粉→拌和蒸煮→熟料冷却→混合入缸→保温发酵→半成品酱→日晒夜露→检验→成品

2. 操作要点

(1) 原料蒸煮、冷却　打开蒸面机上面的封盖，将定量面粉倒入料槽中，开动搅拌后每100kg 面粉加水 28kg 左右为宜，最多不超过 32kg，加盖密封后，搅拌 3～5min 后边搅拌边通入蒸汽，待蒸汽压力达到 49kPa，控制压力在 49～68.6kPa，不得超过 68.6kPa，装进的面料经过 30min 蒸煮已基本成熟，此时，关闭蒸汽阀门，打开冷却系统。然后开启手动料斗，将熟料放出，自然冷却。

(2) 混合发酵　当熟料冷却到 60℃ 左右时，将熟料转入水浴保温缸中，并加入 60℃ 左右的 14°Bé 澄清盐水，加入盐水比例按 100kg 面粉加盐水 130kg 左右，充分搅拌均匀并使熟料继续降温，当测定品温为 50℃ 左右时，加入复合发酵剂，加入比例为面粉质量的 2%～4%，充分搅拌均匀后，通过水浴控制发酵温度 50～55℃，每天早晚各搅拌均匀一次，发酵

时间为 4～5 天，经检测后还原糖达 25％左右时，半成品酱基本发酵成熟。

（3）日晒夜露　为使成品酱色泽鲜艳、有光泽，体态黏稠适度，采取逐渐升温至 60～65℃，并加强搅拌操作，保温 24～48h，酱品色泽呈红褐色，香气纯正，转入清洁干净的室外大缸中。由于半成品酱含糖分高，食盐含量低，易引起真菌和其他杂菌滋生繁殖，必须按 0.1％的比例加入苯甲酸钠。加入方法为先用少量沸水溶化后加入，搅拌均匀，加盖保存。晴天可日晒夜露、后熟陈酿，阴雨天注意防生水进入缸内。整个生产周期为 10～12 天，最终经感官检验及理化检验合格者即为成品甜面酱。

3. 新工艺的工艺特点

酶法新工艺无论从理论上还是实践上都是可行的。这是酶法新工艺的关键，和一般甜面酱生产工艺相比，新工艺具有以下优点：

（1）利用酶法工艺生产甜面酱能简化制酱工艺，省略了曲法制酱工艺中的菌种扩大培养和原料全部制曲等工序，工艺简单，便于推广。

（2）酶法制酱工艺能明显提高原料出品率，由于传统工艺和曲法工艺都要求原料蒸煮后全部进行制曲，曲霉及其他细菌大量生长繁殖，产生呼吸热和分解热，使原料中约有 20％以上的淀粉质被消耗掉。应用酶法新工艺后，可以达到从微生物口中夺粮的目的，该原料出品率比老工艺提高 20％以上，从而大大降低了生产成本。

（3）酶法甜面酱新工艺可减轻工人劳动强度，节省劳动力，节约了通风制曲用电、汽，还节省了设备投资，提高经济效益。

（4）应用酶法甜面酱新工艺能使酱品卫生条件得到改善，质量稳定。

（5）应用酶法甜面酱新工艺一年四季都能生产，几乎不受季节限制，可以实现酱及酱制品行业"不靠天吃饭"的梦想。

4. 成品质量指标

（1）感官指标

① 色泽：红褐色，鲜艳，有光泽。

② 香气：有酱香，略有酯香，无不良气味。

③ 滋味：味鲜、醇厚、咸甜适口。

④ 体态：黏稠适度。

（2）理化指标　水分 48％～50％，还原糖（以葡萄糖计）25％～28％，食盐 70％～7.5％，pH 值 4.6～4.8。

（3）微生物指标　符合 ZBX 66017—1987 甜面酱的要求。

自测题

1. 酱油的生产工艺及制曲的要点有哪些？

2. 酱油原池淋油与异池淋油的优缺点有哪些？

3. 酱油各种生产工艺对产品质量的影响如何？

4. 什么叫多菌种发酵？它有哪些优点？

5. 黄豆酿造酱油的操作步骤是怎样的？

6. 如何食用和保存酱油？

7. 简要叙述酱生产的加工工艺中制曲目的和作用。

8. 酱油生产主要原料有哪些？

9. 为什么酱油生产的主要原料要选择豆粕？

10. 酱油生产中如何选择、应用盐和水？

11. 应用于酱油生产的主要微生物有哪些？

12. 如何鉴别酱油质量的优劣？

13. 大酱生产需要哪些原料？

14. 大酱和酱油生产对所需原料的要求有何异同点？

15. 大酱生产是如何制曲的？

16. 大酱的好坏如何判定？

17. 甜面酱生产中焖料有何作用？

18. 怎样制好甜面酱生产用的种曲？

19. 试比较大酱和甜面酱生产工艺的异同。

20. 试论述酱生产的加工工艺中后处理包括哪些工序和作用。

参 考 文 献

[1] 康明官，唐是雯．啤酒酿造．北京：轻工业出版社，1990.
[2] 孙俊良．发酵工艺．北京：中国农业出版社，2002.
[3] 顾国贤．酿造酒工艺学．第2版．北京：中国轻工业出版社，1996.
[4] 赵金海．酿造工艺：下．北京：高等教育出版社，2002.
[5] 程殿林．啤酒生产技术．北京：化学工业出版社，2005.
[6] 康明官．特种啤酒酿造技术．北京：中国轻工业出版社，1999.
[7] 官敦仪．啤酒工业手册．修订版．北京：中国轻工业出版社，1998.
[8] 周广田，聂聪．啤酒酿造技术．济南：山东大学出版社，2004.
[9] 程丽娟，袁静．发酵食品工艺学．杨凌：西北农林科技大学出版社，2002.
[10] 逯家富，赵金海．啤酒生产技术．北京：化学工业出版社，2005.
[11] 王文甫．啤酒生产工艺．北京：中国轻工业出版社，1998.
[12] 高年发．葡萄酒生产技术．北京：化学工业出版社，2005.
[13] 刘玉田等．现代葡萄酒酿造技术．济南：山东科学技术出版社，1990.
[14] 王福源．现代食品发酵技术．第2版．北京：中国轻工业出版社，2004.
[15] 张惟广等．发酵食品工艺学．北京：中国轻工业出版社，2004.
[16] 李华．现代葡萄酒工艺学．北京：中国轻工业出版社，2001.
[17] 何国庆等．食品发酵与酿造工艺学．北京：中国农业出版社，2001.
[18] 朱宝镛．葡萄酒工业手册．北京：中国轻工业出版社，1995.
[19] 丁立孝，赵金海．酿造酒技术．北京：化学工业出版社，2008.
[20] 杨天英，赵金海．果酒生产技术．北京：科学出版社，2009.
[21] 肖冬光．白酒生产技术．北京：化学工业出版社，2005.
[22] 何国庆．食品发酵酿造工艺学．北京：中国农业出版社，2003.
[23] ［美］Roger B. Boulton Vernon L. Singleton Linda F. Bisson Ralph E. Kunkee 著．葡萄酒酿造学——原理及应用．赵光鳌等译．北京：中国轻工业出版社，2001.
[24] 杨天英，逯家富．果酒生产技术．北京：科学出版社，2004.
[25] 熊子书．酱香型白酒酿造．北京：中国轻工业出版社，1994.
[26] 李大和．浓香型大曲酒生产技术．北京：中国轻工业出版社，1997.
[27] 沈怡方．白酒生产技术全书．北京：中国轻工业出版社，1998.
[28] 谭忠辉，尹昌树．新型白酒生产技术．成都：四川科学技术出版社，2001.
[29] 张卫兵，赵连彪．调味品加工工艺与配方．北京：化学工业出版社，2007.
[30] 李勇．调味料加工技术．北京：化学工业出版社，2003.
[31] 杨天英．发酵调味品工艺学．北京：中国轻工业出版社，2008.
[32] 张惟广．发酵食品工艺学．北京：中国轻工业出版社，2005.
[33] 杜连起．风味酱类生产技术．北京：化学工业出版社，2009.
[34] 徐清萍．食醋生产技术．北京：化学工业出版社，2008.
[35] 黄仲华等．食醋生产问答．北京：中国轻工业出版社，2000.
[36] 张水华等．调味品生产工艺学．广州：华南理工大学出版社，2000.
[37] 赵谋明．调味品．北京：化学工业出版社，2002.
[38] 宋钢．新编调味品生产与应用．北京：中国轻工业出版社，2003.
[39] 董胜利．酿造调味品生产技术．北京：化学工业出版社，2003.

任　务　资　讯　单

学习情境 1	啤酒生产		
工作任务 1-1	麦芽生产	学时	6
资讯方式	利用学习角进行书籍查找、网络精品课程学习、网络搜索、观看音像		

资　讯　问　题

1. 为什么大麦适于酿造啤酒？

2. 什么是制麦？制麦有何目的？

3. 麦芽的生产工艺流程如何？

4. 浸麦有何目的？有哪几种方法？

5. 什么叫浸麦度？浸麦度对麦芽质量有何影响？

6. 绿麦芽的干燥有何目的？干燥过程可分为哪几个阶段？

7. 麦芽的生产需要哪些设备？

资讯引导	

任 务 计 划 单

学习情境 1	啤酒生产			
工作任务 1-1	麦芽生产		学时	6
序号	实施步骤			

	班　　级		第　　组	组长签字	
	教师签字			日　　期	
计划评价	评语：				

$$任\ 务\ 记\ 录\ 单$$

学习情境 1	啤酒生产		
工作任务 1-1	麦芽生产	学时	6

	班　　级		第　　组	组长签字	
	教师签字			日　　期	
记录评价	评语:				

任 务 评 价 单

学习情境 1	啤酒生产				学时			18
工作任务 1-1	麦芽生产				学时			6

序号	评价项目	评价内容	参考分值	个人评价 20％	组内互评 20％	组间互评 20％	教师评价 40％
1	资讯 20％	任务认知程度	2				
		资源利用与获取知识情况	5				
		麦芽的生产工艺流程及操作要点	8				
		生产机械设备的使用与维护	5				
2	决策计划 20％	整理、分析、归纳信息资料	4				
		工作计划的设计与制订	5				
		确定麦芽的生产方法和工作步骤	5				
		进行麦芽的生产的组织准备	4				
		解决问题的方法	2				
3	实施 30％	麦芽的生产方案确定的合理性	5				
		制麦的生产方案的可操作性	4				
		原辅料选择的正确性	8				
		麦芽生产的规范性	4				
		完成任务训练单和记录单全面	5				
		团队分工与协作的合理性	4				
4	检查评估 30％	任务完成步骤的规范性	5				
		任务完成的熟练程度和准确性	5				
		教学资源运用情况	5				
		产品的质量	5				
		表述的全面、流畅与条理性	5				
		学习纪律与敬业精神	5				

评价评语	班　级		姓　名		学号		总评	
	教师签字		第　组	组长签字			日期	
	评语：							

6

任 务 资 讯 单

学习情境 1	啤酒生产		
工作任务 1-2	淡色啤酒生产	学时	10
资讯方式	利用学习角进行书籍查找、网络精品课程学习、网络搜索、观看音像		

资 讯 问 题

1. 淡色啤酒有哪些特点？

2. 生产淡色啤酒需要哪些原料？对原料有何要求？

3. 淡色啤酒的麦芽汁如何制备？

4. 淡色啤酒的生产工艺流程如何?

5. 淡色啤酒的生产操作有哪些要点?

6. 淡色啤酒的生产需要哪些设备?

7. 淡色啤酒质量如何评定?

资讯引导

任 务 计 划 单

学习情境 1	啤酒生产		
工作任务 1-2	淡色啤酒生产	学时	10

序号	实施步骤

计划评价	班　　级		第　　组	组长签字	
	教师签字			日　　期	
	评语：				

学习情境 1	啤酒生产			
工作任务 1-2	淡色啤酒生产		学时	10

	班　级		第　组	组长签字	
	教师签字			日　期	
记录评价	评语：				

任 务 评 价 单

学习情境1	啤酒生产				学时	18
工作任务1-2	淡色啤酒生产				学时	10

序号	评价项目	评价内容	参考分值	个人评价20%	组内互评20%	组间互评20%	教师评价40%
1	资讯 20%	任务认知程度	2				
		资源利用与获取知识情况	5				
		淡色啤酒的生产工艺流程及操作要点	8				
		生产机械设备的使用与维护	5				
2	决策计划 20%	整理、分析、归纳信息资料	4				
		工作计划的设计与制订	5				
		确定淡色啤酒的生产方法和工作步骤	5				
		进行啤酒的生产的组织准备	4				
		解决问题的方法	2				
3	实施 30%	啤酒的生产方案确定的合理性	5				
		啤酒的生产方案的可操作性	4				
		原辅料选择的正确性	8				
		啤酒生产的规范性	4				
		完成任务训练单和记录单全面	5				
		团队分工与协作的合理性	4				
4	检查评估 30%	任务完成步骤的规范性	5				
		任务完成的熟练程度和准确性	5				
		教学资源运用情况	5				
		产品的质量	5				
		表述的全面、流畅与条理性	5				
		学习纪律与敬业精神	5				

评价评语	班级		姓名		学号		总评	
	教师签字		第 组	组长签字			日期	
	评语：							

任　务　资　讯　单

学习情境 1	啤酒生产		
工作任务 1-3	纯生啤酒生产	学时	2
资讯方式	利用学习角进行书籍查找、网络精品课程学习、网络搜索、观看音像		

资讯问题
1. 什么是纯生啤酒？纯生啤酒有哪些特点？
2. 生产纯生啤酒应具备哪些基本条件？
3. 生产纯生啤酒无菌过滤应满足哪些要求？

4. 纯生啤酒的生产过程中,应从哪些方面进行微生物管理?

5. 纯生啤酒包装时要达到哪些基本要求?

6. 纯生啤酒的生产需要哪些设备?

7. 纯生啤酒质量如何评定?

资讯引导	

任 务 计 划 单

学习情境1	啤酒生产		
工作任务1-3	纯生啤酒生产	学时	4
序号	实施步骤		

计划评价	班 级		第 组	组长签字	
	教师签字			日 期	
	评语:				

$$任 \quad 务 \quad 记 \quad 录 \quad 单$$

学习情境 1	啤酒生产			
工作任务 1-3	纯生啤酒生产		学时	2

	班　　级		第　　组	组长签字	
	教师签字			日　　期	
记录评价	评语：				

任 务 评 价 单

学习情境1	啤酒生产				学时		18
工作任务1-3	纯生啤酒生产				学时		2

序号	评价项目	评价内容	参考分值	个人评价 20％	组内互评 20％	组间互评 20％	教师评价 40％
1	资讯 20％	任务认知程度	2				
		资源利用与获取知识情况	5				
		纯生啤酒的生产工艺流程及操作要点	8				
		生产机械设备的使用与维护	5				
2	决策计划 20％	整理、分析、归纳信息资料	4				
		工作计划的设计与制订	5				
		确定纯生啤酒的生产方法和工作步骤	5				
		进行啤酒的生产的组织准备	4				
		解决问题的方法	2				
3	实施 30％	啤酒的生产方案确定的合理性	5				
		啤酒的生产方案的可操作性	4				
		原辅料选择的正确性	8				
		啤酒生产的规范性	4				
		完成任务训练单和记录单全面	5				
		团队分工与协作的合理性	4				
4	检查评估 30％	任务完成步骤的规范性	5				
		任务完成的熟练程度和准确性	5				
		教学资源运用情况	5				
		产品的质量	5				
		表述的全面、流畅与条理性	5				
		学习纪律与敬业精神	5				

评价评语	班级		姓名		学号		总评	
	教师签字		第 组	组长签字			日期	
	评语：							

工作任务 2-1 红葡萄酒的生产——任务实施
任 务 资 讯 单

学习情境2	葡萄酒生产		
工作任务 2-1	红葡萄酒生产	学时	8
资讯方式	利用学习角进行书籍查找、网络精品课程学习、网络搜索、观看音像		

资讯问题

1. 哪些葡萄品种适合酿造红葡萄酒？如何确定葡萄的采收期及采收注意事项？

2. 红葡萄酒生产工艺特点及方法如何？

3. 传统红葡萄酒生产工艺流程如何？

4. 二氧化硫处理有何作用？何时处理？用量多少？

5. 传统红葡萄酒生产操作要点有哪些？

6. "酒盖"有何危害？为什么要压"酒盖"？如何操作？

7. 苹果酸-乳酸发酵的原理及特征是什么？如何控制和管理苹果酸-乳酸发酵？

8. 红葡萄酒如何进行质量评价？

资讯引导	

任 务 计 划 单

学习情境 2	葡萄酒生产		
工作任务 2-1	红葡萄酒生产	学时	8

序号	实施步骤

班　级		第　组	组长签字	
教师签字		日　期		
计划评价	评语：			

任 务 记 录 单

学习情境 2	葡萄酒的生产		
工作任务 2-1	红葡萄酒的生产	学时	8

记录评价	班　　级		第　　组	组长签字	
	教师签字			日　　期	
	评语:				

任 务 评 价 单

学习情境 2	葡萄酒生产							
工作任务 2-1	红葡萄酒生产				学时		8	
序号	评价项目	评价内容	参考分值	个人评价 20％	组内互评 20％	组间互评 20％	教师评价 40％	
1	资讯 20％	任务认知程度	2					
		资源利用与获取知识情况	5					
		红葡萄酒生产工艺流程及操作要点	8					
		生产机械设备的使用与维护	5					
2	决策计划 20％	整理、分析、归纳信息资料	4					
		工作计划的设计与制定	5					
		确定红葡萄酒生产方法和工作步骤	5					
		进行红葡萄酒生产的组织准备	4					
		解决问题的方法	2					
3	实施 30％	红葡萄酒生产方案确定的合理性	5					
		红葡萄酒生产方案的可操作性	4					
		原辅料处理的正确性	8					
		红葡萄酒生产的规范性	4					
		完成任务训练单和记录单全面	5					
		团队分工与协作的合理性	4					
4	检查评估 30％	任务完成步骤的规范性	5					
		任务完成的熟练程度和准确性	5					
		教学资源运用情况	5					
		产品的质量	5					
		表述的全面、流畅与条理性	5					
		学习纪律与敬业精神	5					

评价评语	班 级		姓 名		学 号		总评	
	教师签字		第　组	组长签字			日期	
	评语：							

工作任务 2-2　白葡萄酒生产——任务实施
任 务 资 讯 单

学习情境 2	葡萄酒生产		
工作任务 2-2	白葡萄酒生产	学时	8
资讯方式	利用学习角进行书籍查找、网络精品课程学习、网络搜索、观看音像		

<table>
<tr><td colspan="4" align="center">资讯问题</td></tr>
</table>

1. 哪些葡萄品种适合酿造白葡萄酒？如何确定葡萄的采收期及采收注意事项？

2. 白葡萄酒生产工艺及操作要点有哪些？

3. 二氧化硫处理有何作用？何时处理？用量多少？

4. 红葡萄酒和白葡萄酒生产工艺有何区别？

5. 白葡萄酒生产中采取哪些措施防止其氧化？

6. 白葡萄酒如何进行质量评价？

| 资讯引导 | |

$$任\ 务\ 计\ 划\ 单$$

学习情境 2	葡萄酒生产		
工作任务 2-2	白葡萄酒生产	学时	8
序号	实施步骤		

	班　级		第　　组	组长签字	
	教师签字			日　期	
计划评价	评语：				

任 务 记 录 单

学习情境 2	葡萄酒生产		
工作任务 2-2	白葡萄酒生产	学时	8

	班　　级		第　　组	组长签字	
	教师签字			日　　期	
记录评价	评语：				

任 务 评 价 单

学习情境 2	葡萄酒生产							
工作任务 2-2	白葡萄酒生产				学时			8

序号	评价项目	评价内容	参考分值	个人评价 20%	组内互评 20%	组间互评 20%	教师评价 40%
1	资讯 20%	任务认知程度	2				
		资源利用与获取知识情况	5				
		白葡萄酒生产工艺流程及操作要点	8				
		生产机械设备的使用与维护	5				
2	决策计划 20%	整理、分析、归纳信息资料	4				
		工作计划的设计与制订	5				
		确定白葡萄酒生产方法和工作步骤	5				
		进行白葡萄酒生产的组织准备	4				
		解决问题的方法	2				
3	实施 30%	白葡萄酒生产方案确定的合理性	5				
		白葡萄酒生产方案的可操作性	4				
		原辅料处理的正确性	8				
		白葡萄酒生产的规范性	4				
		完成任务训练单和记录单全面	5				
		团队分工与协作的合理性	4				
4	检查评估 30%	任务完成步骤的规范性	5				
		任务完成的熟练程度和准确性	5				
		教学资源运用情况	5				
		产品的质量	5				
		表述的全面、流畅与条理性	5				
		学习纪律与敬业精神	5				

评价评语	班级		姓名		学号		总评	
	教师签字		第 组	组长签字			日期	
	评语：							

任 务 资 讯 单

学习情境 3	白酒生产		
工作任务 3-1	浓香型白酒生产	学时	12
资讯方式	利用学习角进行书籍查找、网络精品课程学习、网络搜索、观看音像		

资讯问题

1. 浓香型白酒的生产对原料有何要求？

2. 根据制曲过程中控制曲坯最高温度的不同,可将大曲分哪几种？偏高温大曲生产工艺流程如何？

3. 什么是清蒸清渣、清蒸续渣、混蒸续渣？

4. 浓香型大曲酒酿造工艺的基本特点是什么？

5. 浓香型大曲酒的基本生产工艺类型有哪些？各有何特点？

6. 什么是混烧老五甑法工艺？老五甑操作法有何优点？

7. 泸州大曲酒生产工艺流程是什么？

8. 如何勾兑与贮存浓香型白酒？

| 资讯引导 | |

任 务 计 划 单

学习情境 3	白酒生产			
工作任务 3-1	浓香型白酒生产		学时	12
序号	实施步骤			

计划评价	班　级		第　　组	组长签字	
	教师签字			日　期	
	评语：				

任 务 记 录 单

学习情境 3	白酒生产			
工作任务 3-1	浓香型白酒生产		学时	12

记录评价	班 级		第 组	组长签字	
	教师签字			日 期	
	评语：				

任 务 评 价 单

学习情境3	白酒生产							
工作任务3-1	浓香型白酒生产				学时		12	
序号	评价项目	评价内容		参考分值	个人评价20%	组内互评20%	组间互评20%	教师评价40%
1	资讯20%	任务认知程度		2				
		资源利用与获取知识情况		5				
		浓香型白酒的生产工艺流程及操作要点		8				
		生产机械设备的使用与维护		5				
2	决策计划20%	整理、分析、归纳信息资料		4				
		工作计划的设计与制订		5				
		确定浓香型白酒的生产方法和工作步骤		5				
		进行白酒的生产的组织准备		4				
		解决问题的方法		2				
3	实施30%	白酒的生产方案确定的合理性		5				
		白酒的生产方案的可操作性		4				
		原辅料选择的正确性		8				
		白酒的生产的规范性		4				
		完成任务训练单和记录单全面		5				
		团队分工与协作的合理性		4				
4	检查评估30%	任务完成步骤的规范性		5				
		任务完成的熟练程度和准确性		5				
		教学资源运用情况		5				
		产品的质量		5				
		表述的全面、流畅与条理性		5				
		学习纪律与敬业精神		5				
评价评语	班级		姓名		学号		总评	
	教师签字		第 组	组长签字			日期	
	评语：							

任务资讯单

学习情境 3	白酒生产		
工作任务 3-2	清香型白酒生产	学时	4
资讯方式	利用学习角进行书籍查找、网络精品课程学习、网络搜索、观看音像		

资讯问题

1. 清香型白酒的生产对原料有何要求？

2. 中温大曲生产工艺流程如何？汾酒生产需要哪三种中温大曲？

3. 清香型白酒有哪些特点？

4. 汾酒生产工艺流程如何？

5. 汾酒酿造的七条秘诀是什么？

6. 白酒的勾兑与调味有何作用？勾兑与调味的步骤有哪些？

| 资讯引导 | |

任 务 计 划 单

学习情境 3	白酒生产		
工作任务 3-2	清香型白酒生产	学时	4
序号	实施步骤		

	班　　级		第　　组	组长签字	
	教师签字			日　期	
计划评价	评语：				

任 务 记 录 单

学习情境 3	白酒生产		
工作任务 3-2	清香型白酒生产	学时	4

记录评价	班　　级		第　　组	组长签字	
	教师签字			日　　期	
	评语：				

任 务 评 价 单

学习情境3	白酒生产						
工作任务3-2	清香型白酒生产				学时		4

序号	评价项目	评价内容	参考分值	个人评价 20％	组内互评 20％	组间互评 20％	教师评价 40％
1	资讯 20％	任务认知程度	2				
		资源利用与获取知识情况	5				
		清香型白酒的生产工艺流程及操作要点	8				
		生产机械设备的使用与维护	5				
2	决策计划 20％	整理、分析、归纳信息资料	4				
		工作计划的设计与制订	5				
		确定清香型白酒的生产方法和工作步骤	5				
		进行白酒的生产的组织准备	4				
		解决问题的方法	2				
3	实施 30％	白酒的生产方案确定的合理性	5				
		白酒的生产方案的可操作性	4				
		原辅料选择的正确性	8				
		白酒的生产的规范性	4				
		完成任务训练单和记录单全面	5				
		团队分工与协作的合理性	4				
4	检查评估 30％	任务完成步骤的规范性	5				
		任务完成的熟练程度和准确性	5				
		教学资源运用情况	5				
		产品的质量	5				
		表述的全面、流畅与条理性	5				
		学习纪律与敬业精神	5				

评价评语	班级		姓名		学号		总评	
	教师签字		第　组	组长签字			日期	
	评语：							

任 务 资 讯 单

学习情境 3	白酒生产		
工作任务 3-3	酱香型白酒生产	学时	6
资讯方式	利用学习角进行书籍查找、网络精品课程学习、网络搜索、观看音像		

资讯问题
1. 酱香型白酒有哪些特点？
2. 酱香型白酒如何选料？
3. 酱香型白酒的生产工艺流程如何？

4. 酱香型白酒的生产操作要点有哪些？

5. 高温大曲有哪些特点？如何制曲？

6. 酱香型白酒的生产需要哪些用具？

7. 清香型白酒与浓香型、酱香型生产上有哪些异同？

资讯引导	

任 务 计 划 单

学习情境 3	白酒生产		
工作任务 3-3	酱香型白酒生产	学时	4
序号	实施步骤		

	班　　级		第　　组	组长签字	
	教师签字			日　　期	
计划评价	评语：				

任 务 记 录 单

学习情境 3	白酒生产		
工作任务 3-3	酱香型白酒生产	学时	4

	班　　级		第　　组	组长签字	
记录评价	教师签字			日　　期	
	评语：				

任 务 评 价 单

学习情境 3	白酒生产					
工作任务 3-3	酱香型白酒生产			学时		4

序号	评价项目	评价内容	参考分值	个人评价 20%	组内互评 20%	组间互评 20%	教师评价 40%
1	资讯 20%	任务认知程度	2				
		资源利用与获取知识情况	5				
		酱香型白酒的生产工艺流程及操作要点	8				
		生产机械设备的使用与维护	5				
2	决策计划 20%	整理、分析、归纳信息资料	4				
		工作计划的设计与制订	5				
		确定酱香型白酒的生产方法和工作步骤	5				
		进行白酒的生产的组织准备	4				
		解决问题的方法	2				
3	实施 30%	白酒的生产方案确定的合理性	5				
		白酒的生产方案的可操作性	4				
		原辅料选择的正确性	8				
		白酒的生产的规范性	4				
		完成任务训练单和记录单全面	5				
		团队分工与协作的合理性	4				
4	检查评估 30%	任务完成步骤的规范性	5				
		任务完成的熟练程度和准确性	5				
		教学资源运用情况	5				
		产品的质量	5				
		表述的全面、流畅与条理性	5				
		学习纪律与敬业精神	5				

评价评语	班级		姓名		学号		总评	
	教师签字		第 组	组长签字			日期	
	评语：							

工作任务 4-1　食醋生产——任务实施
任　务　资　讯　单

学习情境 4	醋类生产		
工作任务 4-1	食醋生产	学时	8
资讯方式	利用学习角进行书籍查找、网络精品课程学习、网络搜索、观看音像		

<table>
<tr><td colspan="4" align="center">资讯问题</td></tr>
<tr><td colspan="4">1. 食醋的发酵原理是什么?</td></tr>
<tr><td colspan="4">2. 食醋生产工艺流程如何?</td></tr>
<tr><td colspan="4">3. 食醋生产操作要点有哪些?</td></tr>
</table>

4. 何时进行醋酸发酵？醋酸菌有何特点？如何活化醋酸菌？

5. 为什么要及时终止醋酸发酵？如何终止醋酸发酵？

| 资讯引导 | |

任 务 计 划 单

学习情境 4	醋类生产		
工作任务 4-1	食醋生产	学时	8

序号	实施步骤

计划评价	班　　级		第　　组	组长签字	
	教师签字			日　　期	
	评语：				

任 务 记 录 单

学习情境 4	醋类生产			
工作任务 4-1	食醋生产		学时	8

	班　　级		第　组	组长签字		
	教师签字			日　　期		
记录评价	评语：					

任 务 评 价 单

学习情境 4	醋类生产						
工作任务 4-1	食醋生产				学时		8

序号	评价项目	评价内容	参考分值	个人评价 20%	组内互评 20%	组间互评 20%	教师评价 40%
1	资讯 20%	任务认知程度	2				
		资源利用与获取知识情况	5				
		食醋生产工艺流程及操作要点	8				
		生产机械设备的使用与维护	5				
2	决策计划 20%	整理、分析、归纳信息资料	4				
		工作计划的设计与制订	5				
		确定食醋生产方法和工作步骤	5				
		进行食醋生产的组织准备	4				
		解决问题的方法	2				
3	实施 30%	食醋生产方案确定的合理性	5				
		食醋生产方案的可操作性	4				
		原辅料处理的正确	8				
		食醋生产的规范性	4				
		完成任务训练单和记录单全面	5				
		团队分工与协作的合理性	4				
4	检查评估 30%	任务完成步骤的规范性	5				
		任务完成的熟练程度和准确性	5				
		教学资源运用情况	5				
		产品的质量	5				
		表述的全面、流畅与条理性	5				
		学习纪律与敬业精神	5				

评价评语	班级		姓名		学号		总评	
	教师签字		第 组	组长签字			日期	
	评语：							

学习情境 4	醋类生产		
工作任务 4-2	果醋生产	学时	6
资讯方式	利用学习角进行书籍查找、网络精品课程学习、网络搜索、观看音像		

资讯问题
1. 果醋的发酵原理是什么？
2. 果醋酿造有哪几种工艺？各有何特点？

3. 果醋生产工艺和操作要点有哪些?

任 务 计 划 单

学习情境 4	醋类生产		
工作任务 4-2	果醋生产	学时	6
序号	实施步骤		

	班　　级		第　　组	组长签字	
	教师签字			日　　期	
计划评价	评语：				

任 务 记 录 单

学习情境 4	醋类生产		
工作任务 4-2	果醋生产	学时	6

记录评价	班　　级		第　　组	组长签字		
	教师签字			日　　期		
	评语：					

59

任 务 评 价 单

学习情境4	醋类生产					
工作任务4-2	果醋生产				学时	6

序号	评价项目	评价内容	参考分值	个人评价 20%	组内互评 20%	组间互评 20%	教师评价 40%
1	资讯 20%	任务认知程度	2				
		资源利用与获取知识情况	5				
		果醋生产工艺流程及操作要点	8				
		生产机械设备的使用与维护	5				
2	决策计划 20%	整理、分析、归纳信息资料	4				
		工作计划的设计与制订	5				
		确定果醋生产方法和工作步骤	5				
		进行果醋生产的组织准备	4				
		解决问题的方法	2				
3	实施 30%	果醋生产方案确定的合理性	5				
		果醋生产方案的可操作性	4				
		原辅料处理的正确性	8				
		果醋生产的规范性	4				
		完成任务训练单和记录单全面	5				
		团队分工与协作的合理性	4				
4	检查评估 30%	任务完成步骤的规范性	5				
		任务完成的熟练程度和准确性	5				
		教学资源运用情况	5				
		产品的质量	5				
		表述的全面、流畅与条理性	5				
		学习纪律与敬业精神	5				

	班级		姓名		学号		总评	
评价评语	教师签字		第 组	组长签字			日期	
	评语：							

任 务 资 讯 单

学习情境 5	酱类生产		
工作任务 5-1	酱油生产	学时	6
资讯方式	利用学习角进行书籍查找、网络精品课程学习、网络搜索、观看音像		

<table>
<tr><td colspan="4" align="center">资讯问题</td></tr>
<tr><td colspan="4">1. 酱油的发酵原理是什么？</td></tr>
<tr><td colspan="4">2. 酱油生产工艺流程如何？</td></tr>
<tr><td colspan="4">3. 酱油生产操作要点有哪些？</td></tr>
</table>

4. 如何培养生产酱油的主要菌种米曲霉？如何保存米曲霉？

5. 怎样制好酱油生产用的种曲？

资讯引导

任　务　计　划　单

学习情境 5	酱类生产			
工作任务 5-1	酱油生产		学时	6
序号	实施步骤			

计划评价	班　　级		第　　组	组长签字	
	教师签字			日　　期	
	评语：				

学习情境 5	酱类生产		
工作任务 5-1	酱油生产	学时	6

	班　　级		第　组	组长签字		
	教师签字			日　　期		
记录评价	评语：					

任 务 评 价 单

学习情境 5	酱类生产							
工作任务 5-1	酱油生产				学时		6	

序号	评价项目	评价内容	参考分值	个人评价 20%	组内互评 20%	组间互评 20%	教师评价 40%
1	资讯 20%	任务认知程度	2				
		资源利用与获取知识情况	5				
		酱油生产工艺流程及操作要点	8				
		生产机械设备的使用与维护	5				
2	决策计划 20%	整理、分析、归纳信息资料	4				
		工作计划的设计与制订	5				
		确定酱油生产方法和工作步骤	5				
		进行酱油生产的组织准备	4				
		解决问题的方法	2				
3	实施 30%	酱油生产方案确定的合理性	5				
		酱油生产方案的可操作性	4				
		原辅料处理的正确性	8				
		酱油生产的规范性	4				
		完成任务训练单和记录单全面	5				
		团队分工与协作的合理性	4				
4	检查评估 30%	任务完成步骤的规范性	5				
		任务完成的熟练程度和准确性	5				
		教学资源运用情况	5				
		产品的质量	5				
		表述的全面、流畅与条理性	5				
		学习纪律与敬业精神	5				

评价评语	班级		姓名		学号		总评	
	教师签字		第　组	组长签字			日期	
	评语：							

66

任　务　资　讯　单

学习情境 5	酱类生产		
工作任务 5-2	大酱生产	学时	6
资讯方式	利用学习角进行书籍查找、网络精品课程学习、网络搜索、观看音像		

资讯问题

1. 大酱发酵的原理是什么?

2. 大酱生产工艺流程如何?

3. 大酱生产操作要点有哪些?

4. 生产大酱的原料如何处理？

5. 怎样制好大酱生产用的种曲？

资讯引导	

任 务 计 划 单

学习情境 5	酱类生产		
工作任务 5-2	大酱生产	学时	4
序号	实施步骤		

	班　　级		第　　组	组长签字	
	教师签字			日　　期	
计划评价	评语：				

任 务 记 录 单

学习情境 5	酱类生产		
工作任务 5-2	大酱生产	学时	6

记录评价	班　级		第　组	组长签字	
	教师签字		日　期	
	评语：			

任 务 评 价 单

学习情境5	酱类生产						

工作任务5-2	大酱生产				学时		6

序号	评价项目	评价内容	参考分值	个人评价 20%	组内互评 20%	组间互评 20%	教师评价 40%
1	资讯 20%	任务认知程度	2				
		资源利用与获取知识情况	5				
		大酱生产工艺流程及操作要点	8				
		生产机械设备的使用与维护	5				
2	决策计划 20%	整理、分析、归纳信息资料	4				
		工作计划的设计与制订	5				
		确定大酱生产方法和工作步骤	5				
		进行大酱生产的组织准备	4				
		解决问题的方法	2				
3	实施 30%	大酱生产方案确定的合理性	5				
		大酱生产方案的可操作性	4				
		原辅料处理的正确性	8				
		大酱生产的规范性	4				
		完成任务训练单和记录单全面	5				
		团队分工与协作的合理性	4				
4	检查评估 30%	任务完成步骤的规范性	5				
		任务完成的熟练程度和准确性	5				
		教学资源运用情况	5				
		产品的质量	5				
		表述的全面、流畅与条理性	5				
		学习纪律与敬业精神	5				

评价评语	班级		姓名		学号		总评	
	教师签字		第　组	组长签字			日期	
	评语：							

ISBN 978-7-122-11290-3

定价：45.00元